职业本科药学类专业系列教材

制药设备
与车间设计

朱国民　主编

化学工业出版社

·北京·

内容简介

《制药设备与车间设计》以药物生产工艺为主线，以制药过程的单元操作为切入点编写，内容分为十一章，主要包括流体输送设备、制药反应设备、分离与提取设备、换热设备、蒸发与结晶设备、干燥设备、制药用水生产设备、灭菌设备、固体制剂生产设备、液体灭菌制剂生产设备和制药车间设计。教材融入课程思政，体现立德树人。内容涵盖设备的结构原理、特点、应用场合以及典型车间设计等，凸显职业性、合规性、实用性。教材配备电子课件，登录化工教育教学资源平台(www.cipedu.com.cn)即可免费下载。

本书适合职业本科制药工程技术、中药制药、药学、药品质量管理等专业师生作为教材使用，也可供高职高专药学类相关专业参考。

图书在版编目（CIP）数据

制药设备与车间设计 / 朱国民主编. -- 北京：化
学工业出版社，2024. 10. -- ISBN 978-7-122-46046-2

Ⅰ. TQ460.5

中国国家版本馆 CIP 数据核字第 20242EY152 号

责任编辑：张雨璐　迟　蕾　李植峰　　　　装帧设计：韩　飞
责任校对：张茜越

出版发行：化学工业出版社
　　　　　（北京市东城区青年湖南街 13 号　邮政编码 100011）
印　　装：北京天宇星印刷厂
787mm×1092mm　1/16　印张 17　字数 413 千字
2024 年 8 月北京第 1 版第 1 次印刷

购书咨询：010-64518888　　　　　　售后服务：010-64518899
网　　址：http://www.cip.com.cn
凡购买本书，如有缺损质量问题，本社销售中心负责调换。

定　　价：54.00 元　　　　　　　　　　版权所有　违者必究

⟶ 前　言

制药设备与车间设计是适用于制药工程技术、中药制药、药学等职业本科专业学生学习的一门核心课程。职业本科是职业教育发展的新成果，是行业产业升级对人才提出的新需求，也是职业教育改革探究的新课题。我们在编写过程中坚持以企业对人才的岗位需求为目标，根据岗位职业能力确定知识、能力、素质要求，再根据知识、能力、素质要求确定教材内容，体现职业性、实用性、合规性。在教材编排上，以药物生产工艺流程为逻辑主线，以药品生产质量管理规范要求为依据，强调学生实际职业能力的培养，主要内容涉及反应设备、分离设备、制剂设备、车间设计等内容。

本教材的主要特点有：

1. 教材定位清晰、特色鲜明。本教材在坚持职业教育的同时满足本科层次人才培养需求，理论与实践相结合、产教融合、药学与工程学相结合，强化培养具有创新能力、实践能力的高层次技术技能人才。

2. 融入课程思政，体现立德树人。注重学思结合、知行统一，培养学生树立绿色节能安全环保意识，科学严谨、一丝不苟的工匠精神，增强学生善于解决问题的实践能力。

3. 本教材配备了电子课件，供教师教学选用，也可为学生自学提供参考。教材每章前都提出明确的"学习目标"和"思政和职业素养目标"，使学生学习目标更加明确。在每章后均设有"目标检测"，便于学生对学习的总结和效果的评价。

本书共十一章。由朱国民主编，孙孟展副主编。编写人员分工如下：朱国民编写绪论、第一、第三、第四、第七、第八、第十章部分，孙孟展编写第五、第六、第十一章，李文昌编写第二章，周丽芳编写第九章。在编写过程中，得到了有关学校、企业及同行的大力支持和帮助，特别是浙江华海药业有限公司制剂事业部汤军给出了许多宝贵的意见，并参与车间设计的部分编写工作；教材编写过程中还参考了一些同类教材，在此一并表示衷心的感谢！

鉴于编者水平有限，书中有不妥之处，敬请指正，以便进一步修订完善。

编者

前言

目 录

绪 论

 学习目标

了解本课程的性质、目的和主要内容，熟悉制药设备的分类及产品型号、《药品生产质量管理规范》（GMP）对制药设备的要求、制药车间设计的基本程序和主要内容，为后续章节的学习和将来在药厂各个岗位的工作奠定基础。

 思政与职业素养目标

通过学习GMP对设备的有关要求，树立药品生产合规意识、责任意识。

一、制药设备与车间设计课程的性质、目的和主要内容

制药设备与车间设计是一门以制药机械设备和制药工程理论为基础，以制药实践为依托的综合性、应用型课程，是制药工程技术、中药制药、药物制剂等药学类职业本科专业的核心课程。通过本课程的学习，掌握制药各单元操作过程中所涉及的主要设备的基本结构、工作原理、正确使用和故障排除方法、特点与选用，掌握制药车间的工艺流程设计、物料衡算、热量衡算、设备选型、车间布置等基本理论、技术和方法，领会药厂洁净技术要领，树立符合《药品生产质量管理规范》（GMP）要求的整体工程理念和设计思想，提高分析和解决制药车间工程实际问题的能力，达到"安全使用维护设备，科学选配合适设备，具有初步设计一个质量优良、生产高效、运行安全、环境达标的药物生产GMP车间"的课程宗旨。本课程对于工程素质的培养具有特别重要的意义。

课程主要研究内容：流体输送设备、制药反应设备、分离与提取设备、换热设备、蒸发与结晶设备、干燥设备、制药用水生产设备、灭菌设备、口服固体制剂生产设备、液体灭菌制剂生产设备、制药车间设计。

二、制药设备的分类及产品型号

根据国家、行业标准，按制药设备的基本属性可将其分为以下8大类。

（1）原料药机械及设备（L）　实现生物、化学物质转化，利用植物、动物、矿物制取

医药原料的工艺设备及机械。

（2）制剂机械（Z）　将药物制成各种剂型的机械与设备。

（3）药用粉碎机械（F）　用于药物粉碎（含研磨）并符合药品生产要求的机械。

（4）饮片机械（Y）　对天然药用动物、植物、矿物进行选、洗、润、切、烘、炒、煅等方法制取中药饮片的机械。

（5）制药用水设备（S）　采用各种方法制取制药用水的设备。

（6）药品包装机械（B）　完成药品包装以及与包装过程相关的机械与设备。

（7）药物检测设备（J）　检测各种药物成品、半成品或原辅材料质量的仪器与设备。

（8）其他制药机械及设备（Q）　执行非主要制药工序的有关机械与设备。

其中，制剂机械（Z）又分为14类。

① 片剂机械（P）：将原料药与辅料经混合、制粒、压片、包衣等工序制成各种形状片剂的机械与设备。

② 小容量注射剂机械（A）：将药液制作成安瓿针剂的机械与设备。

③ 抗生素粉注射剂机械（K）：将粉末药物制作成西林瓶装抗生素粉注射剂的机械与设备。

④ 大容量注射剂机械（S）：将药液制作成大容量注射剂的机械与设备。

⑤ 硬胶囊剂机械（N）：将药物充填于空心胶囊内制作成硬胶囊制剂的机械与设备。

⑥ 软胶囊剂机械（R）：将药液包裹于明胶膜内的制剂机械与设备。

⑦ 丸剂机械（W）：将药物细粉或浸膏与赋形剂混合，制成丸剂的机械与设备。

⑧ 软膏剂机械（C）：将药物与基质混匀，配制成软膏，定量灌装于软管内的制剂机械与设备。

⑨ 栓剂机械（U）：将药物与基质混合，制成栓剂的机械与设备。

⑩ 口服液剂机械（Y）：将药液制成口服液剂的机械与设备。

⑪ 药膜剂机械（M）：将药物浸渗或分散于多聚物薄膜内的制剂机械与设备。

⑫ 气雾剂机械（Q）：将药液和抛射剂灌注于耐压容器中，制作成药物以雾状喷出的制剂机械与设备。

⑬ 滴眼剂机械（D）：将药液制作成滴眼药剂的机械与设备。

⑭ 酊水、糖浆剂机械（T）：将药液制作成酊水、糖浆剂的机械与设备。

《制药机械产品型号编制方法》是为了便于制药机械的生产管理、产品销售、设备选型、国内外技术交流而制定的一项行业标准。

制药机械产品型号由制药机械分类名称、产品型式、产品功能及特征代号、主要参数和改进设计顺序号组成，格式如下：

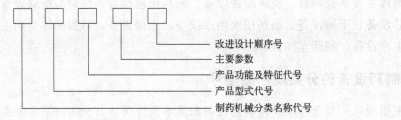

产品型式是以机器工作原理、用途或结构型式进行分类。产品功能及特征代号以其有代

表性的汉字的第一个拼音字母表示，主要区别于同一种类型产品的不同型式，由一至二个符号组成。如只有一种型式，此项可省略。产品的主要参数有生产能力、面积、容积、机器规格、包装尺寸、适应规格等，一般以数字表示。改进设计顺序号以 A、B、C……表示。第一次设计的产品不编顺序号。

三、GMP 与制药设备

《药品生产质量管理规范》（GMP）是药品生产和质量管理的标准，其贯穿于药品生产的各个环节，以控制产品质量。在国际上，GMP 已成为药品生产和质量管理的基本准则，它是一套系统的、科学的管理制度。实施 GMP，是在药品生产的全过程中实施科学的全面管理和严密的监控，以获得预期的质量，可以防止生产过程中药品的污染、混药和错药，保证药品质量的不断提高。中国在 1999 年正式颁布了中国的 GMP，并于 1999 年 7 月 1 日起施行。规范在 2010 年进行了修改，《药品生产质量管理规范（2010 年修订）》已自 2011 年 3 月 1 日起施行。

GMP 对直接参与药品生产的制药设备作了指导性的规定，设备的设计、选型、安装应符合生产要求，易于清洗、消毒和灭菌，便于生产操作和维修、保养，并能防止差错和减少污染。药品生产企业除要求制药设备厂生产、销售的设备应符合 GMP 规定外，并要求有第三方权威机构验证的材料。

GMP 对制药设备有如下具体要求：

① 设备的设计、选型、安装应符合生产要求，易于清洗、消毒和灭菌，便于生产操作和维修、保养，并能防止差错和减少污染。

② 与药品直接接触的设备表面应光洁、平整、易清洗或消毒、耐腐蚀，不与药品发生化学变化或吸附药品。设备所用的润滑剂、冷却剂等不得对药品或容器造成污染。

③ 与设备连接的主要固定管道应标明管内物料名称、流向。

④ 纯化水、注射用水的制备、储存和分配应能防止微生物的滋生和污染。储罐和输送管道所用材料应无毒、耐腐蚀。管道的设计和安装应避免死角、盲管。储罐和管道应规定清洗周期、灭菌周期。注射用水储罐的通气口应安装不脱落纤维的疏水性除菌滤器。纯化水可采用循环，注射用水可采用 70℃ 以上保温循环。

⑤ 用于生产和检验的仪器、仪表、量具、衡器等，其适用范围和精度应符合生产和检验要求，有明显的合格标志，并定期校验。

⑥ 生产设备应有明显的状态标志，并定期维修、保养和验证。设备安装、维修、保养的操作不得影响产品质量。不合格的设备如有可能应搬出生产区，未搬出前应有明显标志。

⑦ 生产、检验设备均应有使用、维修、保养记录，并由专人管理。

制药工艺的复杂性决定了设备功能的多样化，制药设备的优劣也主要反映在能否满足使用要求和无环境污染上，一般应符合以下五方面要求。

1. 功能设计要求

指制药设备在指定的使用环境条件下，完成基本工艺过程的机电运动功能和操作中使药物及工作室区不被污染等辅助功能。随着高新技术的发展，交叉领域新技术的渗入，先进的原理、机构、控制方法及检测手段的应用，使制药设备的功能不断充实和完善，但药品生产对设备的要求越来越苛刻，常规的设计已不能满足制药中洁净、清洗、不污染的要求，因而必须考虑改进或增加制药生产所需的功能。

(1) 净化功能　洁净是 GMP 的要点之一,对设备来讲包含两层意思,即设备自身不对药物产生污染,也不会对环境形成污染。要达到这一标准,就必须在药品加工中,凡有药物暴露的室区洁净度达不到要求,或有人机污染可能的,原则上均应在设备上设计有净化功能。

(2) 清洗功能　由于人工清洗在克服了物料间交叉污染的同时,常常容易带来新的污染,加上设备结构因素,使之不易清洗,这样的事例在生产中比较多。随着对药品纯度和有效性要求的提高,设备就地清洗 (CIP) 功能就成为了清洗技术的发展方向。在生产中因物料变更、设备的换批,需采取容易清洗、拆装方便的结构,所以 GMP 极其重视对制药系统的中间设备、中间环节的清洗及监控,强调对设备清洁的验证,目前在越来越多的设备上配备了在线清洗功能。

(3) 在线监测与控制功能　在线监测与控制功能主要指设备具有分析、处理系统,能自动完成几个步骤或工序的功能,这也是设备连线、联动操作和控制的前提。GMP 要求药品的生产应有连续性,且工序传输的时间最短。针对一些自动化水平不高、分散操作、靠经验操作的人工参与比例大的设备,如何降低传输周转间隔,减少人与药物的接触及缩短药物暴露时间,就成为设备设计及设备改进中重要的指导思想。实践证明,在制药工艺流程中,设备的协调连线与在线控制功能是最有成效的,设备的在线控制功能取决于机、电、仪一体化技术的运用,随着工业 PC 机及计量、显示、分析仪器的设计应用,多机控制、随机监测、即时分析、数据显示、记忆打印、程序控制、自动报警等新功能的开发使得在线控制技术得以推广。

(4) 安全保护功能　药物有热敏、吸湿、挥发、反应等不同性质,不注意这些特性就容易造成药物品质的改变。因此产生了诸如防尘、防水、防过热、防爆、防渗入、防静电、防过载等保护功能。应用仪器、仪表、电脑技术来实现设备操作中预警、显示、处理等来代替人工和靠经验的操作,可完善设备的自动操作、自动保护功能,提高产品档次。

2. 结构设计要求

设备的结构具有不变性,设备结构(整体或局部)不合理、不适用,一旦投入使用,要改变是很困难的。故在设备结构设计中要注意以下五点。

(1) 结构要素　在药物生产和清洗的有关设备中,其结构要素是主要的方面。制药设备几乎都与药物有直接、间接的接触,粉体、液体、颗粒、膏体等性状多样,在药物制备中,其设备结构应有利于上述物料的流动、移位、反应、交换及清洗等。实践证明设备内的凸凹、槽、台、棱角等是最不利物料清除及清洗的,因此要求这些部位的结构要素应尽可能采用大的圆角、斜面、锥角等,以免挂带和阻滞物料,这对固定的、回转的容器及制药机械上的盛料、输料机构具有良好的自卸性和易清洗性是极为重要的。另外,与药物有关的设备内表面及设备内工作的零件表面(如搅拌桨等),应尽可能不设计有台、沟,避免采用螺栓连接的结构。

(2) 非主要结构　制药设备中一些非主要部分结构的设计比较容易被忽视,这恰恰是需要注意的环节。如某种安瓿瓶的隧道干燥箱,结构上未考虑排玻屑,矩形箱底的四角聚积了大量玻屑,与循环气流形成污染,为此要采用大修方式才能得以清除。

(3) 与药物接触部分的结构　与药物接触部分的构件,均应具有不附着物料的低粗糙度要求。抛光处理是有效的工艺手段。制药设备中有很多的零部件是采用抛光处理的,但在制造中抛光不到位也是经常发生的，故要求外部轮廓结构应力求简洁，使连续回转体易于抛光到位。

（4）防止润滑剂、清洗剂的渗入　润滑是机械运动所必需的，在制药设备中有相当一部分属台面运动方式的部件或结构。动杆动轴集中、结构复杂，又都与药品生产有关，且设备还有清洗的特定要求。无论何种情况下润滑剂、清洗剂都不得与药物相接触，包括掉入、渗入等的可能性。解决措施大致有两种：一是采用对药物的阻隔；二是对润滑部分的阻隔，以保证在润滑、清洗时的油品及清洗水不与药物原料、中间体、药品成品相接触。

（5）防止设备自身污染　制药设备在使用中会有不同程度的尘、热、废气、水、汽等产生，对药品生产构成威胁。要消除它，主要应从设备本身加以解决。每类设备所产生污染的情况不同，治理的方案和结构要求也不同。散尘在粉体机械中是最多见的，像粉碎、混合、制粒、压片、包衣、筛分、干燥等工序，对散尘的设备应有捕尘机构；散热散湿的设备应有排气通风装置；非散热的设备应有保温结构。当设备具有防尘、水、汽、热、油、噪声、振动等功能，无论是单台运转还是组合、联动都能符合使用的要求。

3. 材料选用要求

GMP规定制造设备的材料不得对药品性质、纯度、质量产生影响，其所用材料需具有安全性、可辨别性及使用强度。因而在选用材料时应考虑设备与药物等介质接触中，或在有腐蚀性、有气味的环境条件下不发生反应，不释放微粒，不易附着或吸湿等，无论是金属材料还是非金属材料均应具有这些性质。

（1）金属材料　凡与药物或腐蚀性介质接触的及潮湿环境下工作的设备，均应选用低含碳量的不锈钢材料、钛及钛复合材料或铁基涂覆耐腐蚀、耐热、耐磨等涂层的材料制造。非上述使用的部位可选用其他金属材料，原则上用这些材料制造的零部件均应作表面处理，其次需注意的是同一部位（部件）所用材料的一致性。

（2）非金属材料　在制药设备中普遍使用非金属材料，选用这类材料的原则是无毒性、无污染，即不应是松散状的或掉渣、掉毛的。特殊用途的还应结合所用材料的耐热、耐油、不吸附、不吸湿等性质考虑，密封填料和过滤材料尤应注意卫生性能的要求。

4. 外观设计要求

制药设备使用中牵涉换品种、换批号等，且很频繁，为避免物料的交叉污染、成分改变和发生反应，清除设备内外部的粉尘、清洗黏附物等操作与检查是必不可少且极为严格的。GMP要求设备外形整洁就是为达到易清洁彻底而规定的。

（1）强调对凸凹形体的简化　这是对设备整体以及必须暴露的局部来讲的，也包括某些直观可见的零件。在GMP观点下，进行形体的简化可使设备常规设计中的凸凹、槽、台变得平整简洁，减少死角，可最大限度地减少藏尘积污，易于清洗。

（2）内置、内藏式设计　对与药品生产操作无直接关系的机构，应尽可能设计成内置、内藏式。如传动等部分即可内置。

（3）包覆式结构设计　包覆式结构是制药设备中最多见的，也是最简便的手段。将复杂的机体、本体、管线、装置用板材包覆起来，以达到简洁的目的。但不能忽视包覆层的其他作用，如有的应有防水密封作用，有的要有散热通风作用（需开设百叶窗），有的要考虑拆卸以便检修。采用包覆结构时应全面考虑操作、维修及上述的功能要求。

5. 设备接口要求

在 GMP 系统中,设备与厂房设施、设备与设备、设备与使用管理之间都存在互相影响与衔接的问题,即接口关系。设备的接口主要是指设备与相关设备、设备与配套工程方面的,这种关系对设备本身乃至一个系统都有着连带影响。

(1) 接口与设备的关系 接口就设备本身来讲,有进口、出口之分。进口指进入设备中工作介质(蒸汽、压缩空气、原料、水等)的连接装置及材料、物料传送的输入端;出口则指设备使用中所排废水、汽、尘等传送部分的输出端。一些生产实例表明,接口问题对设备的使用以及系统的影响程度是不应低估的。如设备气动系统气动阀前无压缩气过滤装置,阀被不洁气体、污物堵塞产生设备控制故障;纯水输水管系中有非卫生的管道泵造成水质下降;多效蒸馏水机排废水出口安装成非直排结构致使容器气堵;传送设备、器具不统一、不配套等都反映在接口问题上,所以接口的标准化及系统化配套设计是设备正常使用和生产协调的关键。

(2) 设备与设备的相互连接关系 特别强调制药工艺的连续性,要求缩短药物、药品暴露的时间,减小被污染的概率,制药设备连线、联动就成为其发展的趋向,因此设备与相关设备无论连线、可组合或单独使用的,都应把相互接口的通入、排出、流转性能作为一个问题。在非连续、不具备连线设备居多的情况下,单元操作较为普遍,从而致使药物要随工艺多次传送,洗好的瓶要放着待用、灌装时要人工振动,污染因素就增大。

(3) 设备与工程配套设施的接口问题 此问题比较复杂,设备安装能否符合 GMP 要求,与厂房设施、工程设计很有关系。通常工程设计中设备选型在前,故设备的接口又决定着配套设施,这就要求设备接口及工艺连线设备要标准化。

四、设备 GMP 验证

验证就是证明任何程序、生产过程、设备、物料、活动或系统确实能达到预期结果并有文件证明的一系列活动。药品生产验证包括设备验证和产品验证。设备 GMP 验证包括设备的预确认(设计确认)、安装确认、运行确认和性能确认四个方面。

1. 预确认(设计确认)

预确认是从设备的性能、工艺参数、价格等方面考查对工艺操作、校正、维护保养、清洗等是否合乎生产要求,主要考虑 5 个方面的内容:

① 设备性能如速度、装量范围等;

② 符合 GMP 要求的材质;

③ 便于清洗的结构;

④ 设备零件、仪器仪表的通用性和标准化程度;

⑤ 合格的供应商。

2. 安装确认

安装确认是指机器设备安装后进行的各种系统检查及技术资料文件化工作。主要包括 5 个方面的内容:

① 设备的安装地点及整个安装过程符合设计和规范要求;

② 设备上计量仪表、记录仪、传感器应进行校验并制定校验计划和标准操作规程;

③ 列出设备清单；

④ 制定设备保养规程及建立维修记录；

⑤ 制定清洗规程。

3. 运行确认

运行确认是指为证明设备达到设定要求而进行的运行试验。运行确认是根据标准操作规程草案对设备整体及每一部分进行空载试验来确认该设备能在要求范围内准确运行并达到规定的技术指标。主要包括 4 个方面的内容：

① 标准操作规程草案的适用性；

② 设备运行的稳定性；

③ 设备运行参数的波动性；

④ 仪表的可靠性。

4. 性能确认（模拟生产试验）

性能确认一般用空白料试车以初步确定设备的适用性。对简单和运行稳定的设备可依据产品特点直接采用物料进行验证。主要包括 3 个方面的内容：

① 进一步确认运行确认过程中考虑的因素；

② 对产品物理外观质量的影响；

③ 对产品内在质量的影响。

五、制药车间设计

制药车间设计是一项涉及工程学、药学、药剂学以及药品生产质量管理规范等的综合性技术工作。制药车间设计可分为：原料药生产车间设计和药物制剂生产车间设计。其中原料药生产车间设计又可以分为化学原料药车间设计、生物发酵车间设计、中药提取车间设计等。制剂车间设计可分为固体制剂车间设计、液体制剂车间设计等。

1. 制药车间设计的基本程序

制药车间设计的基本程序一般可分为设计前期、设计中期和设计后期三个主要阶段。其中设计前期工作内容包括项目建议书、可行性研究报告和设计（任务书）委托书；设计中期工作内容主要包括初步设计和施工图设计；设计后期工作内容包括施工、试车、竣工验收和交付生产等。

2. 制药车间工艺设计的主要内容

① 确定车间生产工艺流程；

② 进行物料衡算；

③ 工艺设备计算和选型；

④ 车间工艺设备布置；

⑤ 确定劳动定员及生产班制；

⑥ 能量衡算 [车间水电气（汽）冷公用工程用量的估算]；

⑦ 管路计算和设计；

⑧ 设计说明书的编写；

⑨ 概预算的编写；

⑩ 非工艺项目的设计。

 目标检测

1. GMP 对制药生产设备有哪些具体要求？
2. 设备验证的主要内容是什么？
3. 制药车间设计的分类？
4. 制药车间工艺设计的主要内容有哪些？
5. 制药设备分为哪八大类？
6. 制剂设备按照剂型可分哪几类？
7. 设备的功能设计有哪些要求？
8. 设备的结构设计有哪些要求？
9. 设备的材料选择有哪些要求？
10. 设备的外观设计有哪些要求？

第一章

流体输送设备

学习目标

　　掌握典型流体输送设备的结构特点、使用维护，能根据生产工艺要求选用合适的液体输送和气体输送设备，为从事流体输送设备的操作和维护、设备选型与车间设计奠定基础。

思政与职业素养目标

　　通过设备的操作维护，树立团队合作精神；通过设备的合理选型，树立安全环保、绿色节能的理念。

第一节　液体输送设备

一、液体输送设备的分类

　　在医药生产中，常常需要将流体从低处输送到高处，或从低压送至高压，或沿管道送至较远的地方。为达到此目的，必须对流体加入外功，以克服流体阻力及补充输送流体时所不足的能量。为液体提供能量的机械称为泵。泵的种类很多，按照工作原理不同，可以分为离心式、往复式和旋转式三种，其中离心泵在生产中应用最为广泛。离心泵具有结构简单、流量大而且均匀、操作方便的优点。它在医药生产中得到广泛的应用，约占生产用泵的80%～90%。

二、离心泵

（一）离心泵工作原理

　　离心泵结构如图1-1所示。在离心泵蜗壳形泵壳内，有一固定在泵轴上的工作叶轮。叶轮上有 6～12 片稍微向后弯曲的叶片，叶片之间形成了使液体通过的通道。泵壳中央有一个液体吸入口与吸入管连接。液体经底阀和吸入管进入泵内。泵壳上的液体压出口与压出管连接，泵轴用电机或其它动力装置带动。启动前，先将泵壳内灌满被输送的液体。启动时，泵轴带动叶轮旋转，叶片之间的液体随叶轮一起旋转，在离心力的作用下，液体沿着叶片间的通道从叶轮中心进口处被甩到叶轮外围，以很高的速度流入泵壳，液体流到蜗形通道后，由于截面逐渐扩大，大部分动能转变为静压能。于是液体以较高的压力从压出口进入压出管，输送到所需的场所。

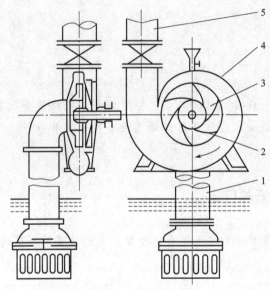

图 1-1　离心泵结构示意图

1—吸液管；2—叶轮；3—叶片；4—泵壳；5—出液管

当叶轮中心的液体被甩出后，泵壳的吸入口就形成了一定的真空，外面的大气压力迫使液体经底阀和吸入管进入泵内，填补了液体排出后的空间。这样，只要叶轮旋转不停，液体就源源不断地被吸入与排出。

离心泵若在启动前未充满液体，则泵壳内存在空气。由于空气密度很小，所产生的离心力也很小。此时，在吸入口处所形成的真空不足以将液体吸入泵内。虽启动离心泵，但不能输送液体，此现象称为"气缚"。为便于使泵内充满液体，在吸入管底部安装带吸滤网的底阀，底阀为止逆阀，滤网是为了防止固体物质进入泵内，损坏叶轮的叶片或妨碍泵的正常运行。

（二）离心泵的主要部件

离心泵的主要部件有叶轮、泵壳和轴封装置等。

1. 叶轮

从离心泵的工作原理可知，叶轮是离心泵的最重要部件。按结构可分为以下三种：开式叶轮、半开式叶轮和闭式叶轮。结构如图 1-2 所示。

开式叶轮两侧都没有盖板，制造简单，清洗方便。但由于叶轮和壳体不能很好地密合，

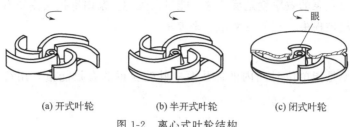

(a) 开式叶轮　　　　(b) 半开式叶轮　　　　(c) 闭式叶轮

图 1-2　离心式叶轮结构

部分液体会流回吸液侧，因而效率较低。它适用于输送含杂质的悬浮液。半开式叶轮吸入口一侧没有前盖板，而另一侧有后盖板，它也适用于输送悬浮液。闭式叶轮叶片两侧都有盖板，这种叶轮效率较高，应用最广，但只适用于输送清洁液体。开式或半开式叶轮的后盖板与泵壳之间的缝隙内，液体的压力较入口侧为高，这使叶轮遭受到向入口端推移的轴向推力。轴向推力能引起泵的振动，轴承发热，甚至损坏机件。为了减弱轴向推力，可在后盖板上钻几个小孔，称为平衡孔，让一部分高压液体漏到低压区以降低叶轮两侧的压力差。这种方法虽然简便，但由于液体通过平衡孔短路回流，增加了内泄漏量，因而降低了泵的效率。

按吸液方式的不同，离心泵可分为单吸和双吸两种，单吸式构造简单，液体从叶轮一侧被吸入；双吸式比较复杂，液体从叶轮两侧吸入。显然，双吸式具有较大的吸液能力，而且基本上可以消除轴向推力。

2. 泵壳

离心泵的外壳多做成蜗壳形，其内有一个截面逐渐扩大的蜗形通道。从离心泵的工作过程可以看到，泵壳的作用是集液和能量转换。叶轮在泵壳内顺着蜗形通道逐渐扩大的方向旋转。由于通道逐渐扩大，以高速度从叶轮四周抛出的液体可逐渐降低流速，减少能量损失，从而使部分动能有效地转化为静压能。有的离心泵为了减少液体进入蜗壳时的碰撞，在叶轮与泵壳之间安装一固定的导轮，导轮具有很多逐渐转向的孔道，使高速液体流过时能均匀而缓慢地将动能转化为静压能，使能量损失降到最低程度。泵壳与轴要密封好，以免液体漏出泵外，或外界空气漏进泵内。

（三）离心泵的主要性能参数

为了正确选择和使用离心泵，需要了解离心泵的性能。离心泵的主要性能参数为流量、扬程、功率和效率。

1. 流量

泵的流量（又称送液能力）是指单位时间内泵所输送的液体体积。用符号 V_s 或 V_h 表示，单位为 m^3/s（L/s）或 m^3/h。

2. 扬程

泵的扬程（又称泵的压头）是指单位重量液体流经泵后所获得的能量，用符号 H 表示，单位为 m。离心泵压头的大小，取决于泵的结构（如叶轮直径的大小，叶片的弯曲情况等）、转速及流量。

3. 效率

液体在泵内流动的过程中，由于泵内有各种能量损失，泵轴从电机得到的轴功率，没有全部为液体所获得。泵的效率就是反映这种能量损失的。泵内部损失主要有三种，即容积损失、水力损失及机械损失。泵的效率用 η 来表示。

4. 功率

泵的有效功率是指单位时间内液体从泵中叶轮获得的有效能量，用符号 N_e 表示，可写成

$$N_e = V_s H \rho g$$

式中　N_e——泵的有效功率，W 或 kW；

V_s——泵的流量，m^3/s；

H——泵的扬程，m；

ρ——液体的密度，kg/m^3；

g——重力加速度，m/s^2。

由于有容积损失、水力损失与机械损失，所以泵的轴功率要大于液体实际得到的有效功率。由于泵在运转时可能发生超负荷，所配电动机的功率应比泵的轴功率大。在机电产品样本中所列出的泵的轴功率，除特殊说明以外，均系指输送清水时的数值。

（四）离心泵的特性曲线

离心泵的压头、流量、功率和效率是离心泵的主要性能参数。这些参数之间的关系曲线称为离心泵的特性曲线，如图 1-3 所示，可通过实验测定。特性曲线是在固定的转速下测出的，只适用于该转速，转速不同，泵的特性曲线也不同。

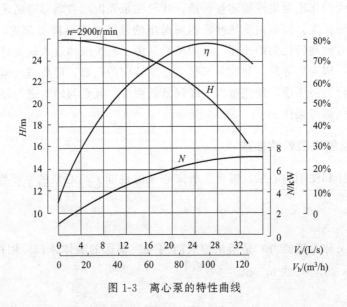

图 1-3　离心泵的特性曲线

1. H-V 曲线

H-V 曲线表示泵的扬程与流量的关系。曲线表明离心泵的扬程在较大流量范围内是随流量增大而减小的。不同型号的离心泵，H-V 曲线的形状有所不同。如有的曲线较平坦，适用于扬程变化不大而流量变化较大的场合；有的曲线比较陡峭，适用于扬程变化范围大而不允许流量变化太大的场合。

2. N-V 曲线

N-V 曲线表示泵的轴功率与流量的关系，曲线表明泵的轴功率随流量的增大而增大。显然，当流量为零时，泵轴消耗的功率最小。因此，启动离心泵时，为了减小启动功率，应将出口阀关闭。

3. η-V 曲线

η-V 曲线表示泵的效率与流量的关系。曲线表明开始效率随流量的增大而增大，达到最大值后，又随流量的增大而下降。该曲线最大值相当于效率最高点。泵在该点所对应的压头和流量下操作，其效率最高，所以该点为离心泵的设计点。选泵时，总是希望泵在最高效率点工作，因为在此条件下操作最为经济合理。但实际上泵往往不可能正好在该条件下运转，因此，一般只能规定一个工作范围，称为泵的高效率区。高效率区的效率应不低于最高效率的 92% 左右。泵在铭牌上所标明的都是最高效率下的流量、压头和功率。

（五）离心泵的工作点与流量调节

当离心泵安装在一定的管路系统中工作时，其压头和流量不仅与离心泵本身的特性有关，而且还取决于管路的工作特性。管路特性曲线表示流量通过某一特定管路所需要的扬程与流量的关系。可以写成 $H_e = A + BV^2$，其中 A 是不变的，B 主要跟管路阻力有关。曲线如图 1-4 所示。管路特性与离心泵的性能无关。

1. 离心泵的工作点

将泵的特性曲线与管路的特性曲线绘在同一坐标系中，两曲线的交点称为泵的工作点 P。如图 1-5 所示。显然，该点所表示的流量与压头，既是管路系统所要求，又是离心泵所能提供的。若该点所对应效率是在最高效率区，则该工作点是适宜的。

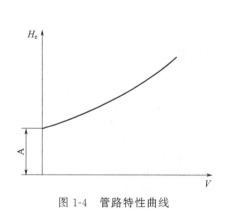

图 1-4　管路特性曲线

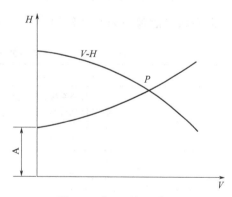

图 1-5　离心泵的工作点

2. 流量调节

泵在实际操作过程中，经常需要调节流量。从泵的工作点可知，调节流量实质上就是改变离心泵的特性曲线或管路特性曲线，从而改变泵的工作点的问题。所以，离心泵的流量调节，不外从两方面考虑，其一是在排出管线上装适当的调节阀，以改变管路特性曲线；其二是改变离心泵的转速或改变叶轮外径，以改变泵的特性曲线，两者均可以改变泵的工作点，以调节流量。

（六）离心泵的汽蚀现象与预防措施

当离心泵入口处的压力小于该液体在该温度下的饱和蒸气压时，将有部分汽化，小气泡随液体流到叶轮内高压区域，小气泡便会突然破裂，其中的蒸汽会迅速凝结，周围的液体将以高速冲向刚消失的气泡中心，造成很高的局部冲击压力，冲击叶轮，发生噪音，引起震动，金属表面受到压力大、频率高的冲击而剥蚀，使叶轮表面呈现海绵状，这种现象称为"汽蚀"。开始汽蚀时，汽蚀区域小，对泵的正常工作没有明显影响，当汽蚀发展到一定程度时，气泡产生量较大，液体流动的连续性遭到破坏，泵的流量、扬程、效率均明显下降，不能正常操作。

为避免汽蚀发生，可采取以下措施：①降低泵的安装高度（提高吸液面位置或降低泵的安装位置），必要时采用倒灌方式；②泵的位置尽量靠近液源以缩短吸入管长度；③减少吸入管路拐弯并省去不必要的管件和阀门；④尽量减少吸入管路的压头损失；⑤在工作泵前增加1台升压泵；⑥降低泵所输送液体的温度，以降低汽化压力；⑦设置前诱导轮；⑧过流部件采用耐汽蚀的材料等。

（七）离心泵的保养维护与故障分析

1. 保养维护

① 定期检查泵和电机，更换易损零件。

② 经常注意对轴承箱加注润滑脂，以保证良好的润滑状态。

③ 长期停机不使用时，除将泵内腐蚀性液体放净外，更要注意把各部件及泵内流动的残液清洗干净，并切断电源。

④ 介质中如有固体颗粒，必须在泵入口处加装过滤器。

2. 离心泵的故障原因及其解决办法（表 1-1）

表 1-1　离心泵的故障原因及其解决办法

故障	原因	解决办法
启动时泵不出水	①吸入管路系统存气或漏气 ②吸水扬程过高 ③底阀漏水 ④电机转向不对	①水注至泵轴心线以上,排除存漏气因素 ②降低泵的吸水高度 ③修理或更换底阀 ④电机重新接线
运转过程输水量减少	①转速不足 ②密封环磨损 ③底阀叶轮存杂物 ④出口管路阻力大 ⑤装置扬程过高	①检查电源系统 ②更换密封环 ③拆检底阀叶轮 ④缩短管路或加大管径 ⑤重新选泵
水泵内部声音反常	①流量太大 ②所输送的液温过高 ③有空气渗入 ④吸程太高	①减小出口闸阀的开度 ②降低液温或增加吸入口压力 ③检查吸入管路,堵塞漏气处 ④降低吸入高度
轴承过热,水泵振动	①轴承润滑不良 ②轴承损坏 ③泵与电机轴线不同心	①更换润滑油 ②更换轴承 ③调整泵与电机的同心度

故障	原因	解决办法
电机发热，功耗大	①流量太大 ②填料压得过紧 ③泵轴弯曲，轴承磨损或损坏 ④泵内吸进泥沙及其杂物	①适当减小出口闸阀的开度 ②适当放松填料压盖 ③校直泵轴，更换轴承 ④拆卸清洗

（八）离心泵的选型

离心泵的选型主要是看设计工艺的要求、工作介质、工作介质特性、扬程、流量、环境和介质温度等数据，合适的离心泵不但工作平稳，寿命长，且能最大程度地节省成本。

1. 离心泵的选用原则

① 根据输送流体的性质确定泵的类型：清水泵、油泵、耐腐蚀泵等；

② 根据现场安装条件确定卧式泵、立式泵等；

③ 根据流量大小确定单吸泵、双吸泵等；

④ 根据扬程大小确定单级泵、多级泵等；

⑤ 根据管路所需压头和流量确定泵的压头和流量，选择时，有一定生产裕度；

⑥ 要求抗汽蚀性能好、经济性好，泵的工作点应处于高效区内。

2. 离心泵选型的步骤

（1）选泵列出基本数据

① 介质的特性：介质名称、比重、黏度、腐蚀性、毒性等。

② 介质中所含固体的颗粒直径、含量多少。

③ 介质温度：是指泵的进口介质温度，一般应给出工艺过程中泵进口介质的正常、最低和最高温度。

④ 所需要的流量，一般工业用泵在工艺流程中可以忽略管道系统中的泄漏量，但必须考虑工艺变化时对流量的影响。

⑤ 压力：吸水池压力，排水池压力，管道系统中的压力降（扬程损失）。

⑥ 管道系统数据（管径、长度、管道附件种类及数目，吸水池至压水池的几何标高等）。

⑦ 如果需要的话还应作出装置特性曲线。

⑧ 在设计布置管道时，应注意如下事项。

a. 合理选择管道直径，管道直径大，在相同流量下液流速度小，阻力损失小，但价格高，管道直径小，会导致阻力损失急剧增大，使所选泵的扬程增加，配带功率增加，成本和运行费用都增加。因此应从技术和经济的角度综合考虑。

b. 排出管及其管接头应考虑所能承受的最大压力。

c. 管道布置应尽可能布置成直管，尽量减小管道中的附件和尽量缩小管道长度，必须转弯的时候，弯头的弯曲半径应该是管道直径的 3～5 倍，角度尽可能大于 90℃。

d. 泵的排出侧必须装设阀门（球阀或截止阀等）和止回阀。阀门用来调节泵的工况点，止回阀在液体倒流时可防止泵反转，并使泵避免水锤的打击。（当液体倒流时，会产生巨大的反向压力，使泵损坏。）

（2）流量的确定

① 如果生产工艺中已给出最小、正常、最大流量，应按最大流量考虑。

② 如果生产工艺中只给出正常流量，应考虑留有一定的余量。对于 $V_h > 100\text{m}^3/\text{h}$ 的大流量低扬程泵，流量余量取 5%，对 $V_h < 50\text{m}^3/\text{h}$ 的小流量高扬程泵，流量余量取 10%，$50\text{m}^3/\text{h} \leqslant V_h \leqslant 100\text{m}^3/\text{h}$ 的泵，流量余量也取 5%，对质量低劣和运行条件恶劣的泵，流量余量应取 10%。

③ 如果基本数据只给重量流量，应换算成体积流量。

三、往复泵

1. 往复泵的结构

如图 1-6 所示，往复泵由泵缸、吸入单向阀和排出单向阀、活塞、活塞杆以及传动机构等组成。泵缸内活塞与单向阀间的空间为工作室。

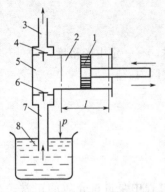

图 1-6　往复泵结构原理示意图

1—活塞；2—泵缸；3—排出管；
4—排出单向阀；5—工作腔；
6—吸入单向阀；7—吸入管；
8—储液槽

2. 往复泵的工作原理

传动机构将电动机的旋转运动转化为活塞的往复运动。随着活塞向右移动，工作室的容积增大，泵内压力降低，上端排出阀关闭，下端的吸入阀打开，液体开始吸入泵内，直到活塞移动到最右端时吸液结束，随着活塞向左移动，工作室的容积减小，泵内压力增大，下端的吸入阀关闭，上端排出阀打开，液体开始排出泵外，直到活塞移动到最左端时排液结束，完成了一个工作循环。活塞不断往复运动，液体就交替地被吸入和排出。往复泵是利用活塞移动液体做功，将能量以静压力的形式直接传给液体。

3. 往复泵的分类

（1）按往复运动件的形式，往复泵分为以下三类，如图 1-7 所示。

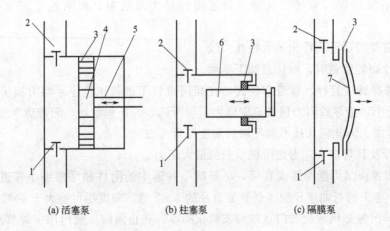

(a) 活塞泵　　　　(b) 柱塞泵　　　　(c) 隔膜泵

图 1-7　往复泵的基本类型

1—吸入单向阀；2—排出单向阀；3—密封环；4—活塞；5—活塞杆；6—柱塞；7—隔膜

① 活塞泵：工作室内作直线往复运动的元件有密封件（活塞环、填料等）的泵。往复运动件为圆盘形的活塞。活塞泵适用于中、低压工况。

② 柱塞泵：工作室内作直线往复运动的元件上无密封件，但在不动件上有密封件（填料、密封圈等）的泵。往复运动件为光滑的圆柱体，即柱塞。柱塞泵的排出压力很高。

③ 隔膜泵：借助于膜状弹性元件在工作室内作周期性挠曲变形的泵。隔膜泵适用于输送强腐蚀性、易燃易爆以及含有固体颗粒的液体和浆状物料。

（2）往复泵按主要用途可分为计量泵、试压泵、船用泵、清洗机用泵、注水泵 计量泵包括柱塞计量泵、隔膜计量泵等，是定量输送不可或缺的设备。在连续和半连续的生产过程中，如果需要按照工艺的要求来精确定量地输送液体，甚至将两种或两种以上的液体按比例进行输送，就必须使用计量泵。

4. 往复泵的流量调节

（1）旁路调节 旁路调节是所有容积式泵（包括往复和旋转泵）及旋涡泵的通用流量调节手段。通过旁路上调节阀和安全阀的共同调节，使压出流体超出需要的部分返回吸入管路，达到调节主管流量的目的。

（2）改变曲柄转速 改变减速装置的传动比可以改变曲柄转速，达到调节流量的目的。

（3）改变活塞行程 改变曲柄半径或偏心轮的偏心距可以改变活塞行程，达到调节流量的目的。

四、旋转泵

旋转泵的工作原理是靠泵内一个或几个转子的旋转作用来吸入和排出液体。旋转泵的形式很多，下面主要介绍三种常用的旋转泵，即齿轮泵、螺杆泵和蠕动泵。

1. 齿轮泵

齿轮泵的结构如图 1-8 所示，主要由泵壳和一对相互啮合的齿轮组成。其中由电机带动的齿轮叫主动轮，另一个齿轮叫从动轮。当按图示方向旋转时，两齿轮的齿相互分开，在左侧腔体形成低压而将液体吸入，然后分两路沿壳壁推送至排出腔，在右侧形成高压将液体排出。齿轮泵的流量小、压头高，大多用来输送黏稠液体及膏状物料，不适合输送含有固体颗粒的悬浮液和有腐蚀性质的液体。

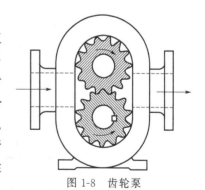

图 1-8 齿轮泵

2. 螺杆泵

螺杆泵的结构如图 1-9 所示，主要由泵壳和一个或几个螺杆组成。双螺杆泵的工作原理与齿轮泵类似。螺杆泵的特点是扬程高、效率高、噪声小、振动小、流量均匀，适合扬程需要很高的场合或高压下输送黏稠液体。

3. 蠕动泵

蠕动泵，又称软管泵，它的结构如图 1-10 所示，它是通过旋转的滚柱使胶管蠕动来输送液体。蠕动泵能输送一些带有敏感性的、强腐蚀性的、黏稠的、纯度要求高的、具有磨削作用的以及含有一定颗粒状物料的介质。广泛应用于制药、化工等行业。

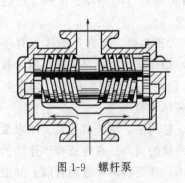

图 1-9 螺杆泵

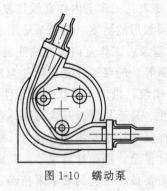

图 1-10 蠕动泵

五、屏蔽泵

屏蔽泵是一种无密封泵,泵和驱动电机都被密封在一个被泵送介质充满的压力容器内,此压力容器只有静密封,并由一个电线组来提供旋转磁场并驱动转子。这种结构取消了传统离心泵具有的旋转轴密封装置,故能做到完全无泄漏。屏蔽泵环保安全,主要适用输送易燃、易爆、易挥发、有毒、易腐蚀以及贵重液体。

屏蔽泵(图 1-11)是用同一根轴将电机的转子和泵的叶轮固定在一起,然后用屏蔽套将这一组转子屏蔽住,而电机的定子围绕在屏蔽套的四周,屏蔽套是由金属制成的,因此动力可以通过磁力场传递给转子,而整个转子都在泵送液体中运转,而屏蔽的端部靠法兰或焊接的结构实现静密封。屏蔽套实际上是一个压力容器。

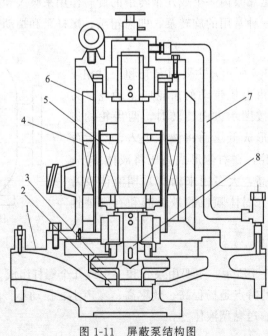

图 1-11 屏蔽泵结构图

1—泵体;2—密封环;3—叶轮;4—定子总成;5—转子总成;6—定子屏蔽套;7—循环管;8—轴

除了屏蔽套之外,还有一个部件是循环管,利用泵送液体对轴承进行润滑与冷却,有时也对电机冷却都起到非常重要的作用。

定子的内表面和转子的外表面装有耐腐蚀金属薄板制造的定子屏蔽套和转子屏蔽套，各自端面用耐腐蚀金属薄板与它们焊接，与被输送液体分隔，使定子绕组铁芯和转子铁芯不受浸蚀。

循环管一般是从泵排出口引入少部分被输送液体（约 1%～3%总流量），经过滤后，通过循环管，先润滑冷却轴承后，然后再通过定子屏蔽套与转子屏蔽套之间的间隙进行冷却，然后再润滑冷却前轴承，最后经叶轮平衡孔回流到叶轮进口眼。

屏蔽泵的屏蔽套，即定子屏蔽套与转子屏蔽套，用来防止输送介质浸入定子绕组和转子铁芯，但由于屏蔽套的存在，使电机定子和转子之间的间隙加大，造成屏蔽套中产生涡流，造成电机性能下降，功率损耗加大。

第二节　气体输送设备

在制药生产设备中，有许多原料和中间体是气体，如氢气、氮气、氧气、乙炔气、煤气等，当它们在管路中从一处送到另一处时，为了克服输送过程的流体阻力，需要提高气体的压力；另外，有些化学反应或单元操作需要在较高的压力下进行。这使得气体压缩和输送设备在制药生产中应用十分广泛。

一、分类

气体输送机械主要用于克服气体在管路中的流动阻力和管路两端的压强差以输送气体或产生一定的高压或真空以满足各种工艺过程的需要，因此，气体输送机械应用广泛，类型也较多。就工作原理而言，它与液体输送机械大体相同，都是通过类似的方式向流体做功，使流体获得机械能量。但气体与液体的物性有很大的不同，因而气体输送设备有其自己的特点。

气体输送机械一般按出口气体的压强或压缩比来分类，见表 1-2。气体输送机械出口气体的压强也称为终压。压缩比是指气体输送机械出口与进口气体的绝对压强之比。

表 1-2　气体输送机械按终压和压缩比分类

名称	终压（表压）	压缩比
通风机	≤0.015MPa	1～1.15
鼓风机	0.015～0.3MPa	<4
压缩机	>0.3MPa	>4
真空泵	当地的大气压	由真空度决定

气体输送设备在化工生产中应用十分广泛，主要用于以下三个方面。

（1）输送气体　为了克服输送过程中的流动阻力，需提高气体的压强。

（2）产生高压气体　有些单元操作或化学反应需要在高压下进行，如用水吸收二氧化碳、冷冻、氨的合成等。

（3）产生真空　有些化工单元操作，如过滤、蒸发、蒸馏等往往要在低于大气压下进行，这就需要从设备中抽出气体，以产生真空。

由于气体输送机械的构造和操作原理与液体的输送机械类似，故气体输送机械亦可分为离心式、往复式、旋转式和流体作用式。本节着重讨论各类气体输送机械的结构原理、特点和应用。

二、通风机

通风机是一种在低压下沿着导管输送气体的机械。在制药生产中，通风机的使用非常普遍，尤其是在高温和毒气浓度较大的车间，常用它来输送新鲜空气、排出毒气和降低气温等，这对保证操作人员的健康具有很重要的意义。

通风机可分为轴流式、离心式、斜流式和惯流式等多种形式，生产中应用较多的是轴流式通风机和离心式通风机。

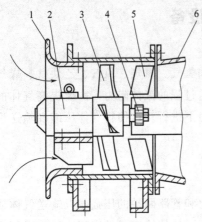

图 1-12　轴流式通风机

1—进气箱；2—电机；3—叶片；4—动叶调节控制头；5—导叶；6—扩压器

（一）轴流式通风机

轴流式通风机的工作原理如图 1-12 所示，在机壳内装有一个迅速转动的螺旋形叶轮，叶轮上固定着叶片。当叶轮旋转时，叶片推击空气，使之沿轴向流动，叶片将能量传递给空气，使空气的排出压力略有增加。也即送风方向与轴向相同，靠叶片的轴向倾斜，将轴向空气向前推进。

轴流式通风机的排气量大，但风压很小。输送腐蚀性气体时，叶片应采用不锈钢或在普通钢材上喷涂树脂。输送含尘较多的气体时，则应在叶片较易磨损的部分堆焊碳化钨或其他耐磨材料。

轴流式通风机通常装在需要送风的墙壁孔或天花板上，也可以临时放置在一些需要送风的场合。主要用作车间通风。

（二）离心式通风机

1. 结构和工作原理

离心式通风机按其出口气体压力（风压）不同，可分为以下三类：

① 低压离心通风机：出口风压低于 $0.9807 \times 10^3 Pa$（表压）；

② 中压离心通风机：出口风压为 $0.9807 \times 10^3 \sim 2.942 \times 10^3 Pa$（表压）；

③ 高压离心通风机：出口风压为 $2.942 \times 10^3 \sim 14.7 \times 10^3 Pa$（表压）。

离心式通风机（图 1-13）的基本结构和工作原理与单级离心泵相似。机壳是蜗壳形，但机壳断面有方形和圆形两种，一般低、中压通风机多为方形，高压的多为圆形。叶轮与离心泵的叶轮相比较，直径较大，叶片数目也比较多。中、高压通风机的叶片则是后弯的。

离心通风机的进风口与外壳制成整体，装于风机蜗壳的侧面。进风口轴向截面为流线

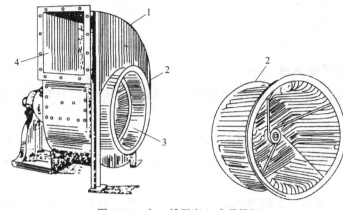

图 1-13 中、低压离心式通风机

1—机壳；2—叶轮；3—吸入口；4—排出口

型，能使气流均匀地进入叶轮，以降低流动损失和提高叶轮的效率。

叶轮是离心通风机最重要的部件，其功能是将机械能转化为气体的静压能和动能。叶轮通常由前盘、叶片、后盘和轴盘（轮毂）组成，经过静、动平衡校正，运转平稳，工作性能良好。

叶轮上叶片的数目较离心泵的稍多，叶片比较短。低压通风机的叶片常向前弯，高压通风机的叶片则为后弯叶片。所以高压通风机的外形与结构与单级离心泵更为相似。

离心通风机动力传输由主轴、轴承箱、滚动轴承、皮带轮或联轴器组成。主轴一端连接叶轮，另一端连接皮带轮或联轴器。

离心通风机的工作原理和离心泵的相似，即依靠叶轮的旋转运动，形成真空区域，被大气压力压入的气体在叶轮上获得能量，从而提高了压强而被排出。

2. 离心通风机的性能参数与特性曲线

离心通风机的主要性能参数有风量、风压、轴功率和效率。由于气体通过风机时压强变化较小，在风机内运动的气体可视为不可压缩流体，所以前述的离心泵基本方程式亦可用来分析离心通风机的性能。

（1）风量 风量是单位时间内从风机出口排出的气体体积，但以风机进口处的气体状态计，又称送风量或流量，以 Q 表示，单位为 m^3/s 或 m^3/h。

（2）风压 风压是单位体积的气体流过风机时所获得的能量，以 H 表示，单位为 J/m^3（即 Pa）。由于 H 的单位与压强的单位相同，故称为风压。风压的单位也用 mmH_2O（毫米水）来表示（$1mmH_2O=9.8064Pa$）。

离心通风机的风压取决于风机的结构、叶轮尺寸、转速和进入风机的气体的密度。

离心通风机的风压目前还不能用理论方法进行计算，而是由实验测定。一般通过测量风机进、出口处气体的流速与压强的数值，按柏努利方程式来计算风压。

（3）轴功率与效率

离心通风机轴功率为

$$N=\frac{HQ}{1000\eta}$$

式中　　Q——风量，m^3/s；

　　　　H——风压，J/m^3 或 Pa；

　　　　η——效率，因按全风压定出，故又称为全压效率。

3. 离心式通风机的选用

首先根据被输送气体的性质，如清洁空气，易燃易爆气体，具有腐蚀性的气体以及含尘空气等选取不同性能的风机。

根据所需的风量、风压及已确定风机的类型，由通风机产品样本的性能表或性能曲线选取所需要的风机。选择时应考虑到可能由于管道系统连接不够严密，造成漏气现象，因此对系统的计算风量和风压可适当增加 10％～20％。

离心式通风机一般用于车间通风换气，要求输送的是自然空气或其他无腐蚀性气体，且气体温度不超过 80℃，硬质颗粒物含量不超过 $150mg/m^2$。

离心式通风机的叶片直径大、数目多，形状可分平直型、前弯型和后弯型。若要求风量大、效率低则选用前弯型叶片的通风机，如要求输送效率高则应选用后弯型叶片的通风机。

在满足所需风量、风压的前提下，应尽量采用效率高、价廉的风机。如对噪声有一定要求，则在选择时也应加以注意。

三、鼓风机

（一）离心式鼓风机

离心式鼓风机又称涡轮鼓风机或透平鼓风机，其结构类似于多级离心泵。离心式鼓风机一般由 3～5 个叶轮串联而成，图 1-14 所示的为一台三级离心式鼓风机的示意图，气体由吸入口吸入后，经过第一级叶轮和第一级扩压器，从蜗壳形流道中进入第二级的叶轮入口，再依次通过以后的所有叶轮和扩压器，最后经过蜗形机壳由排气口排出。气体经过的叶轮级数越多，接受的能量也越多，静压强越大。离心式鼓风机的送气量大，但所产生的风压仍不太高，出口表压强一般不超过 $2.94×10^3$ Pa。

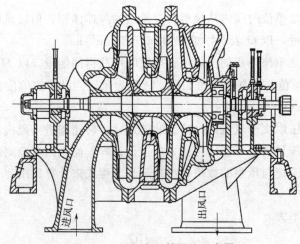

图 1-14　三级离心鼓风机示意图

离心式鼓风机特点为：压缩比不高，各级叶轮尺寸基本相等，工作过程产热不多，不需冷却装置；连续送风无振动和气体脉动，不需空气贮槽；风量大且易调节，易自动运转，可处理含尘的空气，机内不需润滑剂，故空气中不含油；效率比其他气体输送设备高。

由于离心式鼓风机的性能特点适合于远距离输送气体，故在制药生产中，常用于空调系统的送风设备。

（二）罗茨鼓风机

1. 罗茨鼓风机的工作原理

在制药生产中应用最广的是罗茨鼓风机。其工作原理与齿轮泵相似，如图 1-15 所示。它主要由一个跑道形机壳和两个转向相反的转子组成。转子之间以及转子和机壳之间的缝隙都很小，两个转子朝着相反方向转动时，在机壳内形成了一个低压区和一个高压区，气体从低压区吸入，从高压区排出。如果改变转子的旋转方向，则吸入口和压出口互换。形象地讲，也就是，下侧两"鞋底尖"分开时，形成低压，将气体吸入；上侧两"鞋底尖"合拢时，形成高压，将气体排出。因此，开车前应仔细检查转子的转向。

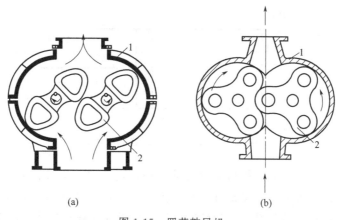

(a)　　　　　　　　　　(b)

图 1-15　罗茨鼓风机
1—机壳；2—转子

2. 罗茨鼓风机的特点

结构简单，转子啮合间隙较大（一般为 0.2～0.3mm），工作腔无润滑油，强制性输气风量风压比较稳定，对输送带液气体、含尘气体不敏感，转速较低（一般 $n \leqslant 1500$r/min），噪声较大，热效率较低。通常罗茨鼓风机用来输送气体，也大量用作真空泵。

罗茨鼓风机的风量和转速成正比，而且几乎不受出口压强变化的影响。罗茨鼓风机转速一定时，风量可大体保持不变，故称之为定容式鼓风机。这一类型鼓风机的单级压力比通常小于 2，两级可达 3，输气量范围是 2～500m³/min，出口表压强在 8×10^4Pa 以内，但在表压强为 4×10^4Pa 左右时效率较高。

四、压缩机

空气压缩机按工作原理可分为容积式和速度式两大类。容积式是通过直接压缩气体，使气体容积缩小而达到提高气体压力的目的，容积式根据气缸侧活塞的特点又分为回转式和往复两类。回转式又有转子式、螺杆式、滑片式三类，往复式有活塞式和膜式两种。速度式是靠气体在高速旋转叶轮的作用，得到较大的动能，随后在扩压装置中急剧降速，使气体的动能转变成势能，从而提高气体压力。速度式主要有离心式和轴流式两种基本型式。

（一）往复式压缩机

1. 往复式压缩机的主要构造

往复式压缩机主要由三大部分组成：运动机构（包括曲轴、轴承、连杆、十字头、皮带轮或联轴器等），工作机构（包括气缸、活塞、气阀等），机体。此外，压缩机还配有三个辅助系统：润滑系统、冷却系统以及调节系统。图1-16为往复式压缩机的结构示意图。但由于压缩机的工作流体为气体，其密度和比热容比液体小得多，因此在结构上要求吸气和排气阀门更为轻便而易于开启。通过活塞的往复运动，使气缸的工作容积发生变化而吸气、压缩气体或排出气体。

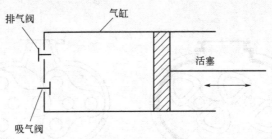

图1-16 单级往复式压缩机示意图

（1）机体 机体是往复式压缩机定位的基础构件，一般由机身、中体和曲轴箱（机座）三部分组成。机体内部安装各运动部件，并为传动部件定位和导向。曲轴箱内存装润滑油，外部连接气缸、电动机和其他装置。运转时，机体要承受活塞与气体的作用力和运动部件的惯性力，并将本身重量和压缩机全部或部分的重量传到基础上。机体的结构形式随压缩机型式的不同分为立式、卧式、角度式和对置式等多种形式。

（2）气缸 气缸是压缩机产生压缩气体的工作空间，由于承受气体压力大、热交换方向多变、结构较复杂，故对其技术要求也较高。

（3）活塞组件 活塞组件由活塞、活塞环、活塞杆等部件组成。活塞与气缸内壁缝隙小，形成密封的运动空间。活塞组件的往复运动完成气体在气缸中的压缩循环。

（4）填料密封环 填料密封环是阻止气缸内的压缩气体沿活塞杆泄漏和防止润滑油随活塞杆进入气缸内的密封部件。

（5）气阀 气阀是往复式压缩机最重要的部件之一，有吸气阀和排气阀两种。吸气阀安装在进气口，排气阀安装在排气口。当吸气阀打开时排气阀则关闭，当排气阀打开时则吸气阀关闭。吸气阀和排气阀的协同作用完成进气和排气循环。

2. 往复式压缩机的工作原理

现以单级往复压缩机为例说明压缩机的工作过程。如图1-16所示，吸气阀和排气阀都装在活塞的一侧。气缸与活塞端面之间所组成的封闭容积是压缩机的工作容积。曲柄连杆机构推动活塞不断在气缸中作往复运动，使气缸通过吸气阀和排气阀的控制，循环地进行膨胀—吸气—压缩—排气过程，以达到提高气体压强的目的。

往复式压缩机的结构和装置与往复泵相比有显著不同。由于气体具有可压缩性，气体受压缩后接受机械功所转变的热能而使温度升高，为避免气体的温度过高，同时为了提高压缩机的效率，首先往复式压缩机必须有除热装置，以降低气体的终温，因此在气缸壁上设计有散热翅片以冷却缸内气体；其次，必须控制活塞与气缸端盖之间的间隙即余隙容积。往复泵的余隙容积对操作无影响，而往复式压缩机的余隙容积必须严格控制，不能太大，否则吸气量减少，甚至不能吸气。因此，往复式压缩机的余隙容积要尽可能地减小。

由于有余隙的存在，往复式压缩机不能全部利用气缸空间，因而在吸气之前有气体的膨胀过程。当要求压力较高时，需采用多级压缩，每级压缩比不大于8，且因压缩过程伴有温度升高，气缸应设法冷却，级间也应有中间冷却器。多级压缩的过程较为复杂。往复压缩机的排气量、排气温度和轴功率等参数应运用热力学基础知识去解决。

由于往复式压缩机的气缸壁与活塞是用油润滑密封，送出的气体中含有润滑油成分，同时，往复式压缩机的噪声大，所以一般不能用作洁净车间空调系统的送风设备。

3. 往复式压缩机操作、运转的注意事项

① 往复式压缩机和往复泵一样，吸气与压气是间歇的，流量不均匀。但压缩机很少采用多级型式，而通常是在出口处连接一个贮气罐（又称缓冲罐），这样不仅可以使排气管中气体的流速稳定，也能使气体中夹带的水沫和油沫得到沉降而与气体分离，罐底的油和水可定期地排放。

② 往复式压缩机气体入口前一般要安装过滤器，以免吸入灰尘、铁屑等而造成对活塞、气缸的磨损。当过滤器不干净时，会使吸入的阻力增加，排出管路的温度升高。

③ 往复式压缩机在运行时，气缸中的气体温度较高，气缸和活塞又处在直接摩擦移动状态，因此，必须保证有很好的冷却和润滑，不允许关闭出口阀门，以免压力过高而造成事故。冷却水的终温一般不超过313K，应及时清除气缸水套和中间冷却器里的水垢，在冬季停车时，一定要把冷却水放尽，以防管道等因结冰而堵塞。

④ 往复式压缩机气缸内的余隙是有必要的，但应尽可能小，否则余隙中高压气体的膨胀使吸气量减少，动力消耗增加。由于气缸中的余隙很小，而液体是不可压缩的，一定要防止液体进到气缸之内，否则，即使是很少的液体进入气缸，也可能造成很高的压强而使设备损坏。

⑤ 应经常检查压缩机的各部分的工作是否正常，如发现有不正常的噪声和碰击声时，应立即停车检查。

⑥ 往复式压缩机排气量的常用方式有转速调节和管路调节两类。其中管路调节可采取节流进气调节，即在压缩机进气管路上安装节流阀以得到连续的排气量；还可以采用旁路调节，即由旁路和阀门将排气管与进气管相连接的调节流量方式。

（二）速度式压缩机

速度式主要有离心式和轴流式两种基本型式。下面主要介绍离心式压缩机，如图1-17所示。

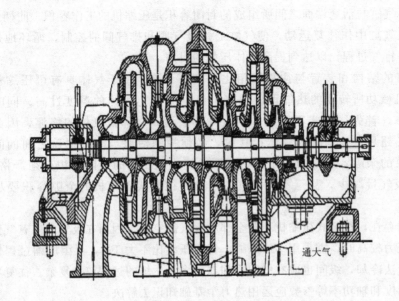

通大气

图 1-17　离心式压缩机

离心式压缩机是一种叶片旋转式压缩机，又称透平压缩机。主要结构和工作原理与离心式鼓风机相类似，只是离心式压缩机叶轮数更多，即离心压缩机都是多级的。为了获得较高的风压，离心压缩机的叶轮级数要比离心式鼓风机的级数多，通常在 10 级以上，且转速高于离心鼓风机，可达 3500～8000r/min，采用大直径大宽度叶轮，按直径和宽度逐段减小排列，以利于提高风压。离心式压缩机产生的风压要大于离心式鼓风机所产生的风压，可达到 0.4MPa～10MPa。

由于压缩比高，气体体积缩小，温度升高较快，故压缩机分为几个工段。每段包括若干级，叶轮直径逐段缩小，叶轮宽度也逐级有所缩小，并在段与段之间设计安装了冷却器以冷却气体，避免气体温度升得过高以至于损坏设备，同时可以减少功率的损耗。

与往复式压缩机相比，离心式压缩机具有机体体积较小，重量轻，风压高，流量大，供气均匀，运动平稳，易损部件少，机体内无润滑油污染气体，运转平稳和维修较方便等优点。离心式压缩机的制造精度要求极高，否则，在高转速情况下将会产生很大的噪声和振动。但制造加工难度大，在流量偏离设计点时效率较低。

近年来离心式压缩机应用日趋广泛，并已跨入高压领域，目前，离心式压缩机总的发展趋势是向高速度、高压力、大流量、大功率的方向发展。

五、真空泵

在制药生产中，有许多单元操作需要在低于大气压强的情况下进行，如过滤、干燥、减压浓缩、减压蒸馏、真空抽滤、真空蒸发等，这就需要从设备或管路系统中抽出气体，使其中绝对压强低于大气压强而形成真空，完成这类任务所用的抽气设备统称为真空泵。

根据国家标准规定，真空被划为低真空、中真空、高真空、超高真空四个区域，各区域的真空范围如表 1-3 所示。

表 1-3 真空区域的划分

名称	真空范围	名称	真空范围
低真空	$10^{3} \sim 10^{5}\,Pa$	高真空	$10^{-6} \sim 10^{-1}\,Pa$
中真空	$10^{-1} \sim 10^{3}\,Pa$	超高真空	$10^{-10} \sim 10^{-6}\,Pa$

低真空获得的压力差可以提升和运输物料、吸尘、过滤；中真空可以排除物料中吸留或溶解的气体或所含水分，如真空除气、真空浸渍、真空浓缩、真空干燥、真空脱水和冷冻干燥等；高真空可以用于热绝缘，如真空保温容器；超高真空可以用作空间模拟研究表面特性，如摩擦和黏附等。制药生产中，有许多操作过程是在真空设备中进行的，如中药提取液的真空过滤和真空蒸发、物料的真空干燥、物料的输送等。下面简单介绍几种常用的真空泵。

（一）往复式真空泵

往复式真空泵是一种干式真空泵，其构造和工作原理与往复式压缩机基本相同，只是其吸气阀、排气阀（活塞）要求更加轻巧，启闭更灵敏。往复式真空泵气缸内有一活塞，活塞上装有活塞环，保证被活塞间隔的气缸两端气密。活塞在气缸内作往复运动时，不断改变气缸两端的容积，吸入和排出气体。活塞和气阀联合作用，周期地完成真空泵的吸气和排气过程。但当所要求达到的真空度较高时，例如要得到 95％ 的真空度，其压缩比将达到 20 以上，此种情况会使余隙中残留气体的影响更大。为降低余隙的影响，可在气缸左右两端之间设置平衡气道，在真空泵气缸的两端，加工出一个凹槽，使活塞运动到终端时，左右两室短时连通，以使余隙中残留的气体从活塞的一侧流到另一侧，降低余隙气体压力，以提高生产能力。

真空泵的压缩比通常比压缩机的大很多。往复式真空泵结构坚固、运行可靠、对水分不敏感，极限压力为 $1\,kPa \sim 2.6\,kPa$，抽速范围 $50 \sim 600\,L/s$。主要用于大型抽真空系统，如真空干燥、真空过滤、真空浓缩、真空蒸馏、真空洁净以及其他气体抽除等。往复式真空泵不适于抽除含尘或腐蚀性气体，除非经过特殊处理。由于一般泵体气缸都有油润滑，所以有可能污染系统的设备。

往复式真空泵由于转速低、排气量不均匀、结构复杂、零件多、易于磨损等缺陷，近年来已经越来越多地被其他型式的真空泵所替代。目前常用 W 型、WY 型往复式真空泵，它们是获得低真空的主要设备。

（二）旋片式真空泵

1. 旋片式真空泵结构（图 1-18）

（1）壳体 旋片式真空泵的壳体是圆筒形，用金属板将壳体固定在油槽中，起固定作用的金属板应设计在壳体的上部，将壳体分隔成上下两部分，要求连接处不漏液。在壳体的上部设计有定盖，能将圆筒密封。定盖上开有两小孔，分别是气体吸入通道和气体排出通道。

（2）油槽 油槽是盛装真空油的容器，旋片式真空泵的全部机件都沉浸在真空油中，真空油起着密封、润滑和冷却的作用。

（3）转子　转子固定在电动机传动的传动轴上。在转子上开凿了贯通槽，槽内安装了弹簧，弹簧两端连接有金属旋片，在弹簧作用下旋片可自动伸缩，但始终与壳体内壁保持紧密接触，且将圆筒分隔成两个空间。

在安装时，将转子偏心地固定在壳体内，使转子的中轴线与壳体中轴线不重合，与壳体内腔保持内切状态。

2. 旋片式真空泵工作原理

旋片式真空泵在转动时，旋片在弹簧的张力和转动的离心力作用下，始终紧贴腔室内壁上滑动，从而将圆筒形壳体内腔分割成两个气室。在转动过程中，两个旋片在交替地伸缩，气室也不断地扩大和缩小。扩大时，气室成真空而从吸气管吸入气体；缩小时，气室压力增大，将气体压出排气阀，如此往复，吸气和排气连续进行，从而起到抽真空的作用。

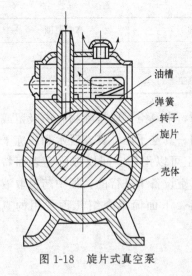

图 1-18　旋片式真空泵

油槽
弹簧
转子
旋片
壳体

3. 旋片式真空泵使用注意事项

旋片式真空泵的关键部件是旋片和弹簧，当使用一段时间后，弹簧性能降低，旋片不能紧贴气室，内壁产生漏气现象，抽真空的能力降低，或者不工作，如出现类似现象则需要更换弹簧或旋片。

另外，如有水蒸气混入到真空油中，则真空油的密封性能很快下降，将严重影响旋片式真空泵的性能，所产生的真空度降低，甚至不能产生真空。因此在使用时需要安装干燥器和冷阱，以除去水分，避免真空油被水蒸气污染。

4. 旋片式真空泵适用场合

由于旋片式真空泵的工作都是与油联系在一起，所以它不适用于抽除含氧量过高的、有毒的、有爆炸性的、侵蚀黑色金属的、对真空油起化学作用以及含有颗粒尘埃的各种气体。可用于抽除干燥气体或含有少量可凝性蒸汽的气体，即可用来抽除潮湿性气体。旋片式真空泵的抽气量小，可在一般化学实验室、制剂室及小型制药设备上应用。

（三）水环式真空泵

水环式真空泵是制药厂常用的一种真空泵，属于旋转式真空泵，广泛用于真空过滤、真空蒸馏、减压蒸发等操作。

1. 水环式真空泵的构造和工作原理

其结构如图 1-19 所示。外壳内偏心地装着一个叶轮，叶轮上有许多径向的叶片。开车前，泵壳内约充有一半容积的水，当叶片旋转时形成水环。水环兼有液封和活塞的作用，与叶片之间形成许多大小不等的密闭小室，当小室空间渐增时，气体从吸入口吸入室内；当小室空间渐减时，气体由出口排出。

水环式真空泵主要部件有泵壳、偏心叶轮、气体进出口、动力传输系统。泵壳内装有三分之二容积的水，叶轮沉浸在水中，进气口设计在叶轮中心部位。当叶轮旋转时，在离心力作用下，叶片将水甩出，叶轮中心部位即成局部真空，从而将外界的气体吸入。被甩出的水

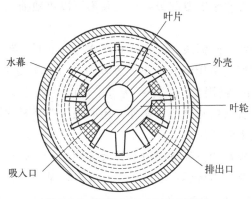

图 1-19 循环水环式真空泵简图

沿蜗壳形流道形成环形水幕。水幕紧贴叶片,将两叶片间的空间密封成大小不同的空气小室。当小室增大时,小室内成真空,气体从吸入口吸入;当小室变小时,小室内压力增大,气体由排出口排出。随着叶轮稳定转动,每个空气小室反复变化,使吸、排气过程持续下去。通常,水环式真空泵可产生的最大真空度为 83kPa。

2. 水环式真空泵的特点

水环式真空泵的特点是结构简单紧凑,没有阀门,很少堵塞,易于制造和维修;排气量大而均匀,无需润滑,易损件少;由于旋转部分没有机械摩擦,操作可靠,使用寿命长。适用于抽吸含有液体的气体,尤其在抽吸有腐蚀性或爆炸性气体时更为适宜,因为不易发生危险,所以其应用更加广泛。其缺点是效率较低,约为 $30\%\sim50\%$。另外,在运转时为了维持泵内液封以及冷却泵体,运转时需不断向泵内充水,该泵所能造成的真空度受泵体中水的温度所限制。水环式真空泵也可作鼓风机用,但所产生的表压强不超过 98kPa。当被抽吸的气体不宜与水接触时,泵内可充其他液体,所以这种泵又称为液环式真空泵。

3. 水环式真空泵操作、运转的注意事项

① 启动前先给真空泵内充入工作液;

② 检查泵的润滑情况,压力表、温度表是否好用,各连接部件是否紧固,泵的工作液是否达到要求;

③ 盘车,确保其盘车轻松自由;

④ 启动泵时先打开入口阀及旁路阀、气液分离罐顶的放空阀;

⑤ 真空泵在运转过程中要经常检查轴承、密封等运转情况及泵的紧固情况,要检查有无振动、噪声等异常情况,如发现有不正常的噪声和碰击声时,应立即停车检查;

⑥ 停泵时先关闭泵的进口阀,然后再关闭补充液入口阀;

⑦ 真空泵长期不用时要放掉工作液,防止冻坏设备和管路,同时要做好防腐保护,以免设备和管路发生锈蚀现象。

(四)罗茨式真空泵

罗茨式真空泵的工作原理与罗茨鼓风机相似,泵内装有两个相反方向同步旋转的叶形转子,转子间、转子与泵壳内壁间有细小间隙而互不接触,是一种无内压缩的变容真空泵,通常压缩比很低，故高、中真空泵需要前级泵。此泵不可以单独抽气，前级需配油封、水环等可直排大气。

罗茨式真空泵转子型线有圆弧线、渐开线和摆线等。渐开线转子泵的容积利用率高，加工精度易于保证，故转子型线多用渐开线型。罗茨真空泵的转速可高达 $3450\sim4100r/min$；抽气速率为 $30\sim10000L/s$；极限真空：单级为 $6.5\times10^{-2}Pa$，双级为 $1\times10^{-3}Pa$。罗茨泵的极限真空除取决于泵本身结构和制造精度外，还取决于前级泵的极限真空。为了提高泵的极限真空度，可将罗茨泵串联使用。

罗茨泵的特点：①在较宽的压强范围内有较大的抽速；②启动快，能立即工作；③对被抽气体中含有的灰尘和水蒸气不敏感；④转子不必润滑，泵腔内无油；⑤振动小，转子动平衡条件较好，没有排气阀；⑥驱动功率小，机械摩擦损失小；⑦结构紧凑，占地面积小；⑧运转维护费用低。

（五）喷射式真空泵

喷射泵是属于流体作用式的输送机械，它是利用流体流动时动能和静压能的相互转换来吸送流体。它既可用来吸送液体，又可用来吸送气体。在药品生产中，喷射泵用于抽真空时，称为喷射式真空泵。喷射泵的工作流体，一般为水蒸气或高压水。前者称为水蒸气喷射泵，后者称为水喷射泵，如图 1-20 所示，是单级蒸汽喷射泵。水蒸气在高压下以很高的速度从喷嘴喷出，在喷射过程中，水蒸气的静压能转变为动能而产生低压将气体吸入。吸入的气体与水蒸气混合后进入扩散管，速度逐渐降低，压力随之升高，然后从压出口排出。单级水蒸气喷射泵仅能达到 90% 的真空，为了达到更高的真空度，需采用多级水蒸气喷射泵。也可用高压空气及其他流体作为工作流体使用。

喷射泵的主要优点是结构简单，制造方便，可用各种耐腐蚀材料制造，抽气量大，工作压力范围广，无活动部件，适用周期长。这种泵很适合处理含有机械杂质气体、水蒸气、强腐蚀性及易燃易爆气体。主要缺点是效率低，一般只有 10%～25%，

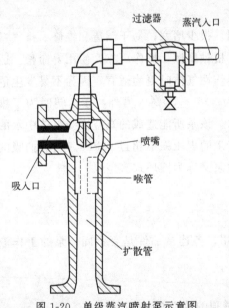
图 1-20 单级蒸汽喷射泵示意图

工作液体消耗量较大。喷射泵除用于真空脱气、真空蒸发、真空干燥外，还常作为小型锅炉的注水器，这样既能利用锅炉本身的水蒸气采注水，又能回收水蒸气的热能。

（六）真空泵的选用

真空泵的选择原则如下。

（1）真空泵的极限压力应该满足生产工艺的工作压力。通常选择泵的极限压力低于工艺要求约一个数量级。

（2）每种泵都有一定的工作压力范围，因而，泵的工作点应该选在这个范围之内，而不

能让它在允许工作压力以外长时间工作。

（3）真空泵在其工作压力下，应能排走真空设备工艺过程中产生的全部气体量。

（4）选择真空机组：

① 当使用一种泵不能满足抽气及真空要求时，需要几种泵组合起来，互相补充才能满足工艺要求。

② 有的真空泵不能在大气压下工作，需要预真空，有的真空泵出口压力低于大气压，需要前级泵，故都需要把泵组合起来使用。经组合使用的真空泵，称之为真空泵机组，它能使真空系统得到较高的真空度及排气量。由于不同的真空泵对抽除的气体要求不同，应正确地选择组合的真空泵。例如：在一般情况下罗茨-旋片机组不适用于含有较多可凝性气体的系统。

（5）当选择油封泵时，应该首先了解真空系统是否对油污染有要求。若设备严格要求无油时，应该选各种无油泵，如：水环泵、低温泵等。如果要求不严格，可以选择有油泵，加上一些防油污染措施，如加冷阱、挡油阱、挡板等，也能达到清洁真空要求。

（6）了解被抽气体成分，气体中含不含可凝蒸汽，有无颗粒灰尘，有无腐蚀性等。选择真空泵时，需要知道气体成分，针对被抽气体选择相应的泵。如果气体中含有蒸汽、颗粒及腐蚀性气体，应该考虑在泵的进气口管路上安装辅助设备，如冷凝器、除尘器等。

（7）当选择油封真空泵时，要考虑真空泵排出来的油蒸汽（油烟）对环境的影响如何。如果环境不允许有污染，应该选无油真空泵，或者把油蒸汽排到室外。

（8）真空泵工作时产生的振动对工艺过程及环境有无影响，若工艺过程不允许，应选择无振动的泵或者采取防振动措施。

（9）真空泵的价格、运转及维修费用。

在考虑到了各种情况后，最后确定一个最佳的解决方案。

① 最小的投资费用。

② 最小的生产运行费用。

③ 将前两种情况合理均匀分配的可行方案。

➡ 目标检测

1. 简述离心泵的工作原理、主要构造及各部件的作用。

2. 何谓离心泵的气缚、汽蚀现象？产生此现象的原因是什么？如何防止？

3. 如何确定离心泵的工作点？试比较其流量调节的方法各有何特点。

4. 启动往复泵时能否关闭出口阀门？能采用出口阀调节流量吗？为什么？

5. 简述齿轮泵、螺杆泵和蠕动泵的应用场合。

6. 请分析一下为什么离心泵在药厂用得最多？与输送液体有何关系？

7. 请分析一下离心泵在运行过程中出现剧烈振动的原因及解决办法。

8. 在接到一个液体输送设备的生产改造任务时，你从哪些方面去考虑？

9. 请分析一下离心泵打不出水的原因及解决办法。

10. 气体输送设备有哪些？各有何特点？

11. 分述几种常用真空泵的结构特点、工作原理以及应用场合。

12. 离心压缩机的密封油路如何维护？

13. 往复泵气缸内壁与活塞之间的缝隙如何密封？

14. 真空泵如何选用？

15. 离心泵如何选用？

第二章

制药反应设备

 学习目标

掌握各类反应设备和搅拌器的结构特点、工作原理和使用维护，能根据生产工艺要求选用合适的反应设备、搅拌器，为从事反应设备的操作和维护、设备选型与车间设计奠定基础。

 思政与职业素养目标

通过设备的操作维护，树立团队合作精神；通过设备的合理选型，树立安全环保、绿色节能的理念。

第一节　制药反应设备的应用与类型

一、反应器的类型

反应设备是用来将原料转化为特定产品的装置，其核心部分是反应器，而反应器中几乎都装有不同类型的搅拌器。反应器中的原料在搅拌器的搅拌下进行反应，不仅能使反应原料充分混合，而且能够扩大不同反应物之间的接触面积，加速反应的进行，还能消除局部过热和局部反应，减少或防止副产物的生成。反应器和搅拌器的类型很多，特点各异，可按不同的分类标准对其进行分类。

反应器按结构的不同，可分为釜式反应器、管式反应器、塔式反应器、搅拌鼓泡釜、气固相固定床催化反应器、流化床反应器、气液固反应器等；按操作方式的不同，可分为间歇操作反应器、连续操作反应器和半连续操作反应器等。表2-1展示了部分反应器的结构和用途。

表 2-1　不同型式反应器的结构与用途

反应釜型式		结构	特点与应用
釜式反应器	搅拌鼓泡釜	 1—挡板；2—驱动轴；3—气体入口；4—气体分布器	结构简单，传热、传质效果好，且适应性强，可用于各种快、慢、中速反应
管式反应器	水平管式	 1—物料入口；2—物料出口	安装和检修都比较简便，缺点是比较占位置
	盘管式	 1—圆筒体；2—盘管	反应器结构紧凑，占用位置少，但安装和检修比较困难
	U形管式	 1—进料口；2—出料口	适用于高温或高温、高压的反应；由于管的直径较大，物料停留时间较长，可用于慢反应；带搅拌适用于非均相液态物料或液-固悬浮物料
塔式反应器	填料塔	 1—除雾器；2—液体分布器；3—卸料口；4—液体再分布器； 5—支撑格栅；6—排查口；7—填料；8—液体进出口； 9—气体进出口	具有结构简单、比表面积大、持液量小、使用压力较小、耐腐蚀、不易造成溶液起泡等优点，其缺点是不能从塔体直接移去热量。该设备适用于瞬间反应、快速和中速反应的吸收过程，是制药工业中最常用的反应器之一

反应釜型式		结构	特点与应用
塔式反应器	鼓泡塔	1—分布隔板；2—夹套；3—气体分布器；4—塔外换热器； 5—塔体；6—挡板；7—液体捕集器；8—扩大段； 9—载热体；10—新催化剂；11—废催化剂； 12—液体进出口；13—气体进出口	结构简单、操作稳定、投资和维修费用低；同时，气相高度分散在液相中，持液量大，停留时间较长，有比较大的相际接触表面，有较高的传质和传热效率。因此，该设备适用于进行缓慢的化学反应和强放热反应
气、固相固定床催化反应器	单段绝热式	1—气体分布器；2—催化剂层；3—调料层；4—多孔板； 5—原料气体进口；6—产物出口	结构简单，床层内不设置换热的装置或换热构件，空间利用率高，生产能力大，造价低；适用于热效应较小、绝热温升不太高、单程转化率较低和反应温度允许波动范围较宽的情况；对于一些热效应较大的，但对反应温度不是很敏感或反应速率非常快的过程也可适用
	多段绝热式	(a) 间接换热式　　(b) 外冷却式　　(c) 层间冷激式 1—催化剂层；2—换热器；3—冷激区；4—冷激气入口； 5—原料气进口；6—产物出口	间接换热式结构紧凑，适用于中等热效应的放热反应过程，其缺点是装卸催化剂困难； 外冷却式更换催化剂比较方便，但占用面积较大； 层间冷激式一般用原料气进行中间冷激，催化剂床层的温度波动小，具有结构简单、便于装卸催化剂等特点，缺点是操作要求较高
	对外换热式	1—原料气进口；2—产物出口；3—载热体进口；4—载热体出口	可以在反应区内进行热交换、传热面积大、传热效果好、易控制催化剂床层温度、反应速率快、选择性高；缺点是结构较复杂、设备费用高。该类反应器适用于热效应大的反应

反应釜型式		结构	特点与应用
气、固相固定床催化反应器	自身换热式	 1—催化剂层；2—换热管；3—气体通道	自身换热式反应器的反应床层中温度接近最佳温度曲线，反应过程中热量自给。但结构比较复杂，造价高，催化剂装载系数较大。主要适用于较易维持一定温度分布的、热效应不太大的高压放热反应
流化床反应器	自由床和限制床	 (a) 自由床　　(b) 限制床 1—催化剂；2—分布板；3—内过滤器；4—挡板；5—冷却管； 6—原料气进口；7—产物出口	自由床适用于热效应不大的反应，反应速率快，延长接触时间不至于产生严重副反应或对于产品要求不严的催化反应过程。 限制床适用于热效应大、温度范围狭窄、反应速率较慢、级数高、有副反应的场合
	圆筒形和圆锥形流化床	 (a) 圆筒形流化床　(b) 圆锥形流化床 1—圆柱壳体；2—分布板；3—扩大段；4—圆锥形壳体； 5—帽式预分布器；6—进水口；7—蒸汽排出口； 8—进气口；9—产物出口	圆筒形流化床的反应区为直径不变的圆筒，构造简单、制造容易、设备的容积利用率高、应用最广泛。 圆锥形流化床减少了气固分离设备的负荷，适用于气体体积增大的反应、固体颗粒粒度分布较宽的场合
气、液、固反应器	滴流床	 (a) 并流　　　(b) 逆流 1—气体；2—液体	液体滞留量（液固比）很小，液膜通常很薄，总的传质和传热阻力相对较小，气体在平推流条件下操作可获得较高的转化率；同时由于持液量小，可最大限度降低均相的副反应；并流操作的滴流床也不存在液泛问题。对于高床层的滴流床反应器，为了调节反应温度常采用多段中间冷激的方式

反应釜型式		结构	特点与应用
气、液、固反应器	浆态反应器	 1—气体;2—固体;3—气泡;4—转轴;5—桨叶	浆态反应器是一种间歇反应釜,利用机械搅拌使浆液混合,适用于固体含量高、气体流量小或气液两相均为间歇进料的场合,在制药工业中应用较多
	三相流化床	 1—气体;2—液体;3—固体	一种连续操作的反应器,温度易于控制,相间混合均匀,传热、传质效果好,接触面积大,适用于大规模生产;避免了机械搅拌的轴封问题,尤适于高压反应
新型微反应器	降膜微反应器	 1—液体喷嘴入口;2—气体腔室入口;3—反应物出口	具有高效的传质传热、超高通量、耐高温高压等特点,还具备连续封闭、快速可控、放大简单等优点

二、反应器的选择

反应器类型很多,结构和性能的差异也较大,其选择的合理性将直接影响着药品生产的效率与质量。由于影响反应器选择的因素很多,如:物料相态、传热传质、反应速率、反应转化率和选择性、设备投资、操作要求、精度控制、产物分离、进料出料等,所以往往较难兼顾,在选择时应以主要工艺要求和反应器的特性为原则进行选择。下面仅从几种常见的重要因素介绍反应器的选择。

1. 从物料的相态选择反应器

一般来说,均相反应可选择在管式反应器、间歇操作搅拌釜、连续操作搅拌釜等形式的反应器中进行。

其中,对于均气相反应或反应速率较快的均液相反应,多选用管式反应器;反应速率较慢的均液相反应大多选用釜式反应器;批量生产或生产规模较小时则常选用间歇式反应釜,反之则可用连续式反应釜。

2. 从相际传质和反应速率选择反应器

在气、固相反应体系中,固体是分散相,从传质效果看,流化床优于固定床。但流化床的返混程度大,以致使其传质良好的优越性有所抵消。而在气、液相反应体系中,带搅拌装置的鼓泡式反应器则因可使气体在液体中高度分散而具有优势。

对于气、液、固三相反应体系来说，由于其中的固、液相界面的传质阻力大于气、液相界面的传质阻力，所以反应过程中固、液相间的传质过程起决定作用，也因此为了加快反应速率、缩小反应器的体积，多采用气体和固体都高度分散于液相中的反应器，如机械搅拌式鼓泡反应器、半连续操作的鼓泡搅拌反应器和填料塔等。

3. 从反应的转化率和选择性选择反应器

反应器的形式必须满足反应过程的反应转化率和选择性等优化条件。

对于平行反应，若主反应级数大于副反应，应保持较高的反应浓度以有利于提高反应的选择性，此时宜采用活塞流反应器；若主反应级数小于副反应级数，则应保持较低的反应物浓度以有利于抑制副反应速率，提高反应的选择性，此时宜采用返混程度大的反应器。

对于串联副反应，应尽量降低产物浓度，选择返混程度较低的反应器，如采用活塞流反应器。

对于可逆简单反应，主要从提高反应速率考虑，应选用活塞流反应器为宜。

对于可逆放热反应，为了满足最佳反应温度序列，一般采用中间冷却式的多段管式反应器。

4. 从传热的要求和温度效应选择反应器

一般化学反应伴随着热效应而又必须维持一定的反应温度，对于放热反应往往需要移去热量；对于吸热反应则需要供给热量，因此，无论热量的移出或供给，在反应器的设计中都应设置热交换构件。

当反应热效应较小、温度变化不大时，可以考虑绝热操作；如果在绝热控制下的温度变化过大而不能保证在最佳反应温度下操作，往往需要分段控制，如分段间壁式冷却绝热反应器和分段冷激式冷却绝热反应器。

在气、固相催化反应中，对于强放热反应，反应器的换热结构可采用物料循环或者多段中间冷却方式。

第二节 机械搅拌反应器

一、搅拌反应器的结构

反应器中的原料在搅拌器的搅拌下进行反应，不仅能使反应原料充分混合，而且能够扩大不同反应物之间的接触面积，加速反应的进行，还能消除局部过热和局部反应，减少或防止副产物的生成。典型的机械搅拌反应器如图2-1所示。它由罐体、搅拌器等组成。根据工艺要求，封头上还设有接管口、温度计口、人孔、手孔、视镜等部件。

二、搅拌器类型

（一）小直径高转速搅拌器

1. 螺旋桨式搅拌器

又称推进式搅拌器（如图2-2），实际上是一个无泵壳的轴流泵，推进式搅拌器整个桨

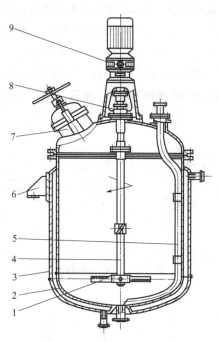

图 2-1　机械搅拌反应器

1—搅拌器；2—罐体；3—夹套；4—搅拌轴；5—压出管；6—支座；7—人孔；8—轴封；9—传动装置

叶的直径为容器直径的 1/4～1/3，转速较高，叶端圆周速度一般为 5～15m/s，最高速度可达 25m/s，适用于黏度小于 2Pa·s 的搅拌。液体在高速旋转的叶轮作用下作轴向和径向运动，当液体离开旋桨后作螺旋线运动，液体沿轴向下流动，当流至槽底时再沿槽壁折回，返入旋桨入口，形成一种循环流动，主要造成轴向液流，产生较大的循环量（如图 2-3），但这种流动的湍动程度不高，因此适用于以宏观混合为目的的搅拌过程，尤其适用于要求容器上下均匀的场合。

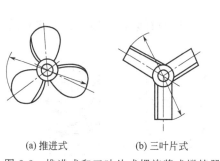

(a) 推进式　　(b) 三叶片式

图 2-2　推进式和三叶片式螺旋桨式搅拌器

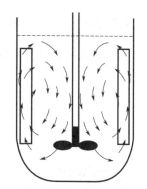

图 2-3　推进式搅拌器的总体循环流动

2. 涡轮式搅拌器

又称透平式叶轮（如图 2-4），实质上是一个无泵壳的离心泵，叶轮直径一般为釜径的 0.3～0.5 倍。转速较高，叶轮端圆周速度一般为 3～8m/s，涡轮式搅拌器的涡轮在旋转时能有效地造成液体高度湍动的径向流动（如图 2-5），桨叶端部造成剧烈的旋涡运动和较高剪切力产生的切向运动，所造成的液体流动的回路非常曲折，并且在出口速度较高，能最剧烈地搅拌液体；但这种切向分速度，使搅拌槽内的液体产生有害的圆周运动，对于这种圆周运动同样应设法加以抑制，抑制的措施有：加挡板、桨叶偏心安装和加导流筒等。涡轮式搅拌器适合于混合黏度相差较大的两种液体、混合密度相差较大的两种液体、混合不互溶液体、固体的溶解、混合含有较高浓度固体微粒的悬浮液，被搅拌液体的黏度一般不超过50Pa·s。

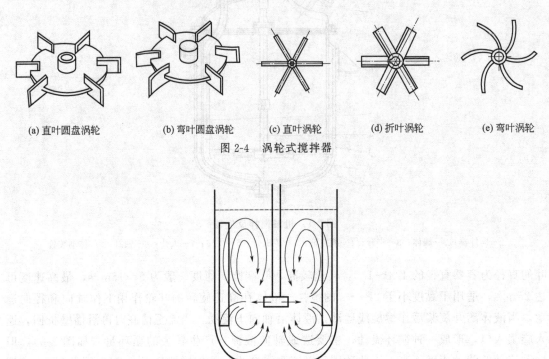

| (a) 直叶圆盘涡轮 | (b) 弯叶圆盘涡轮 | (c) 直叶涡轮 | (d) 折叶涡轮 | (e) 弯叶涡轮 |

图 2-4　涡轮式搅拌器

图 2-5　涡轮式搅拌器的总体循环流动

（二）大直径低转速搅拌器

对于高黏度液体一般采用低转速大直径搅拌器，常见的有桨式、锚式、框式和螺带式等（如图 2-6）。

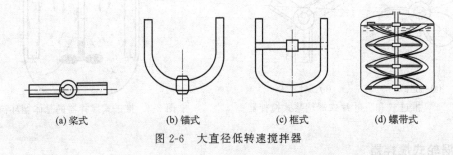

| (a) 桨式 | (b) 锚式 | (c) 框式 | (d) 螺带式 |

图 2-6　大直径低转速搅拌器

1. 桨式搅拌器

桨式搅拌器的桨叶直径一般为釜径的 $0.5 \sim 0.8$ 倍，桨叶宽度为其直径的 $1/6 \sim 1/4$，叶端圆周速度为 $1.5 \sim 3\mathrm{m/s}$。垂直于轴安装的桨叶（平桨）使液体沿径向和切向运动，可用于简单的液体混合、固液悬浮和溶解等；斜桨搅拌器所造成的轴向流动范围也不大，因此，当釜内液位较高时，应在同一轴上安装几个桨式搅拌器，或与螺旋桨配合使用。桨式搅拌器的径向搅动范围大，故可用于较高黏度液体的搅拌。

2. 框式和锚式搅拌器

框式搅拌器和锚式搅拌器仍属于桨式搅拌器的类型，桨叶外缘形状与搅拌槽内壁要一致。框式搅拌器是由水平及垂直的桨叶组成。框式搅拌器的框架直径一般为反应器直径的 2/3～9/10。锚式搅拌器桨叶外缘边缘到容器壁的距离通常为 30～50mm，严格避免在器壁形成残留物时，距离可以更小，可利用其刮壁作用以防止静止膜的形成，尤其对于黏稠的物料，可以防止物料在容器内表面上附着，用于传热操作时，防止局部过热和焦化现象的发生。它们在运转时，转速一般不超过 1000r/min，否则液体表面会生成旋涡，对混合不利，因此叶片端部圆周速度较低，一般为 0.5～1.5m/s，转速一般低于 60r/min，大型的搅拌器转速则低于 30r/min。这两种搅拌器适合用于搅拌不需要非常强烈、但必须覆盖容器内全部液体的情况，以及搅拌含有较多的固体悬浮物且固体和液体的密度相差不大者。框式搅拌器适用于高黏度物料的搅拌；锚式搅拌器结构简单，适用于黏度在 100Pa·s 以下的流体搅拌，当流体黏度在 10～100Pa·s 时，可在锚式桨中间加一横桨叶，即为框式搅拌器，以增加容器中的混合。这种搅拌器基本上不产生轴向流动，故难以保证轴向的混合均匀。

3. 螺带式搅拌器

当搅拌黏度大于 100Pa·s 的流体时，应采用螺带式搅拌器，桨叶直径为 0.9～0.98 倍釜径，叶端圆周速度小于 2m/s，在旋转时会产生液体的轴向流动，所以混合效果较框式和锚式为好。

三、搅拌器的选型

搅拌器的选择与搅拌作业目的有着紧密关系，各种不同的搅拌过程需要选择不同的搅拌器。

选择时首先要根据工艺条件、搅拌目的和要求、物料性质等选择搅拌器型式，同时还应充分掌握搅拌器的动力特性和搅拌器在搅拌过程中所产生的流动状态与各种搅拌目的的因果关系，以及综合考察经济上的合理性和技术上的先进性。

① 一般来说，根据工艺要求的搅拌速度选用搅拌器，快速搅拌实现液体混合或形成稳定固体颗粒悬浮搅拌时选用涡轮式搅拌器或旋桨式搅拌器为宜；反应釜容积大于 500m³ 时，采用旋桨式搅拌器为佳；根据传热方式，夹套给热以锚式搅拌器为宜，而槽内设盘管的给热结构则应选用旋桨式搅拌器或涡轮式搅拌器等。

② 低黏度液体搅拌。低黏度液体一般是在湍流状况下搅拌，常用的搅拌器有推进式搅拌器、平桨式搅拌器和旋桨式搅拌器。推进式搅拌器可用于黏度低于 400mPa·s 液体的搅拌，在 100mPa·s 以下更好，常在湍流区操作。

③ 高黏度液体搅拌在物料容积小于 1m³ 和 100～1000mPa·s 黏度范围内，适宜选用没有中间横梁的锚式搅拌器；液体黏度在 1000～10000mPa·s 范围内时，搅拌器上需加横梁、竖梁，即为框式搅拌器。选用锚式搅拌器或框式搅拌器操作时，转数不可超过 1000r/min，否则会产生中央漩涡，对混合不利。

④ 固-液两相系搅拌常用的搅拌器有涡轮式搅拌器和推进式搅拌器两种。

在低黏度的牛顿流体中，固体的悬浮或固体溶解须要求搅拌器的容积循环率高，可优先考虑选用涡轮式搅拌器；如果固体的密度与液体的密度相差较小，固体不易沉降，且固-液两相黏度小于 400mPa·s 时，可以考虑选用推进式搅拌器。

⑤ 气-液两相搅拌的目的是让气体在主体黏度较低或牛顿流体中充分分散或被吸收，除可选用自吸式搅拌器之外，还可根据情况选用容积循环率高，并且剪切力大的搅拌器。

四、搅拌器的放大

搅拌器的型式选定后，下一步工作就是要确定其尺寸、转速与功率，也就是搅拌器的放大。搅拌器的放大准则是保证放大前后的操作效果不变。对于不同的搅拌过程和搅拌目的，有以下一些放大准则可供选用。

（1）保持搅拌雷诺数 $Re=\rho nd^2/\mu$ 不变。

因放大前后物料相同，ρ、μ 不变，由此可导出小试与放大后的搅拌器之间应满足下列关系，则

$$n_1 d_1^2 = n_2 d_2^2$$

式中 n、d 分别代表搅拌器的转速和直径，ρ、μ 分别代表液体的密度和黏度，下标1、2 分别代表小试和放大后的情况。

（2）保持叶端圆周速度 πnd 不变。则

$$n_1 d_1 = n_2 d_2$$

（3）保持单位体积所消耗的搅拌功率 P/V 不变。

在湍流时，搅拌功率正比于转速的 3 次方、搅拌器直径的 5 次方，即 $P\propto n^3 d^5$；而釜径又是叶轮直径的一定倍数，这样釜的体积就正比于叶轮直径的 3 次方，即 $V\propto d^3$，将两式相除，则得到

$$P/V\propto n^3 d^2$$
$$故\ n_1^3 d_1^2 = n_2^3 d_2^2$$

（4）保持对流传热系数相等。

通用的对流传热系数关联式为 $Nu=aRe^m Pr^b$

$$即\ \alpha D/\lambda = a(\rho nd^2/\mu)^m (C_p\mu/\lambda)^b$$

式中 Nu——努塞尔特准数，表示对流传热系数的准数；

Re——雷诺准数，确定流体状态的准数；

Pr——普兰特准数，表示物性影响的准数。

D——反应釜直径；

α——对流传热系数；

λ——物料导热系数；

C_p——物料定压比热；

a、m、b——无因次系数。

对于采用相同流体和温度的几何相似系统可得

$$\alpha_2/\alpha_1 = (d_2/d_1)^{2m-1} (n_2/n_1)^m$$

通常带夹套的搅拌釜 m 为 0.67，带蛇管的搅拌釜 m 为 0.5~0.67。

对流传热系数相等时，则

$$n_2/n_1 = (d_1/d_2)^{(2m-1)/m}$$

在许多均相系统的放大中，往往需要通过加热或冷却的方法，使反应保持在适当的温度范围内，采用对流传热系数相等的准则进行放大，可以得到满意的结果。

对非均相系统，如固体的悬浮、溶解，气泡或液滴的分散，气体吸收，液液萃取。要求放大后单位体积的接触表面积不变，故采用单位体积搅拌功率不变的准则进行放大。

具体的搅拌过程究竟采用哪个准则，需通过逐级放大试验来确定。在几个（一般为 3 个）几何相似、大小不同的试验装置中，改变搅拌器的转速进行试验，以获得同样满意的效果。

第三节 间歇反应釜的工艺设计

一、反应釜的容积与个数的确定

由物料衡算求出每天需处理的物料体积，然后计算反应釜的容积和个数。假设 V_d 为每天需处理的物料体积；V_T 为反应釜的容积；V_R 为反应釜的装料容积；φ 为反应釜的装料系数；τ 为每批操作需要的反应时间；τ' 为每批操作需要的操作时间；α 为每天需操作的批数；β 为每天每个反应釜可操作的批数；n_p 为反应釜需用的个数；n 为反应釜应安装的个数；δ 为反应釜生产能力的后备系数。

计算时，在反应釜的容积和台数这两个变量中先确定一个。由于台数一般不会很多，通常可以用几个不同的值来算出相应的值，然后再决定采用哪一组比较合适。

1. 给定 V_T，求 n

因为每天需操作的批数为 $\quad \alpha = V_d/V_R = V_d/(\varphi V_T)$ $\hfill (2-1)$

而每天每个反应釜可操作的批数为 $\quad \beta = 24/(\tau + \tau')$ $\hfill (2-2)$

所以，生产过程需用的反应釜个数

$$n_p = \alpha/\beta = [V_d/(\varphi V_T)]/[24/(\tau+\tau')] = V_d(\tau+\tau')/24\varphi V_T \hfill (2-3)$$

由式（2-3）计算得到的 n_p 值通常不是整数，须圆整成整数 n。这样反应釜的生产能力较实际要求提高了，其提高程度称为生产能力的后备系数，以 δ 表示，即 $\delta = n/n_p$，后备系数通常在 1.1～1.15 为合适。

2. 给定 n，求 V_T

有时由于受到厂房面积的限制或工艺过程的要求，先确定了反应釜的个数，此时每个反应釜的容积可按下式计算

$$V_T = V_d(\tau+\tau')\delta/24\varphi n \hfill (2-4)$$

式中的 δ 取 1.1～1.15。

二、设备之间的平衡

由式（2-4）可得 $\qquad n V_T = V_d(\tau+\tau')\delta/24\varphi$

式中，V_d、φ、δ 均由生产过程的要求所决定，要使 nV_T 值（决定投资额）减小，只有从减小（$\tau+\tau'$）着手，而反应时间 τ 已由工艺条件所决定，因此缩短辅助时间 τ' 也就成为关键所在。

在通常情况下，加料、出料、清洗等辅助时间是不会太长的。但当前后工序设备之间不平衡时，就会出现前工序操作结束出料，后工序却不能接受来料；或者，后工序待接受来料，而前工序尚未反应完毕的情况，这时将大大延长辅助操作时间。关于设备之间的平衡，大致有下列几种情况。

1. 反应釜与反应釜之间的平衡

为了便于生产的组织管理和产品的质量检验，通常要求不同批号的物料不相混。这样就应使各道工序每天操作的批数相同，即 $V_d/(\varphi V_T)$ 为一常数。设计时一般首先确定主要反应工序的设备容积、个数及每天操作批数，然后使其他工序的 α 值都与其相同，再确定各工序的设备容积和个数。

2. 反应釜与物理过程设备之间的平衡

当反应后需要过滤或离心脱水时，通常每个反应釜配置一台过滤或离心机比较方便。若过滤需要的时间很短，也可以两个或几个反应釜合同一台过滤机。若过滤时间较长，则可以按反应工序的 α 值取其整数倍来确定过滤机台数，也可以每个反应釜配两个或更多的过滤机。当反应需要浓缩或蒸馏时，因为它们的操作时间较长，通常需要设置中间储槽，将反应完成液先储于储槽中，以避免两个工序之间因操作上不协调而耽误时间。

3. 反应釜与计量槽、储槽之间的平衡

通常液体原料都要经过计量后加入反应釜，每个反应釜单独配置专用的计量槽，操作方便，计量槽的容积通常按一批操作需要的原料用量来决定（φ 取 0.8～0.85）。储槽的容积则按一天的需要量来决定，当每天的用量较少时，也可按储备 2～3 天的量来计算（φ 取 0.8～0.9）。

例 2-1 对硝基氯苯磺化、盐析制造 1-氯-4-硝基氯苯磺酸钠，磺化时物料总量为每天5000L，生产周期为12h；盐析时物料总量为每天 20000L，生产周期为20h。若每个磺化罐容积为 2000L，$\varphi=0.75$，求（1）磺化器个数与后备系数；（2）盐析器个数、容积（$\varphi=0.8$）及后备系数。

解：（1）磺化器个数与后备系数

每天的操作批数 $\alpha=5000/(2000\times0.75)\approx3.333$

每个设备每天操作的批数 $\beta=24/12=2$

所需设备个数 $n_p=\alpha/\beta=3.333/2=1.6665$

采用两个磺化器，其后备系数 $\delta=n/n_p=2/1.666\approx1.2$

（2）盐析器个数、容积及后备系数

按不同批号的物料不相混的原则，盐析器每天的操作批数与磺化器相同，即 $\alpha=3.333$，所以每个盐析器的容积为

$$V_T=V_d/(\alpha\varphi)=20000/(3.333\times0.8)\approx7500(L)$$

每个盐析器每天的操作批数 $\beta=24/20=1.2$

所需盐析器个数 $n_p=\alpha/\beta=3.333/1.2\approx2.778$

采用 3 个盐析器，其后备系数为 $\delta = n/n_p = 3/2.778 \approx 1.08$

 目标检测

1. 简述推进式搅拌器的特点与应用。

2. 简述涡轮式搅拌器的特点与应用。

3. 简述桨式搅拌器的特点与应用。

4. 简述框式、锚式、螺带式搅拌器的特点与应用。

5. 简述反应设备的种类和特点。

6. 防止反应器搅拌时液体打旋的措施有哪些？

7. 选择反应器时一般考虑哪些因素？

8. 一般情况下，当反应器直径放大 10 倍，则放热量和传热量分别增大多少倍？

9. 中试时推进式搅拌器的直径为 0.1m，转速为 800r/min，放大后采用的搅拌器直径为 0.8m，求在不同的放大准则下放大后的转速分别为多少？

10. 对硝基氯苯磺化、盐析制造 1-氯-4-硝基氯苯磺酸钠，磺化时物料总量为每天 6000L，生产周期为 12h；盐析时物料总量为每天 24000L，生产周期为 20h。若每个磺化罐容积为 3000L，$\varphi = 0.75$，求（1）磺化器个数与后备系数；（2）盐析器个数、容积及后备系数（$\varphi = 0.8$）。

第三章

分离与提取设备

 学习目标

    掌握各类过滤设备、离心分离设备、中药提取设备的类型、结构特点、工作原理和使用维护，能根据生产工艺要求选用合适的过滤设备、离心分离设备、中药提取设备，为从事过滤设备、离心分离设备、中药提取设备的操作和维护、设备选型与车间设计奠定基础。

 思政与职业素养目标

    通过设备的操作维护，树立团队合作精神；通过设备的选型计算，培养科学严谨、一丝不苟的工作态度。

    药品生产的产品品种繁多，生产方法各异，从原材料到产品的生产过程中都必须有分离技术做保证，这就要求采用不同的分离方法以达到预期的分离要求。分离是利用混合物中各组分的物理性质、化学性质或生物性质的某一项或几项差异，通过适当的装置或分离设备将混合物分离纯化成两个或多个组成彼此不同产物的过程。天然活性成分、药物等的分离、提取、精制是制药工业的重要组成部分。本章主要讨论药厂常用的分离与提取设备：过滤设备、离心分离设备、中药提取设备等内容。

第一节 过滤设备

一、过滤概述

（一）过滤过程

    过滤是非均相物系通过过滤介质，将颗粒截留在过滤介质上而得到分离的过程。待过滤的悬浮液称为料浆或滤浆，过滤过程中使液体（或气体）通过而截留固体颗粒的多孔性材料称为过滤介质，被截留在过滤介质上的固体称为滤渣或滤饼，通过过滤介质的液体称为滤液。

（二）过滤介质

1. 过滤介质的条件

过滤介质作为滤饼的支撑物，应具备以下三个条件：

① 多孔性；

② 化学稳定性；

③ 足够的机械强度。

2. 常用的过滤介质

（1）织物介质（滤布）　包括由棉、毛、丝、麻等织成的天然纤维滤布和合成纤维滤布，由玻璃丝、金属丝等织成的网。这类介质截留的颗粒粒径范围为 $5\sim65\mu m$。织物介质在工业中应用最广。

（2）粒状介质　硅藻土、珍珠岩、细砂、活性炭、白土等细小坚硬的颗粒状物质或非编制纤维等堆积而成，层较厚，多用于深层过滤中。

（3）多孔固体介质　是具有很多微细孔道的固体材料，如多孔玻璃、多孔陶瓷、多孔塑料或多孔金属制成的管或板，此类介质较厚，孔道细，阻力较大，耐腐蚀，适用于处理只含少量细小颗粒的腐蚀性悬浮物，一般截留的粒径范围为 $1\sim3\mu m$。

（4）多孔膜　由高分子材料制成，孔很细，一般可以分离到 $0.005\mu m$ 的颗粒，如微滤、超滤等。

（三）过滤分类

按过滤的机制不同，将过滤分为滤饼过滤和深层过滤。

（1）滤饼过滤　滤液通过过滤介质，而颗粒被截留在过滤介质表面形成滤饼，滤饼层成为过滤介质的过滤称为滤饼过滤，所用的过滤介质称为表面型过滤介质，常以织物、多孔固体、多孔膜等作为过滤介质。如滤布、滤网。

（2）深层过滤　过滤时固体颗粒沉积在过滤介质的空隙内，过滤介质表面不形成滤饼的过滤称为深层过滤，所用的过滤介质称为深层过滤介质，一般以石棉、硅藻土等堆积物作为过滤介质。如滤芯、颗粒状过滤床层等。

过滤按操作方式不同可分为间歇式和连续式两类；按照流体流动推动力不同可分为重力过滤、压差过滤和离心过滤。

（四）过滤过程的主要参数

（1）处理量　以待过滤处理的悬浮液流量 $V(m^3/s)$ 表示。

（2）过滤的推动力　指过滤所需的重力、压差或离心力等。

（3）过滤面积　过滤面积 $A(m^2)$ 是表示过滤机大小的主要参数，是过滤设备设计的主要项目。

（4）过滤速度与过滤速率　过滤速度是指单位时间通过单位过滤面积所得的滤液量，单位为 m/s，表明了过滤设备的生产强度，即反应了设备性能的优劣。过滤速率是指单位时间内得到的滤液量，单位为 m^3/s，表明了过滤设备的生产能力，是过滤过程的关键参数。

过滤效果主要取决于过滤速度，液体过滤速度的阻力随着滤饼层的加厚而缓慢增加。

影响过滤速率的主要因素有：①过滤器面积；②滤饼层和滤材的阻力；③滤液的黏度；④滤器两侧的压力差等。

二、板框压滤机

（一）板框压滤机的结构与工作原理

板框压滤机（图 3-1）是广泛应用的一种间歇式操作加压过滤设备，也是最早应用于工业过程的过滤设备。

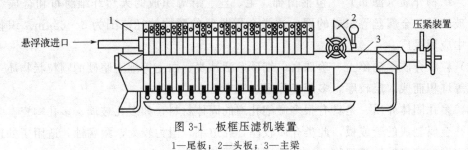

图 3-1　板框压滤机装置
1—尾板；2—头板；3—主梁

滤板和滤框的结构如图 3-2 所示，滤板和滤框的两上角均开有圆孔，滤板的表面呈各种凸凹纹。滤框的作用是汇聚滤渣和承挂滤布。滤板的作用是支撑滤布和排出滤液，其凸出的部分可以支撑滤布，凹下的部分则形成排液通道。滤板又分为洗涤板和过滤板，在过滤板和洗涤板的下角侧面都装有滤液的出口阀，在洗涤板左上角，还开有与板面两侧相通的侧孔道，洗涤水可由此进入框内。为了便于区别，常在板框外侧铸有小钮或其他标志，通常，过滤板为 1 钮，滤框为 2 钮，洗涤板为 3 钮，装合时按钮数以 1-2-3-2-1-2-3-2-1……的顺序排列板与框，构成过滤和洗涤单元。

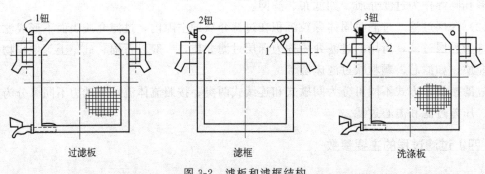

过滤板　　　　　　　滤框　　　　　　　洗涤板

图 3-2　滤板和滤框结构
1—滤浆通道；2—洗涤液通道

过滤板和滤框装合、压紧后，两上角的圆孔构成两条通道。一条是滤浆的通道，另一条是洗水的通道。在滤框的两侧覆以二角开孔的滤布，空滤框与两侧滤布围成了容纳滤浆及滤饼的空间。当过滤时，悬浮液在指定的压力下经滤浆通道由滤框的侧孔进入滤框空间，滤液分别透过两侧滤布，沿板上的沟槽流下，从下端滤液出口排出，固体颗粒则被截留于滤框内，待滤饼充满滤框时，停止过滤。滤液的排出方式有明流和暗流之分。若滤液由每块滤板底部出口直接排出，则称为明流；若滤液排出后汇集于总管后再送走，则称暗流。暗流多用于不宜曝露于空气中的滤液。

如果滤饼需要洗涤，可将洗涤水压入洗水通道，经由洗涤板角端的侧孔进入板面与滤布之间。此时，关闭洗涤板下端出口，洗水便在压差推动下穿过一层滤布及整个滤饼，再横穿另一层滤布，由过滤板下角的滤液出口排出，这种操作方式称为横穿洗涤法，其作用在于提高洗涤效果。洗涤结束后，旋开压紧装置并将板框拉开，卸下滤饼，清洗滤布，重新装合，进入下一个操作循环。

（二）板框压滤机的特点与应用

板框压滤机的优点是结构简单、制造方便、占地面积较小、过滤面积较大、操作压力高、适应能力强。它的缺点是装卸、清洗大部分为手工操作，劳动强度较大。近年来各种自动操作的板框压滤机的出现，使上述缺点在一定程度上得到改善。

性能指标主要有过滤面积、滤室总容量与数量、滤板及滤饼厚度、过滤压力等。

板框压滤机的操作表压，一般在 $0.3\sim1.0MPa$ 范围内，有时高达 3MPa 或更高。因此，可用于处理细小颗粒和液体黏度较高的悬浮液。板框压滤机对于滤渣压缩性大或近于不可压缩的悬浮液都能适应。适合的悬浮液固体颗粒浓度一般在 1%～10%。过滤面积可以随所用的板框数目而增减。板框通常为正方形，滤框的内边长为 $320\sim2000mm$，框厚为 $16\sim80mm$，过滤面积为 $1\sim1200m^2$。常用板框式压滤机的型号有 BAS、BMS、BMY、BAY 类型，第一个字母 B 表示板框式压滤机，第二个字母 A 表示暗流式，M 表示明流式，第三个字母 S 表示手动压紧，Y 表示液压压紧，型号后面的数字表示过滤面积（m^2）/滤框尺寸（mm）-滤框厚度（mm），如：BMY80/1000-50 表示明流式液压压紧板框压滤机，过滤面积 $80m^2$，框内尺寸为 1000mm×1000mm，滤框厚度为 50mm；滤框块数＝80/(1.0×1.0×2)＝40 块；滤板为 41 块；框内总体积＝1.0×1.0×0.05×41＝2.05(m^3)。

三、转筒真空过滤机

转筒真空过滤机是一种连续式的过滤机，广泛应用于各种工业生产中。如图 3-3 所示，设备的主体是一个缓慢转动的水平圆筒，圆筒表面有一层金属网作为支撑，网的外围覆盖滤布，筒的下部浸在滤浆中，浸没在滤浆中的过滤面积一般为 $5\sim40m^2$，约占全部面积的30%～40%，转速为 0.1～3r/min。

如图 3-4 所示，转筒沿径向被分割成若干互不相通的扇形格，每格都有单独的孔道与分配头相通。通过分配头、转筒旋转时其壁面的每一个格，可依次与真空管和压缩空气相通。因此在回转一周的过程中，每个扇形格表面可顺序进行过滤、洗涤、吸干、卸渣和清洗滤布等项操作。

分配头是转筒真空过滤机的关键部件，由紧密贴合的转动盘与固定盘构成，转动盘随筒体一起转动，固定盘内侧面开有若干长度不等的弧形凹槽，各凹槽分别与真空系统和吹气系统相通。

转筒在操作时可以分成如下几个区域。

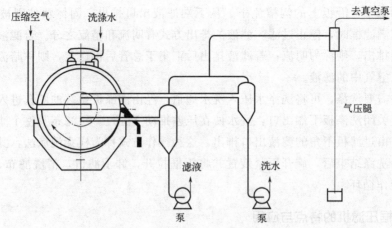

图 3-3　转筒真空过滤机装置示意图

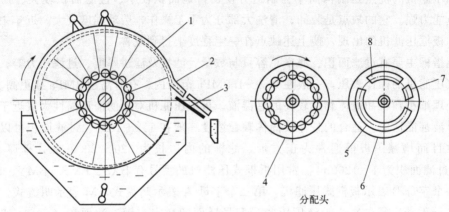

分配头

图 3-4　转筒及分配头的结构

1—转筒；2—滤饼；3—刮刀；4—转动盘；5—真空凹槽；6—固定盘；7—压缩空气凹槽；8—洗水真空凹槽

① 过滤区。当浸在悬浮液内的各扇形格同真空管路相接通时，格内为真空。由于转筒内外压力差的作用，滤液穿过滤布后被吸入扇形格内，经分配头被吸出，在滤布上则形成一层逐渐增厚的滤渣。

② 吸干区。当扇形格离开悬浮液时，格内仍与真空管路相接通，滤渣在真空下被吸干。

③ 洗涤区。洗涤水喷洒在滤渣上，洗涤液和滤液一样，经分配头被吸出。滤渣被洗涤后，在同一区域内被吸干。

④ 吹松区。扇形格同压缩空气管相接通，压缩空气经分配头，从扇形格内部向外吹向滤渣，使其松动，以便卸料。

⑤ 滤布复原区。经吹松滤渣这部分扇形格移近到刮刀时，滤渣就被刮落下来。滤渣被刮落后，可由扇形格内部通入压缩空气或蒸汽，将滤布吹洗干净，开始下一个循环的操作。

各操作区域之间，都有不大的休止区域。这样，当扇形格从一个操作区域转向另一个操作区域时，各操作区域不致互相联通。

转筒真空过滤机的最大优点是连续自动操作，节省人力，生产能力大，尤其适宜处理颗粒较大且容易过滤的料浆，对于难于过滤的细而黏的物料，可采用预涂助滤剂的方法。缺点是设备结构比较复杂，投资费用高，过滤面积不大。此外，由于真空吸滤，因而过滤推动力有限，不宜过滤温度较高的悬浮液，滤饼洗涤不够充分。

四、叶滤机

叶滤机的主要构件是矩形或圆形滤叶。滤叶是由在金属丝网组成的框架上覆以滤布所构成，多块平行排列的滤叶组装成一体并插入盛有悬浮液的滤槽中，滤槽是封闭的，以便加压过滤。其构造如图 3-5 所示。

过滤时，滤液穿过滤布进入滤叶中空部分并汇集于下部总管中流出，滤渣沉积在滤叶外表面。

每次过滤结束后，可向滤槽内通入洗涤水进行滤饼的洗涤，也可将带有滤饼的滤叶转移进专门的洗涤槽中进行洗涤，然后用压缩空气、清水或蒸汽反向吹卸滤渣。

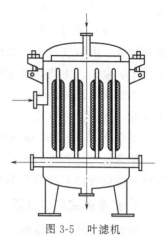

图 3-5 叶滤机

叶滤机的操作密封进行，过滤面积较大（一般为 $20 \sim 100\text{m}^2$），劳动条件较好。在需要洗涤时，洗涤液与滤液通过的途径相同，洗涤比较均匀。

五、膜过滤设备

膜片是膜分离设备的核心，良好的膜分离设备应具备以下条件：

① 膜面切向速度快，以减少浓差极化；
② 单位体积中所含膜面积比较大；
③ 容易拆洗和更换新膜；
④ 保留体积小且无死角；
⑤ 具有可靠的膜支撑装置。

目前膜分离设备有许多种型式，其中最常用的有：板式、管式、折叠筒式、中空纤维膜式和螺旋卷式。

1. 板式膜过滤器

板式膜过滤器的结构类似于板框式过滤机。如图 3-6 所示。滤膜复合在刚性多孔支撑板上，支撑板材料为不锈钢多孔筛板、微孔玻璃纤维压板或带沟槽的模压酚醛板。料液从膜面上流过时，水及小分子溶质透过膜，透过液从支撑板的下部孔道中汇集排出。为了减少浓差极化，滤板的表面为凹凸形，以形成浓液流的湍动。浓缩液则从另一孔道流出收集。

2. 管式膜过滤器

（1）通用型管式膜过滤器 管式装置的型式很多，管的流通方式有单管（管规格一般为 DN25）及管束（管规格一般为 DN15），液流的流动方式有管内流和管外流式，由于单管式和管外式的湍动性能较差，目前趋向采用管内流管束式装置，其外形类似于列管式换热器。

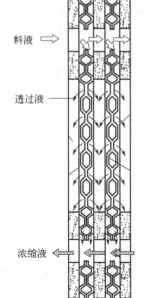

料液 ⇒

透过液 →

浓缩液 ⇐

图 3-6 板式膜过滤器

管式膜分离装置结构简单，适应性强，清洗安装方便，单根管子可以更换，耐高压，无死角，适宜于处理高黏度及固体含量较高的料液，比其他形式应用更为广泛。其不足是体积大，压力大，单位体积所含的过滤面积小。

（2）陶瓷膜过滤器　无机膜具有耐高温、耐化学腐蚀、机械强度高、抗微生物能力强、渗透量大、可清洗性强、孔径分布窄、分离性能好和使用寿命长等特点，目前已在化工与石油化工、食品、生物和医药等领域分离工艺获得成功应用。

陶瓷膜过滤器的优点：①相对于有机膜而言，可以耐受更高的过滤温度，因此非常适合于高温过程；②可以通过高温蒸汽对膜组件进行杀菌，因此适合于除菌过滤过程；③过滤孔径一般在 $0.01\sim0.04\mu m$ 选择，通常是一个微滤过程；④耐强酸、强碱；根据物料的黏度、悬浮物含量可选择不同通道的陶瓷膜进行应用。缺点是国产陶瓷膜的质量还不稳定，进口的组件单位造价比有机膜高不少。

3. 折叠筒式膜过滤器

折叠筒式膜过滤器的滤芯见图 3-7。折叠筒式膜过滤的优点是：①由于滤芯采用折叠式，单位体积的过滤面积增大了，提高了过滤效率；②有广泛的化学兼容性；③聚砜膜的双层结构，经久耐用，特别是密集的微孔结构提高了过滤效率，延长了最终过滤器的寿命，微孔独特的几何形状提高了过滤难度较大溶液的过滤量；④释出物特别低；⑤产品出厂前都经过 100％ 完整性测试，保证了使用安全可靠；⑥过滤精度严格符合《中国药典》和《美国药典》中的要求；⑦所有的部件在生物安全方面通过了《美国药典》21 版中塑料实验，并不会在高温中热解，双层 O 形密封环，防止液体流过；热焊接结构能承受恶劣的工作条件。

4. 中空纤维膜分离器

为增大膜分离器单位体积的膜面积，可采用空心纤维管状膜，中空纤维超滤膜是以高分子材料采用特殊工艺制成的不对称半透膜，呈中空毛细管状，微孔密布管壁。可根据需要制成不同直径的纤维膜，内径一般为 $0.5\sim1.4mm$，外径 $1.1\sim2.3mm$。如图 3-8 所示。中空纤维有细丝型和粗丝型两种。细丝型适用于黏性低的溶液，粗丝型适用于黏度较高和带有固体粒子的溶液。用环氧树脂将许多中空纤维的两端胶合在一起，形似管板，然后装入一管壳中。在压力的作用下能使小分子物质透过膜成为超滤液，其他的高分子物质、胶体、超微粒子、细菌等则被膜面阻挡成为浓缩液，从而达到物质的分离、浓缩和提纯目的。中空纤维超滤膜组件具有如下特点：①装填密度大，结构简单，操作方便；②中空纤维膜分离装置单位体积内提供的膜面积大，操作压力低（<0.3MPa），且可反向清洗，可用双氧水、次氯酸钠、氢氧化钠等水溶液灭菌消毒；③必须在湿态下使用与保存。长期停用时，用 0.5％甲醛或次氯酸钠水溶液保存；④不足之处是单根纤维管损坏时需要更换整个膜件。

5. 螺旋卷式膜分离器

卷式反渗透装置是由若干个卷式组件按一定排列方式组装而成，将反渗透膜、产水流道材料、原水流道材料按一定次序围绕中心管制成元件，若干膜组顺次连接装入外壳内。操作时，将原水加压输入装置中，料液在膜表面通过间隔材料沿轴向流动，而透过液则沿螺旋形流向中心管，就能达到水与盐分、胶体、微粒、细菌等分离的目的，见图 3-9。

中心管可用钢、不锈钢或聚氯乙烯管制成，管上钻小孔，透过液侧的支撑材料采用玻璃微粒层，两面衬以微孔涤纶布，间隔材料应考虑减少浓差极化及降低压力降。螺旋卷式膜分离器端面封头必须可靠，防止渗漏。螺旋卷式的特点是膜面积大，湍流状况好，换膜容易，适用于反渗透，缺点是流体阻力大，清洗困难。

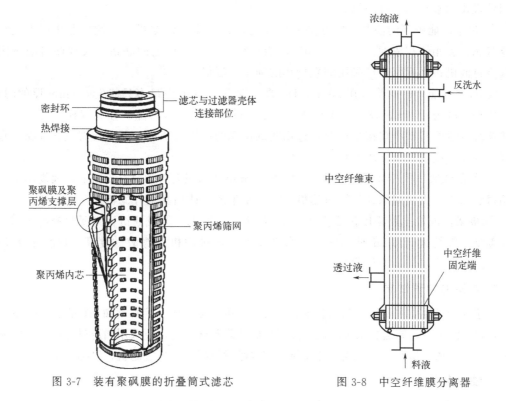

图 3-7　装有聚砜膜的折叠筒式滤芯　　　　图 3-8　中空纤维膜分离器

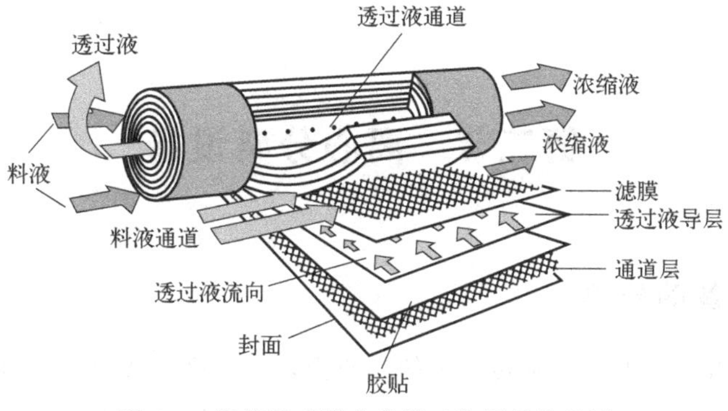

图 3-9　螺旋卷式膜分离器工作原理示意图

六、过滤设备的选择

过滤设备的选择不仅要满足对分离质量和产量的要求，还要考虑滤浆的特性、物料的物理性质、生产规模等。以下仅从滤浆的过滤特性，滤浆的物理性质和生产规模角度介绍过滤机的选择原则。

1. 滤浆的过滤特性

根据过滤速率，滤饼孔隙率、固体颗粒沉降速度和固相体积浓度的不同，滤浆分为良好、中等、差、稀薄和极稀薄五类。

① 过滤性能良好的滤浆　能在几秒钟内形成 50mm 以上厚度的滤饼，在搅拌器作用下

不能维持悬浮状态。大规模处理这种物料时，可采用转筒真空过滤机；处理量不大时，可选用间歇操作的水平加压过滤机。

② 过滤性能中等的滤浆　能在30s内形成50mm厚度的滤饼，在搅拌器作用下能维持悬浮状态，固相体积浓度为10%～20%，能在转鼓上形成稳定的滤饼。大规模过滤采用转筒真空过滤机；小规模生产采用间歇操作的加压过滤机。

③ 过滤性能差的滤浆　在500mmHg真空度下，5min内最多只能生成3mm厚的滤饼，固相体积浓度为1%～10%，滤饼较薄，很难从过滤机上连续清除。在大规模过滤时，宜选用转筒真空过滤机；小规模生产时，选用间歇操作的加压过滤机；若滤饼需充分洗涤，宜选用真空叶滤机或立式板框压滤机。

④ 稀薄滤浆　固相体积浓度在5%以下，1min形成的滤饼在1mm以下。大规模生产可采用过滤面积较大的间歇式加压过滤机；小规模生产可选用真空叶滤机。

⑤ 极稀薄滤浆　固相体积浓度在0.1%以下，一般无法形成滤饼，主要起澄清作用。滤浆黏度低，颗粒大于$5\mu m$时，可选用水平盘形加压过滤机；滤液黏度高，颗粒小于$5\mu m$时，可选用预涂层的板框压滤机。

2. 滤浆的物理性质

滤浆的物理性质主要指滤浆的黏度、密度、温度、蒸气压、溶解度和颗粒直径等。滤浆黏度高，过滤阻力大，要选加压过滤机；温度高的滤浆蒸气压高，应选用加压过滤机，不宜用真空过滤机；当物料易燃、有毒或易挥发时，应选密封性好的加压过滤机，以确保生产安全。

3. 生产规模

一般大规模生产时选用连续式过滤机，小规模生产选间歇式过滤机。

第二节　离心分离设备

一、离心分离设备的分类

离心分离是利用离心机转鼓旋转产生的离心力，来实现悬浮液、乳浊液及其他物料分离或浓缩的操作。离心分离过程一般分为离心过滤、离心沉降和离心分离三种。

1. 按分离过程分类

(1) 过滤式离心机　过滤式离心机的作用原理与过滤相似，但其推动力是离心力而不是重力或压力差。如三足式过滤离心机、过滤式螺旋卸料离心机等。

(2) 沉降式离心机　在离心力的作用下，用沉降的原理分离液相非均相，如螺旋卸料沉降式离心机、刮刀卸料沉降离心机等。

(3) 离心式分离机　依靠离心力来分离乳浊液或含有微量固体的乳浊液，如碟式分离机、管式分离机等。

2. 按转速分类

(1) 常速离心机　$F_r<3500$，一般F_r在600～1200，此类离心机转鼓直径较大、转速

较低。

（2）高速离心机　F_r 一般在 3500～50000，此类离心机转鼓直径较小、转速较高。

（3）超高速离心机　$F_r>50000$，此类离心机转鼓为细长管式，转速很高。

3. 按运转的连续性分类

（1）间歇运转式离心机　间歇运转式离心机的加料、分离、卸渣过程在不同转速下间歇进行。如三足式上部卸料离心机。

（2）连续运转式离心机　连续运转式离心机是在全速运转的情况下完成加料、分离、洗涤、卸渣等过程，如卧式刮刀卸料离心机。

4. 按卸料方式分类

按卸料方式可分为人工卸料、重力卸料、刮刀卸料、活塞推料、螺旋卸料、振动卸料和离心力卸料等离心机。

此外，还可以按离心机转鼓轴线在空间位置分成立式、卧式等。

二、过滤式离心机

离心过滤过程常用来分离固体浓度较高且颗粒较大的悬浮液。此过程由过滤式离心机完成，过滤离心机的离心过滤原理如图 3-10 所示。过滤式离心机转鼓上均匀分布许多小孔，供排出滤液用，转鼓内壁上覆有过滤介质。转鼓旋转时，转鼓内的悬浮液在离心力的作用下，其中的固体颗粒沿径向移动被截留在过滤介质表面，形成滤饼层，而液体则透过滤饼层、过滤介质和鼓壁上的小孔被甩出，从而实现固体颗粒与液体的分离。

过滤式离心机一般用于固体颗粒尺寸大于 10μm、滤饼压缩性不大的悬浮液的过滤。过滤式离心机由于支撑形式、卸料方式和操作方式的不同而有多种结构类型，如图 3-11 所示的过滤离心机分类。

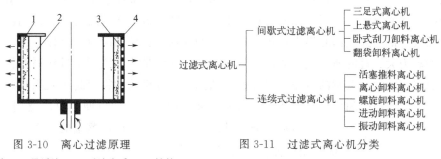

图 3-10　离心过滤原理

1—滤饼；2—悬浮液；3—过滤介质；4—转鼓

- 过滤式离心机
  - 间歇式过滤离心机
    - 三足式离心机
    - 上悬式离心机
    - 卧式刮刀卸料离心机
    - 翻袋卸料离心机
  - 连续式过滤离心机
    - 活塞推料离心机
    - 离心卸料离心机
    - 螺旋卸料离心机
    - 进动卸料离心机
    - 振动卸料离心机

图 3-11　过滤式离心机分类

三足式离心过滤机是制药厂中应用较普遍的过滤式离心机。按卸料方式分有人工上部卸料和刮刀下部卸料两种形式。

人工上部卸料三足式离心机的结构如图 3-12 所示，主要由转鼓、主轴、轴承、轴承座、底盘、外壳、三根支柱、带轮及电动机等部件组成。转鼓、主轴、轴承座、外壳、电动机、V 形带轮都装在底盘上，再用三根摆杆悬挂在三根支柱的球面座上。摆杆套有缓冲弹簧，摆杆两端分别用球面和底盘及支柱连接，使整个底盘可以摆动，这种支承结构可自动调整装料不均导致的不平衡状态，减轻了主轴和轴承的动力负荷。主轴短而粗，

制药设备与车间设计

鼓底向内凹入，使转鼓质心靠近上轴承，以减少整机高度，有利于操作和使转动系统的固有频率远离离心机的工作频率，减少振动。离心机由装在外壳侧面的电动机通过三角皮带驱动，停车时，转动机壳侧面的制动器把手使制动带刹住制动轮，离心机便停止工作。

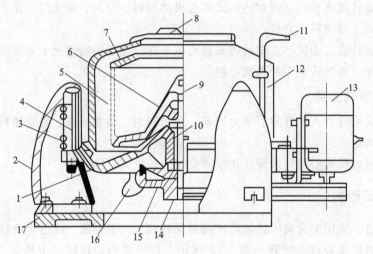

图 3-12 三足式离心机

1—底盘；2—支柱；3—缓冲弹簧；4—摆杆；5—转鼓体；6—转鼓底；7—拦液板；8—机盖；9—主轴；10—轴承座；11—制动器把手；12—外壳；13—电动机；14—三角带轮；15—制动轮；16—滤液出口；17—机座

　　三足式离心机是间歇操作，每个操作周期一般由启动、加料、过滤、洗涤、甩干、停车、卸料几个过程组成。操作时，为使机器运转平稳，物料加入时应均匀分布，一般情况下，分离悬浮液时，在离心机启动后再逐渐加入转鼓。分离膏状物料或成件物品时，应在离心机启动前均匀放入转筒内。物料在离心力作用下，所含的液体经由滤布、转鼓壁上的孔被甩到外壳内，在底盘上汇集后由滤液出口排出，固体则被截留在转鼓内，当达到湿含量要求时停车，靠人工由转鼓上部卸出。三足式离心机的优点是：结构简单、操作平稳、占地面积小、过滤推动力大、过滤速度快、滤渣可洗涤、滤渣含液量低。适用于过滤周期长、处理量不大、但滤渣要求含量低时的过滤。对粒状、结晶状或纤维状的物料脱水效果较好，晶体不易磨损。操作的过滤时间可根据滤渣中湿含量的要求控制，灵活方便，故广泛用于小批量、多品种物料的分离。其缺点是：需从转筒上部卸除滤饼；需要比较繁重的体力劳动；传动机构和制动都在机身下部。

　　自动刮刀下部卸料三足式离心机，克服了上部卸料离心机的缺点，但结构复杂、造价高。

三、沉降式离心机

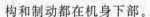

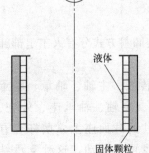

图 3-13 沉降离心原理示意

　　离心沉降过程常用来分离固体含量较少且粒度较细的悬浮液。此过程由沉降式离心机完成，沉降式离心机转鼓的鼓壁上无孔，依靠悬浮液中固相和液相的密度不同实现分离。沉降离心的原理如图 3-13 所示，转筒绕其垂直轴旋转，此时液体和固体颗粒都受到两个力的作用：向下的重力和水平方向的离心力。对于工业离心机，其离心力远大于重力，以至于实际上可忽略重力。其中密度大的颗粒沉于鼓壁，而密度小的液体集于转鼓中央，并不断引出。其分离原理是颗粒在离心力场中获得非常大的离心力，从而加速了悬浮液中颗粒的沉降。

1. 三足式沉降离心机

三足式沉降离心机结构与三足式过滤离心机的最大区别是转鼓壁上不开孔。物料进入高速转动的转鼓底部，在离心力作用下，固体颗粒沉降至转鼓壁，澄清的液体沿转鼓向上流动，经拦液板连续溢流排出。当沉渣达到一定厚度时停止进料。澄清液先用撇液管撇出机外，剩下较干的沉渣可根据物料性质，采用不同的方式卸除。软的和可塑性大的沉渣用撇液管在全速下撇除；粗粒状和纤维状较干的沉渣用刮刀在低速下刮料，经转鼓底的卸渣口排出；或者停车用人工从上部卸料；也可以用特殊喷嘴加入的液体重新制浆，然后将浆液排出机外。

该机型分离效率较低，一般只适宜处理较易分离的物料；因是间歇操作，为避免频繁的卸料、清洗，处理的物料一般含固量都不高（约 3%～5%）。该机的结构简单，价格低，适应性强，操作方便。常用于中小规模的生产，例如要求不高的料浆脱水。液体净化，从废液中回收有用的固体颗粒等。

近年来，该机型的发展较快，品种规格增多。如图 3-14 所示的三转鼓沉降三足式离心机，是该机型在结构上的重大改进，即在主轴上同心安装三个不同直径的转鼓，悬浮液通过三根单独进料管分别加入不同的转鼓。这样可有效利用转鼓内空间，增加液体在转鼓内的停留时间，并能在较低的转速获得相同的分离效率。

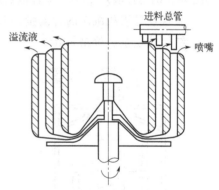

图 3-14　三转鼓沉降三足式离心机示意

2. 螺旋卸料沉降离心机

螺旋卸料沉降离心机是在全速下同时连续完成进料、分离、排液、排渣的离心机。

（1）卧式螺旋卸料沉降离心机　卧式螺旋卸料离心机工作原理如图 3-15 所示。操作时，悬浮液经加料管连续输入机内，经螺旋输送器的内筒进料孔进入转鼓内，在离心力的作用下

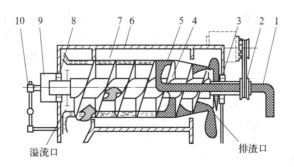

图 3-15　卧式螺旋卸料离心机工作原理

1—进料管；2—三角皮带轮；3—右轴承；4—螺旋推送器；5—进料孔；6—机壳；7—转鼓；

8—左轴承；9—行星差速器；10—过载保护装置

悬浮液在转鼓内形成环形液流，固体颗粒在离心力的作用下沉降到转鼓的内壁上，由于差速器的差动作用使螺旋输送器与转鼓之间形成相对运动，沉渣被螺旋输送器推送到转鼓小端的干燥区进一步脱水，然后经排渣口排出。液相形成一个内环，环形液层深度是通过转鼓大端的溢流挡板进行调节的。分离后的液体经溢流口排出。被分离的悬浮液从中心加料管进入螺旋输送器内筒，然后再进入转鼓内。固体粒子在离心力的作用下沉降到转鼓内表面上，由螺旋推送到小端排出转鼓。分离液由转鼓大端的溢流孔排出。

调节转鼓的转速、转鼓与螺旋的转速差、进料量、溢流孔径向尺寸等参数，可以改变分离液的含固量和沉渣的含湿量。

卧式螺旋卸料沉降离心机主要有以下优点：

① 操作自动连续，分离效果好，能长期运行，维护方便；

② 对物料的适应性强，能分离的固相粒度范围和浓差变化范围大；

③ 结构紧凑，能够进行密闭操作，可在加压和低温下，分离易燃、有毒的物料；

④ 分离因数较高，单机生产能力大（悬浮液生产能力可达 $200m^3/h$）；

⑤ 应用范围广，对物料的固相粒度和浓度范围适应性强，能完成固相脱水（特别是含有可压缩性颗粒的悬浮液）、细粒级悬浮液的液相澄清、粒度分级和液-液-固三相分离等分离过程。

主要缺点是固相沉渣的含湿量一般比过滤离心机高（大致接近真空过滤机），洗涤效果不好，结构较复杂、价格较高。

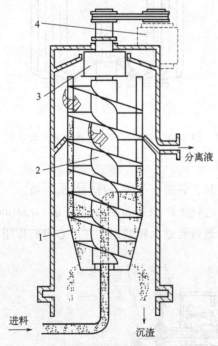

图 3-16　立式螺旋卸料沉降离心机工作原理
1—转鼓；2—输料螺旋；3—差速器；4—电动机

（2）立式螺旋卸料沉降离心机　该机型的工作原理与卧螺离心机基本相同，主要是转鼓的位置布置和支撑方式不同，如图 3-16 所示。被分离的物料从下部的中心进料管经螺旋输送器内筒的加料室进入转鼓内，在离心力的作用下固相颗粒沉降到鼓壁内表面，由螺旋输送器向下推至转鼓小端的排渣口排出，液相则沿螺旋通道向上流动，澄清液由溢流口排出转鼓，从机壳中部的排液管排出。

立式螺旋卸料离心机采用悬吊支撑结构，整个回转体都由上端的轴承悬吊支撑在机座上，轴承座与机座之间有特殊设计的橡胶隔振器，可减小传递给基础的动载荷。

由于采用上悬吊支撑结构，只需在上端轴颈和机壳之间安装一个动密封装置就可以达到与外界隔离的目的，密封结构简单、可靠，可以完全避免密封液向机内泄漏而污染产品，密封液也可选用价廉的水或油。该机可直接安装在钢架结构上，安装维护方便。

四、离心式分离机

离心分离过程常用于分离两种密度不同的液体所形成的浮浊液或含有极微量固体颗粒的悬浮液。在离心力的作用下，液体密度不同分为内外两层，密度大的在外层，密度小的在内层，通过一定的装置将它们分别引出，固相则沉于转鼓壁上，间歇排出。分离因数一般大于5000，属于高速离心机。它可分为管式分离机、室式分离机和碟式分离机等。

1. 碟式分离机

碟式分离机按分离原理分为离心澄清型和离心分离型两类。澄清型用于悬浮液中分散有微米和亚微米固体颗粒的分离；分离型用于乳浊液的分离，即液-液分离。碟式分离器的转鼓内装有许多倒锥形碟片，碟片数为30～100片。它可以分离乳浊液中轻、重两液相，例如油类脱水、牛乳脱脂等，也可澄清有少量原粒的悬浮液。

如图 3-17 所示的分离乳浊液的碟式分离机，碟片上开有小孔，乳浊液通过小孔流到碟片间隙。在离心力作用下，重液倾斜沉向于转鼓的器壁，由重液排出口流出。轻液则沿斜面向上移动，汇集后由轻液排出口流出。

2. 管式分离机

管式分离机是高分离因数的离心机，分离因数可达 15000～65000。适用于含固量低于1%、固相粒度小于 $5\mu m$、黏度较大的悬浮液澄清，或用于轻液相与重液相密度差小、分散性很高的乳浊液及液-液-固三相混合物的分离。管式分离机的结构简单，体积小，运转可靠，操作维修方便，但是单机生产能力较小，需停车清除转鼓内的沉渣。管式分离机结构如图 3-18 所示。管状转鼓通过挠性主轴悬挂支撑在皮带轮的缓冲橡胶块上，电动机通过平皮带带动主轴与转鼓高速旋转，工作转速远高于回转系统的第一临界转速，转鼓质心远离上部支点，高速旋转时能自动对中，运转平稳。在转鼓下部设有振幅限制装置，把转鼓的振幅限制在允许值的范围内，以确保安全运转。转鼓内沿轴向装有与转鼓同步旋转的三叶板，使进入转鼓内的物料很快与转鼓同速旋转。转鼓底盖上的空心轴插入机壳下部的轴承中，轴承外侧装有减振器，限制转鼓的径向运动。转鼓上端附近有液体收集器，收集从转鼓上部排出的液体。

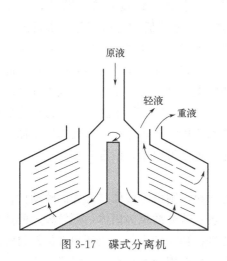

图 3-17 碟式分离机

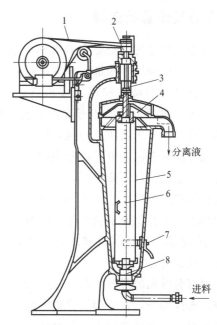

图 3-18 管式分离机

1—平皮带；2—皮带轮；3—主轴；4—液体收集器；5—转鼓；

6—三叶板；7—制动器；8—转鼓下轴承

管式分离机转鼓有澄清型和分离型两种，如图 3-19 所示。澄清型用于含少量高分散固体粒子的悬浮液澄清，悬浮液由下部进入转鼓，在向上流动的过程中，所含固体粒子在离心力作用下沉积在转鼓内壁，澄清液从转鼓上部溢流排出。分离型用于乳浊液或含少量固体粒子的分离，乳浊液在离心力的作用下在转鼓内分为轻液层和重液层，分界面位置可以通过改变重液出口半径来调节，以适应不同的乳浊液和不同的分离要求。分离型管式分离机的液体收集器有轻液和重液两个出口，澄清型只有一个液体出口。

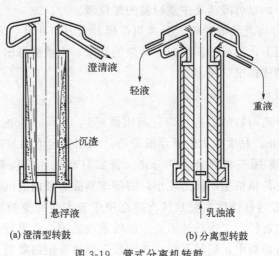

(a) 澄清型转鼓　　　　　　　　　　(b) 分离型转鼓

图 3-19　管式分离机转鼓

管式分离机有开式和密闭式两种结构。密闭式的机壳是密闭的，液体出口管上有液封装置，可防止易挥发组分的蒸汽外泄。

五、离心分离设备的选择

选择离心分离设备要根据分离要求、混合物的特性、处理能力及经济性等进行初步选择，再做必要的试验后才能最后确定离心机的型号及规格。

（1）根据悬浮的特性和工艺要求选择　若悬浮液固相体积浓度较高，颗粒直径大于 0.1mm，固相密度接近于液相密度，工艺上要求获得含液量较低的滤渣，并要求对滤渣进行洗涤的，应考虑选用过滤离心机，如三足式离心机、卧式刮刀卸料离心机或活塞推料离心机；如需大量分离悬浊液中各种盐类的结晶，可选用三足式下部自动卸料离心机；如对晶体要求较高，为了减少自动卸料时，刮刀对固体颗粒的磨损，可使用三足式上部人工卸料离心机；若固相体积浓度较小，粒度小于 0.1mm，滤饼可压缩，液相黏度较大，过滤介质易被固相颗粒堵塞，工艺上要求获得澄清滤液的，则应考虑选用沉降离心机；若处理固相体积浓度低于 1% 的物料，可选用管式离心机或碟式离心机；处理固相体积浓度在 1%～10% 的物料，宜选用碟式离心机。

（2）根据分散相的形态　若分散相为液体，如乳浊液，则由于液体具有好的流动性，可连续排液、连续操作，宜选用管式离心机、碟式离心机；若分散相为固体，颗粒较大的选用过滤式离心机，如三足式离心机、卧式刮刀卸料离心机；颗粒较小的，宜选用螺旋卸料沉降型离心机；若固体物料呈结晶状，线状或短纤维状时，可选用活塞推料离心机或螺旋卸料离心机；若分散相既有液体又有固体，则视固相体积浓度的大小选择管式、碟式或其他多鼓式离心机。

（3）依据液体性质　处理对空气敏感以及易挥发的滤液，要选用封闭性好的离心机，以提高滤液的收率和保证生产安全。

第三节　中药提取设备

一、中药提取概述

在中药生产过程中，选用合适的溶剂和工艺将药材中的有效成分提取出来是一个重要的单元操作过程。如果待处理的药材混合物在常态下是固体，则此过程为液-固萃取，习惯上称浸出，也称为提取或浸取，即应用溶液提取固体原料中的可溶组分的分离操作。

1. 提取过程

用一定溶剂浸出药材中能溶解的有效成分的过程称为中药成分提取过程。分为 4 个步骤。

（1）浸润渗透　中药材被干燥粉碎，细胞萎缩，经溶剂浸泡后组织变软，溶剂渗透到细胞中。

（2）溶解　溶剂在细胞内将有效成分溶解而形成溶液。

（3）扩散　细胞内溶液浓度逐渐增高，在细胞内外出现较大浓度差，细胞内浓度大的溶液开始向细胞外扩散，并向固液界面移动。

（4）转移　溶液从固液界面向溶剂主体转移，有效成分被提取。

2. 影响提取速率的因素

提取速率是指单位时间内，药物中有效成分扩散至溶剂的质量。它一般与固液接触面积、浓度差和温度成正比，与扩散距离和溶剂的黏度成反比。在中药浸出中影响提取速率的因素有以下方面。

（1）药材的粉碎程度　药材粉碎得越细，固液相接触的面积越大，一般来说，提取速率会提高。但药材若是过细，大量的细胞被破坏，细胞内一些不溶物和树脂等也进入溶剂，使其黏度增大，反而会降低提取速率，故对花、叶等疏松药材应粉碎得粗一些，对根、茎和皮类药材宜粉碎得细一些。

（2）浸出溶剂　适当的溶剂对提取速率有很大影响，一般来说，对溶剂的要求如下：

① 有很好的选择性。即对有效成分和无效成分的溶解度有较大差别。

② 溶剂易回收。如用蒸馏回收则需要在组分间有较大的相对挥发度。

③ 表面张力稍大一些，黏度小些，无毒，且不与药材发生化学反应。

④ 价廉、易得。

（3）浸出温度　一般来说温度高，浸取速率高。若浸出温度过高：①会使一些有效的热敏性成分被破坏；②有可能使一些无效成分在较高温度时浸出，从而影响浸出液的质量。

（4）浸出时间　一般说浸出有效成分的质量与浸出时间成正比。但当扩散达到平衡时，随时间增加，浸出量不会再增加。此外，时间过长，还会导致大量杂质浸出，故针对具体情况，通过实验办法求出最佳浸出时间。

（5）浸出溶液的 pH 值　在浸出过程中，溶剂的 pH 值有时与浸取速率有很大关系。如：用低 pH 值溶剂提取生物碱、高 pH 值溶剂提取皂苷才会得到较好的浸出效果。

（6）流体的湍动程度　用搅拌或增加液体的压强来提高液体的湍动程度，可降低阻力，提高提取速率；改善浸出设备的结构也可提高液体湍动程度。

二、常用中药提取（浸出）设备

（一）浸出设备的分类

1. 按浸出方法分类

（1）煎煮设备　将药材加水煎煮取汁称之为煎煮法。传统的煎煮器有陶器砂锅、铜罐等，如煎汤剂常用砂锅，熬膏汁常用铜锅等采用直火加热。在中药制剂生产中，通常采用敞口倾斜式夹层锅和多功能提取罐等，多为不锈钢制成，采用蒸汽或高压蒸汽加热，既能缩短煎煮时间，也能较好地控制煎煮过程。

（2）浸渍设备　浸渍法系指用一定剂量的溶剂，在一定温度下，将药材浸泡一定的时间，以浸提药材成分的一种方法。按提取的温度和浸渍次数，可分为冷浸渍法、热浸渍法和重浸渍法。浸渍设备一般由浸渍器和压榨器组成。传统的浸渍器采用缸、坛等，并加盖密封，如冷浸渍法制备药酒。浸渍器应有冷浸器及热浸器两种，用于热浸的浸渍器应有回流装置，以防止低沸点溶剂的挥发。目前浸渍器多选用不锈钢罐、搪瓷罐、多功能提取罐等。

（3）渗漉设备　渗漉法系指将经过处理的药材粗粉置于渗漉器中，由上部连续加入溶剂，收集滤液提取成分的一种方法。渗漉器一般为圆柱形或圆锥形，其长度为直径的 2～4 倍。以水为溶剂或膨胀性大的药材用圆锥形渗漉器，大量生产时常用的渗漉设备有连续渗漉器和多级逆流渗漉器等。

（4）回流设备　回流法系用乙醇等易挥发的有机溶剂提取药材成分的一种方法。将提取液加热蒸馏，其中挥发性溶剂蒸发后被冷凝，重复流回到浸出器中浸提药材，这样周而复始，直到有效成分提取完全。回流法可分为循环回流热浸法和循环回流冷浸法。回流设备是主要用于有机溶剂提取药材有效成分的设备。通过加热回流能加快浸出效率和提高浸出效率，如索式提取器、煎药浓缩机及多功能提取罐等。

2. 按浸出工艺分类

（1）单级浸出工艺设备　单级浸出工艺设备由一个浸出罐组成。将药材和溶剂一次加入提取罐中，经一定时间浸出后收集浸出液、排出药渣。如中药多功能提取罐。

单级浸出的浸出速度是变化的，开始速度大，以后速度逐渐降低，最后达到浸出平衡时速度等于零。

（2）多级浸出工艺设备　多级浸出工艺设备由多个浸出罐组成，亦称多次浸出设备。它是将药材置于浸出罐中，将一定量的溶剂分次加入进行浸出。亦可将药材分别装于一组浸出罐中，新溶剂先进入第一个浸出罐与药材接触浸出后，浸出液放入第二个浸出罐与药材接触，这样依次通过全部浸出罐，成品或浓浸出液由最后一个浸出罐流入接受器中，如多级逆流渗漉器。

多级浸出的特点在于有效利用固液两相的浓度梯度，亦可减少药渣吸液引起的成分损失，提高浸出效果。

（3）连续逆流浸出工艺设备 连续逆流浸出工艺设备是使药材与溶剂在浸出罐中沿反方向运动并连续接触提取，加料和排渣都自动完成的设备。如 U 形螺旋式提取器、平转式连续逆流提取器等。

连续逆流浸出具有稳定的浓度梯度，且固液两相处于运动状态，是一种动态提取过程，浸出率高，浸出速度快，浸出液浓度高。

（二）多功能提取罐

目前许多中药厂采用的浸出设备是多功能提取罐，为夹套式压力容器，其结构多种多样。多功能提取罐可用于中药材水提取、醇提取、提取挥发油、回收药渣中的溶剂等，适用于煎煮、渗漉、回流、温浸、循环浸渍、加压或减压浸出等浸出工艺，因为用途广，故称为多功能提取罐。国家标准中中药浸提罐的筒体有正锥式、斜锥式两类，目前装备厂制造还细分为直筒形等其他类型。

此类设备的共性特征是用于中药、食品、化工行业的常压、微压、水煎、温浸、热回流、强制循环渗漉、芳香油提取及有机溶媒回收等多种工艺操作。其具有效率高、操作方便等优点。由于形状等差异，生产使用效果上也存在一些差异，多功能提取罐的区别见表3-1。

表 3-1 不同类型多功能提取罐的区别

设备类型	结构不同点	功能特性		缺点
		相同点	不同点	
正锥式	罐体下部为正锥形，罐体中大下小	常压、微压、水煎、温浸、热回流、强制循环渗漉作用、芳香油提取及有机溶媒回收等多种工艺操作，药液受热传递快，加热时间短，提取效率较高。出渣门采用普通双气缸启闭式或三气缸旋转式。旋转安全门采用单气缸启闭，双气缸旋转推动锁紧，斜面楔块自锁，彻底解决了因压缩空气气源压力不稳引起的渗漏或脱钩事故，使用安全系数高。出渣门上设有底部加热，使药材提取更加完全	提取药材量大；设备占用空间相对小	药材提取不完全，受热不均，内部有效成分提出慢
斜锥式	与正锥式类似，罐体下口偏向一侧		同正锥式	出渣困难，有的药材会停留在罐壁上，形成桥架
直筒式	罐体上下内径一样，部分设有双加热套		罐体太长，易产生提取假沸腾；对厂房有特殊要求	表面看已经沸腾，可是罐底的温度不够
蘑菇头式	罐体上大下小		加热面积小于正锥式，罐体长会产生假沸现象	
倒锥式	罐体上小下大		底部相对较大，导致上部沸腾空间相对减少，易跑料	出渣门较大、重，容易发生变形、密封不严、漏液等故障；出料时药渣对出渣车等设备的瞬间冲击力较大

多功能提取罐主要结构如图 3-20。出渣口上设有不锈钢丝网，这样使药渣与浸出液得到了较为理想的分离。设备底部出渣口和上部投料口的启闭均采用压缩空气作动力，由控制箱中的二位四通电磁气控阀控制气缸活塞，操作方便。也可用手动控制器操纵阀门，控制气缸动作。考虑安全因素，在提取罐进行浸提时需要设置锁紧装置以防下法兰的意外开启。浸提罐下封头上的花板设有过滤网，它与罐外的过滤器形成两级过滤，药液经过滤应达到相应

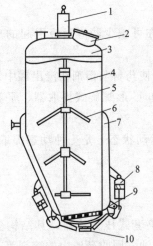

图 3-20 多功能提取罐示意图

1—上气动装置；2—加料口；3—盖；4—罐体；
5—上下移动轴；6—料叉；7—夹层；
8—下气动装置；9—带滤板的活门；
10—出渣口

要求。

多功能提取罐工作过程：药材经顶部加料口进入罐内，浸出液从罐底上的滤板过滤后排出。下半部外面用一夹套装置，其夹层可通入蒸汽加热，或通水冷却药液。排渣底盖，可用气动装置自动启闭。提取罐在排除药渣时有可能因为药渣的膨胀而出现架桥现象，造成难以自动排出，为此，对直径较小、产生架桥现象可能性较大的斜锥式和无锥式提取罐设置破拱装置，以利于药渣的排出。此外，罐内装有料叉，可借助于启动装置自动提升排渣。

浸提罐内物料的加热通常设置蒸汽夹套。在较大的浸提罐中，如 $10m^3$ 浸提罐，可考虑罐内加热装置；对于动态浸提工艺，因为通过送液泵取出罐内液体进行循环，因此设置罐外加热装置也比较方便。对于药材含挥发油成分，需要用水蒸气蒸馏时还可在罐内设置直接蒸汽通气管。

（三）热回流循环提取浓缩机组

热回流循环提取浓缩机是一种新型动态提取浓缩机组，集提取浓缩为一体，是一套全封闭连续循环动态提取装置。该设备主要用于以水、乙醇及其他有机溶剂提取药材中的有效成分、浸出液浓缩，以及有机溶剂的回收。

热回流循环提取浓缩机的基本结构如图 3-21 所示，浸出部分包括提取罐、消泡器、提取罐冷凝器、提取罐冷却器、油水分离器、过滤器、泵；浓缩部分包括：加热器、蒸发器、冷凝器、冷却器、溶剂回收罐等。

热回流循环提取浓缩机工作原理及操作：将药材置提取罐内，加药材的 5～10 倍的适宜溶剂。开启提取罐和夹套的蒸汽阀，加热至沸腾 20～30min 后，用泵将 1/3 浸出液抽入浓缩蒸发器。关闭提取罐和夹套的蒸汽阀，开启浓缩加热器蒸汽阀使浸出液进行浓缩。浓缩时产生二次蒸汽，通过蒸发器上升管送入提取罐作提取的溶剂和热源，维持提取罐内沸腾。

二次蒸汽继续上升，经提取罐冷凝器回落到提取罐内作新溶剂。这样形成热的新溶剂回流提取，形成高浓度梯度，药材中的有效成分高速浸出，直至完全溶出（提取液无色）。此时，关闭提取罐与浓缩蒸发器阀门，浓缩的二次蒸汽转送浓缩冷却器，浓缩继续进行，直至浓缩成需要的相对密度的药膏，放出备用。提取罐内的无色液体，可放入贮罐作下批提取溶剂，药渣从渣门排掉。若是有机溶剂提取，则先加适量的水，开启提取罐和夹套蒸汽，回收溶剂后，将渣排掉。

热回流循环提取浓缩机特点如下：

① 收膏率比多功能提取罐高 10%～15%，其含有效成分高一倍以上。由于提取过程中，热的溶剂连续加到药材表面，由上至下高速通过药材层，产生高浓度差，则有效成分提取率高，浓缩又在一套密封设备中完成，损失很小，浸膏里有效成分含量高。

② 由于高速浸出，浸出时间短，浸出与浓缩同步进行，故只需 7～8 小时，设备利用率高。

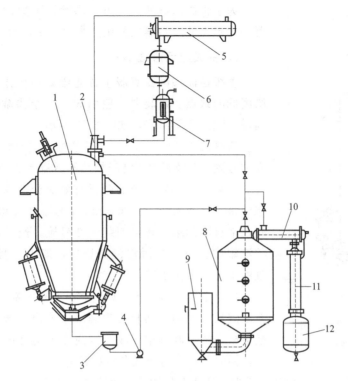

图 3-21　热回流循环提取浓缩机的基本结构

1—提取罐；2—消泡器；3—过滤器；4—泵；5—提取罐冷凝器；6—提取罐冷却器；7—油水分离器；
8—浓缩蒸发器；9—浓缩加热器；10—浓缩冷却器；11—浓缩冷凝器；12—溶剂回收罐

③ 提取过程仅加一次溶剂，在一套密封设备内循环使用，药渣中的溶剂均能回收出来，故溶剂用量比多功能提取罐少 30％以上，消耗率可降低 50％～70％，更适于有机溶剂提取，提纯中药材中有效成分。

④ 由于浓缩的二次蒸汽作提取的热源，抽入浓缩器的浸出液与浓缩的温度相同，可节约 50％以上的蒸汽。

⑤ 设备占地面积小，节约能源和溶剂，故投资少，成本低。

（四）渗漉设备

渗漉提取是指适度粉碎的药材于渗漉器中，由上部连续加入的溶剂渗过药材层后从底部流出渗漉液而提取有效成分的方法。渗漉时，溶剂渗入药材的细胞中溶解大量的可溶性物质之后，浓度增高，相对密度增大而向下移动，上层的浸出溶剂或较稀浸液置换其位置，造成良好的细胞壁内外的浓度差，使扩散较好地自然进行。故渗漉法属于动态提取法，提取效率高于浸渍法。渗漉法对药材的粒度及工艺条件的要求比较高，操作不当可影响渗漉效率，甚至影响正常操作。

1. 渗漉器

如图 3-22 所示，渗漉器一般为圆筒形设备，也有圆锥形，上部有加料口，下部有出渣口，其底部有筛板、筛网或滤布等以支持药粉底层。大型渗漉器有夹层，可通过蒸汽加热或冷冻盐水冷却，以达到浸出所需温度，并能常压、加压及强制循环渗漉操作。

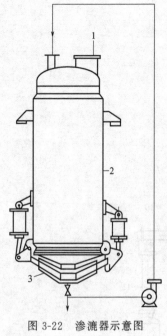

图 3-22　渗漉器示意图

1—加料口；2—罐体；3—出渣口

为了提高渗漉速度，可在渗漉器下边加振荡器或在渗漉器侧加超声波发生器以强化渗漉的传质过程。

2. 多级逆流渗漉器

多级逆流渗漉器克服了普通渗漉器操作周期长，渗漉液浓度低的缺点。该装置一般由 5～10 个渗漉罐、加热器、溶剂罐、贮液罐等组成，如图 3-23 所示。

药材按顺序装入 1～5 个渗漉罐，用泵将溶剂从溶剂罐送入 1 号罐，1 号罐渗漉液经加热器后流入 2 号罐，依次送到最后 5 号罐。当 1 号罐内的药材有效成分全部渗漉后，用压缩空气将 1 号罐内液体全部压出，1 号罐即可卸渣，装新料。此时，来自溶剂罐的新溶剂装入 2 号罐，最后从 5 号罐出液至贮液罐中。待 2 号罐渗漉完毕后，即由 3 号罐注入新溶剂，改由 1 号罐出渗漉液，依此类推。

在整个操作过程中，始终有一个渗漉罐进行卸料和加料，渗漉液从最新加入药材的渗漉罐中流出，新溶剂是加入于渗漉最尾端的渗漉罐中，故多级逆流渗漉器可得到较浓的渗漉液，同时药材中有效成分浸出较完全。

由于渗漉液浓度高，渗漉液量少，便于蒸发浓缩，可降低生产成本，适于大批量生产。

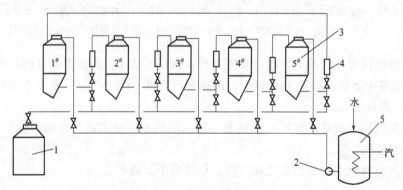

图 3-23　多级逆流渗漉器示意图

1—贮液罐；2—泵；3—渗漉罐；4—加热器；5—溶剂罐

（五）超临界流体萃取设备

超临界流体萃取技术是一种用超临界流体作溶剂对中药材所含成分进行萃取和分离的新技术。在临界压力和临界温度以上相区内的气体称为超临界流体。超临界流体萃取技术就是利用物质在临界点附近发生显著变化的特性进行物质提取和分离，能同时完成萃取和蒸馏两步操作，亦即利用超临界条件下的流体作为萃取剂，从液体或固体中萃取出某些有效成分并进行分离的技术。

1. 超临界流体特征

① 超临界流体的密度接近于流体。因为溶质在溶剂中的溶解度多与溶剂的密度成正比，

所以超临界流体的萃取能力比气体大数百倍，而与液体相近。

②　超临界流体的传递性能与气体相似，在萃取时的传质速率远大于液态时的溶剂提取速率。

③　状态接近临界点的流体，蒸发热的数据非常小，若在此状态下进行分离操作，耗费很小的热量液体就会汽化，经济效益和节能效益十分明显。

④　处在临界点附近的流体，当压强和温度有一很小变化时，就会导致流体密度的很大变化，即溶质在流体中的溶解度有很大变化。

2. 超临界流体萃取法的优点

超临界流体萃取法的优点如下：①萃取分离效率高、产品质量好。②适合于含热敏性组分的原料。③节省热能。④可以采用无毒无害气体作溶剂。

3. 超临界二氧化碳萃取设备

超临界二氧化碳萃取设备从功能上大体可分为几部分：冷水系统、热水系统、萃取系统、分离系统、夹带剂循环系统、二氧化碳循环系统和计算机控制系统。具体包括二氧化碳升压装置（高压柱塞泵或压缩机）、萃取釜、解析釜（或称分离釜）、二氧化碳贮罐、冷水机、锅炉等设备。由于萃取过程在高压下进行，所以对设备以及整个高压管路系统的性能要求较高。

（六）超声提取设备

超声提取技术的基本原理主要是利用超声波的空化作用加速植物有效成分的浸出提取，另外超声波的次级效应，如机械振动、乳化、扩散、击碎、化学效应等也能加速欲提取成分的扩散释放并充分与溶剂混合，利于提取。与常规提取法相比，具有提取时间短、产率高、无须加热等优点。

1. 超声提取原理

超声波提取技术是利用超声波产生的强烈振动、高的加速度、强烈的空化效应、搅拌作用等，加速药物有效成分进入溶剂，从而提高了提取速率，缩短了提取时间，并且免去了高温对提取成分的影响。

①　空化效应。通常情况下，介质内部或多或少地溶解了一些微气泡，这些气泡在超声波的作用下产生振动，当声压达到一定值时，气泡由于定向扩散而增大，形成共振腔，然后突然闭合，这就是超声波的空化效应。这种增大的气泡在闭合时会在其周围产生高达几千个大气压的压力，形成微激波，它可造成植物细胞壁及整个生物体破裂，而且整个破裂过程在瞬间完成，有利于有效成分的溶出。

②　机械效应。超声波在介质中的传播可以使介质质点在其传播空间内产生振动，从而强化介质的扩散、传质，这就是超声波的机械效应。超声波在传播过程中产生一种辐射压强，沿声波方向传播，对物料有很强的破坏作用，可使细胞组织变形，植物蛋白质变性；同时，它还可给予介质和悬浮体以不同的加速度，且介质分子的运动速度远大于悬浮体分子的运动速度，从而在二者之间产生摩擦，这种摩擦力可使生物分子解聚，使细胞壁上的有效成分更快地溶解于溶剂之中。

③　热效应。和其他物理波一样，超声波在介质中的传播过程也是一个能量的传播和扩

散过程，即超声波在介质的传播过程中，其声能可以不断被介质的质点吸收，介质将所吸收能量的全部或大部分转变成热能，从而导致介质本身和药材组织温度的升高，增大了药物有效成分的溶解度，加快了有效成分的溶解速度。由于这种吸收声能引起的药物组织内部温度的升高是瞬时的，因此可以使被提取的成分的结构和生物活性保持不变。

此外，超声波还可以产生许多次级效应，如乳化、扩散、击碎、化学效应等，这些作用也促进了植物体中有效成分的溶解，促使药物有效成分进入介质，并与介质充分混合，加快了提取过程的进行，并提高了药物有效成分的提取率。

2. 超声提取的特点

① 超声提取时不需加热，避免了中药常规煎煮法、回流法长时间加热对有效成分的不良影响，适用于对热敏物质的提取，同时由于其不需加热，因而也节省了能源。

② 超声提取提高了药物有效成分的提取率，节省了原料药材，有利于中药资源的充分利用，提高经济效益。

③ 溶剂用量少，节约溶剂。

④ 超声提取是一个物理过程，在整个浸提过程中无化学反应发生，不影响大多数药物有效成分的生理活性。

⑤ 提取物有效成分含量高，有利于进一步精制。

⑥ 应用超声波提取技术可提取中草药中生物碱、苷类等多种的有效成分。因此把超声波作为提取的一种手段，在这个领域中具有良好的应用前景。

3. 超声提取的影响因素

① 时间对提取效果的影响。超声提取通常比常规提取的时间短。超声提取的时间一般在 $10\sim100min$ 以内即可得到较好的提取效果。如绞股蓝中绞股蓝总皂苷的提取。而药材不同，提取率随超声时间的变化亦不同。

② 超声频率对提取效果的影响。超声频率是影响有效成分提取率的主要因素之一。超声频率不同，提取效果也不同，应针对具体药材品种进行筛选。由于介质受超声波作用所产生的气泡的尺寸不是单一的，存在一个分布范围。因此提取时超声频率应有一个变化范围。

③ 温度对提取效果的影响。超声提取时一般不需加热，但其本身有较强的热作用，因此在提取过程中对温度进行控制也具有一定意义。

④ 药材组织结构对提取效果的影响。药材本身的质地、细胞壁的结构及所含成分的性质等对提取率都有影响，只能针对不同的药材进行具体的筛选。对于同一药材，其含水量和颗粒的细度对提取率可能也会有一定的影响。

⑤ 超声波的凝聚机制对提取效果的影响。超声波的凝聚机制是超声波具有使悬浮于气体或液体中的微粒聚集成较大的颗粒而沉淀的作用。在静置沉淀阶段进行超声处理，可提高提取率和缩短提取时间。

（七）微波萃取设备

微波是波长介于 $1mm\sim1m$（频率介于 $300MHz\sim300GHz$）的电磁波。它介于红外线和无线电波之间。微波在传输过程中遇到不同的介质，依介质性质不同，会产生反射、吸收和穿透现象，这取决于材料本身的几个主要特性：介电常数、介质损耗系数、比热容、形状和含水量等。因此在微波萃取领域中，被处理的物料通常是能够不同程度吸收微波能量的介质，整个加热过程是利用离子传导和偶极子转动的机理，因此具有反应灵敏、升温快速均匀、热效率高等优点。我国目前使用的工业微波频率主要为 915MHz（大功率设备）和 2450MHz（中、小功率设备）。其中 2450MHz 相当于波长 12.5cm 的微波，是目前应用最广泛的频率，常见的商用微波炉均为这一频率。

1. 微波萃取基本原理

微波萃取的基本原理是微波直接与被分离物作用，微波的激活作用导致样品基体内不同成分的反应差异使被萃取物与基体快速分离，并达到较高产率。溶剂的极性对萃取效率有很大的影响。不同的基体，所使用的溶剂也完全不同。从植物物料中萃取精油或其他有用物质，一般选用非极性溶剂。这是因为非极性溶剂介电常数小，对微波透明或部分透明，这样微波射线自由透过对微波透明的溶剂，到达植物物料的内部维管束和腺细胞内，细胞内温度突然升高，而且物料内的水分大部分是在维管束和腺细胞内，因此细胞内温度升高更快，而溶剂对微波是透明（或半透明）的，受微波的影响小，温度较低。连续的高温使其内部压力超过细胞壁膨胀的能力，从而导致细胞破裂，细胞内的物质自由流出，传递转移至溶剂周围被溶解。而对于其他的固体或半固体试样，一般选用极性溶剂。这主要是因为极性溶剂能更好地吸收微波能，从而提高溶剂的活性，有利于使固体或半固体试样中的某些有机物成分或有机污染物与基体物质有效地分离。

2. 微波萃取的特点

传统的萃取过程中，能量首先无规则地传递给萃取剂，再由萃取剂扩散进基体物质，然后从基体中溶解或夹带出多种成分出来，即遵循加热-渗透进基体-溶解或夹带-渗透出来的模式，因此萃取的选择性较差。

对于微波萃取，由于能对体系中的不同组分进行选择性加热。因而成为一种能使目标组分直接从基体中分离的萃取过程。与传统萃取相比，其主要特点是：快速，节能，节省溶剂，污染小，而且有利于萃取热不稳定的物质，可以避免长时间的高温引起物质的分解，特别适合于处理热敏性组分或从天然物质中提取有效成分。与超临界萃取相比，微波萃取的仪器设备比较简单廉价，适用面广。

3. 微波萃取的影响因素

影响微波萃取的主要工艺参数包括萃取溶剂、萃取功率和萃取时间等。其中萃取溶剂的选择对萃取结果的影响至关重要。

（1）萃取溶剂的影响　通常，溶剂的极性对萃取效率有很大的影响，此外，还要求溶剂对分离成分有较强的溶解能力，对萃取成分的后续操作干扰较少。常用的微波萃取的溶剂有：甲醇、丙酮、乙酸、二氯甲烷、正己烷、乙腈、苯、甲苯等有机溶剂和硝酸、盐酸、氢氟酸、磷酸等无机试剂，以及己烷-丙酮、二氯甲烷-甲醇、水-甲苯等混合溶剂。

（2）萃取温度和萃取时间的影响　萃取温度应低于萃取溶剂的沸点，而不同的物质最佳萃取回收温度不同。微波萃取时间与被测样品量、溶剂体积和加热功率有关，一般情况下为 10～15min。对于不同的物质，最佳萃取时间也不同。萃取回收率随萃取时间的延长会增加，但增长幅度不大，可忽略不计。

（3）溶液 pH 值的影响　实验证明，溶液的 pH 值对萃取回收率也有影响。

（4）试样中的水分或湿度的影响　因为水分能有效吸收微波能产生温度差，所以待处理物料中含水量的多少对萃取回收率的影响很大。对于不含水分的物料，要采取再湿的方法，使其具有适宜的水分。

（5）基体物质的影响　基体物质对微波萃取结果的影响可能是因为基体物质中含有对微波吸收较强的物质，或是某种物质的存在导致微波加热过程中发生化学反应。

4. 微波萃取设备

一般说来，工业微波设备必须具备以下基本条件：①微波发生功率足够大、工作状态稳定，一般应配备有温控附件；②设备结构合理可随意调整、便于拆卸和运输、能连续运转、操作简便；③安全，微波泄漏符合条件。

用于微波萃取的设备分两类：一类为微波萃取罐；另一类为连续微波萃取线。二者主要区别在于：一个是分批处理物料，类似多功能提取罐；另一个是以连续方式工作的萃取设备，具体参数一般由生产厂家根据使用厂家要求设计。

三、提取设备的选择

选择提取设备在考虑设备安装场地、生产成本、投资预算、能耗的同时，也必须考虑被处理物料的性质、数量、产品价值及提取率等。

① 对于小产量多品种的常温提取，选择渗漉罐是十分适宜的；要求提取比较彻底的贵重或粒径较小的药材，以及对提取液的澄明度要求较高时也可以选用渗漉罐。

② 在提取的同时需要回收药材中的挥发油时适合选用多功能提取罐。

③ 如要求排渣方便可选择微倒锥形提取罐。

④ 如需较快加热至沸腾，可使用直筒形提取罐。

⑤ 如需使药液提取更均匀，药材提取更高效、完全，可选用动态提取罐。

⑥ 如果为了提取得到芳香油和甙类物质时，则选用微波提取设备会有很好的表现。

⑦ 在对固体样品进行快速、高效的预处理，以及提取热不稳定活性物质和有低温提取要求时，超声强化提取具有广阔的应用前景。

⑧ 对于从固体物料中提取已知化学结构、分子量较小的亲脂性物质，并且此物质在二氧化碳中有较大的溶解度时，则适合选用超临界流体提取设备。

目标检测

1. 简述常用过滤机的类型、特点与应用。
2. 常用的过滤介质有哪些？
3. 影响过滤速率的主要因素有哪些？
4. 板框压滤机漏液时如何处理？
5. 良好的膜分离设备应具备哪些条件？
6. 简述离心分离设备的类型、特点与应用。
7. 离心分离设备选型时考虑的因素有哪些？
8. 影响提取速率的因素有哪些？

9. 多功能提取罐工作时冷凝、冷却溶媒不回流是什么原因引起的？如何解决？

10. 多功能提取罐工作时回流温度高是什么原因引起的？如何解决？

11. 简述超临界萃取方法的特点。

12. 简述超声提取的特点。

13. 简述微波萃取的特点。

14. 板框压滤机的型号为 BAY60/800-30，则过滤面积、框内尺寸、滤框厚度、滤框块数、滤板块数和框内总体积分别是多少？

第四章

换热设备

 学习目标

掌握换热设备的类型、结构特点、工作原理和使用维护，能根据生产工艺要求选用合适的换热设备，为从事换热设备的操作和维护、设备选型与车间设计奠定基础。

 思政与职业素养目标

通过换热设备的操作维护，树立团队合作精神；通过换热设备的选型计算，培养科学严谨、一丝不苟的工作态度。

第一节　换热与换热器

一、传热原理

传热是指由于温度差引起的能量转移，又称热传递。由热力学第二定律可知，凡是有温度差存在时，热就必然从高温处传递到低温处，因此传热是自然界和工程技术领域中极普遍的一种传递现象。根据传热机理的不同，热传递有三种基本方式：热传导、对流传热和辐射传热。热传导：是依靠物体内分子的相互碰撞进行的热量传递过程。对流传热：流体内部质点发生宏观相对位移而引起的热量传递过程，对流传热只能发生在液体或气体流动的场合。辐射传热：热量以电磁波的形式在空间的传递称为热辐射。热辐射与热传导和对流传热的最大区别就在于它可以在完全真空的地方传递而无需任何介质。

传热过程中冷热流体（接触）热交换可分为三种基本方式：直接混合式换热，间壁式换热，蓄热式换热。

二、换热设备的类型

1. 换热器的分类

换热器按用途可分为加热器、冷却器、冷凝器、再沸器、蒸发器等。

换热器按传热特征分为直接混合式、蓄热式和间壁式。

（1）直接混合式换热　冷、热流体直接接触，相互混合传递热量。该类型换热器结构简单，传热效率高，适用于冷、热流体允许混合的场合。

（2）蓄热式换热　蓄热式换热是在蓄热器中实现热交换的一种换热方式。此类换热器是借助于热容量较大的固体蓄热体，将热量由热流体传给冷流体。当蓄热体与热流体接触时，从热流体处接受热量，蓄热体温度升高，然后与冷流体接触，将热量传给冷流体，蓄热体温度下降，从而达到换热的目的。

（3）间壁式换热　冷、热流体被固体壁面（传热面）所隔开，互不接触，它们在壁面两侧流动，热量由热流体通过壁面传给冷流体。适用于冷、热流体不允许混合的场合。

2. 间壁式换热器的类型

（1）夹套式换热器

结构及用途：在容器外壁安装夹套制成。主要用于反应过程的加热或冷却。

优点：结构简单。

缺点：传热面受容器壁面限制，传热系数小。为提高传热系数，可在釜内安装搅拌器。

（2）沉浸式蛇管换热器

结构：这种换热器多以金属管子绕成，或制成各种与容器相适应的情况，并沉浸在容器内的液体中。

优点：结构简单，便于防腐，能承受高压。

缺点：由于容器体积比管子的体积大得多，因此管外流体的对流传热系数较小。为提高传热系数，容器内可安装搅拌器。

（3）喷淋式换热器

结构：将蛇管成排地固定于钢架上，被冷却的流体在管内流动，冷却水由管上方的喷淋装置中均匀淋下，故又称喷淋式冷却器。

优点：传热推动力大，传热效果好，便于检修和清洗。

缺点：喷淋不易均匀。

（4）套管式换热器

结构：将两种直径大小不同的直管装成同心套管，并可用 U 形管把管段串联起来，每一段直管称作一程。

优点：进行热交换时使一种流体在内管流过，另一种则在套管间的环隙中通过。流速高，传热系数大，逆流流动，平均温差最大，结构简单，能承受高压，应用方便。

缺点：介质流量较小，热负荷不大。

（5）列管式换热器

列管式换热器又称为管壳式换热器，是最典型的间壁式换热器，历史悠久，应用广泛。

优点：单位体积设备所能提供的传热面积大，传热效果好，结构坚固，可选用的结构材料范围宽广，操作弹性大，大型装置中普遍采用。

常见的类型有：固定管板式换热器、U 形管换热器、浮头式换热器、填料函式。

（6）板式换热器

板式换热器是新型换热器的一种，具有传热效果好、结构紧凑等优点。在温度不太高和压力不太大的情况下，应用板式换热器比较有利。

常见的类型有：普通平板式、螺旋板式、板翅式等。

第二节　管壳式换热器

管壳式换热器又称为列管式换热器，是目前应用最广泛的一种管式换热器。虽然同一些新型的换热器相比，它在传热效率、结构紧凑性及金属材料耗量方面有所不及，但其坚固的结构、耐高温高压性能、成熟的制造工艺、较强的适应性及选材范围广等优点，使其在工程应用中仍占据主导地位。

管壳式换热器主要由壳体、管束、管板、封头等部件构成。一些小直径的管子（称为换热管）固定在管板上形成一组管束，管束外套有圆筒形薄壳，即壳体。进行热交换时，一种流体在管内流动，其行程称为管程；另一种流体在管束与壳体的空隙中流动，称为壳程。管束的壁面即为传热面。由于管束和壳体结构的不同，管壳式换热器又可以进一步划分为固定管板式、浮头式、填料函式和 U 形管式。

一、固定管板式换热器

如图 4-1 所示，固定管板式换热器的封头与壳体用法兰连接，管束两端的管板与壳体是采用焊接形式固定连接在一起。它具有壳体内所排列的管子多，结构简单、造价低等优点，但是壳程不易清洗，故要求走壳程的流体是干净、不易结垢的。

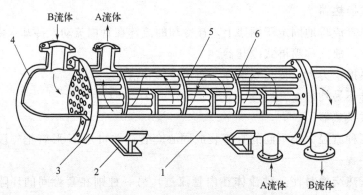

图 4-1　固定管板式换热器

1—壳体；2—支座；3—管板；4—管箱；5—换热管；6—折流板

这种换热器由于壳程和管程流体温度不同而存在温差应力。温差越大，该应力值就越大，大到一定程度时，温差应力可引起管子的弯曲变形，会造成管子与管板连接部位泄漏，严重时可使管子从管板上拉脱出来。因此，固定管板式换热器常用于管束及壳体的温度差小于 50℃的场合。当温差较大，但壳程内流体压力不高时，可在壳体上设置温差补偿装置，例如，安装膨胀节。流体在管程内通过一次的称为单管程，在壳程内通过一次的称为单壳程。有时流体在管内流速过低，则可在封头内设置隔板，把管束分成几组，流体每次只流过部分管子，而在管束中多次往返，称为多管程。若在壳体内安装与管束平行的纵向挡板，使流体在壳程内多次往返，则称为多壳程。此外，为了提高管外流体与管壁间的给热系数，在壳体内可安装一定数量的与管束垂直的横向挡板，称为折流板，强制流体多次横向流过管束，从而增加湍动程度。

二、U形管式换热器

U形管式换热器结构如图4-2，每根管子都弯成U形，管子的两端分别安装在同一固定管板的两侧，并用隔板将封头隔成两室。由于每根管子都可以自由伸缩，且与其他管子和外壳无关，故即使壳体与管子间的温差很大时，也可使用。

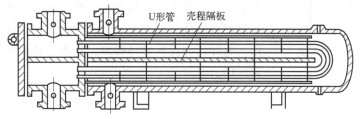

图4-2　U形管式换热器

这种结构的金属消耗量比浮头式换热器可少12%～20%，它能承受较高的温度和压力，管束可以抽出，管外壁清洗方便。其缺点是在壳程内要装折流板，制造困难；因弯管需要一定弯曲半径，管板上管子排列少，结构不紧凑，管内清洗困难。因此，一般用于通入管程的介质是干净的或不需要机械方法清洗的，如低压或高压气体。

三、浮头式换热器

当壳体与管束间的温差比较大，而管束空间也需要经常清洗时可以采用浮头式换热器，结构如图4-3。换热器两端的管板有一端不与壳体相连，可以沿管长方向在壳体内自由伸缩（此端称为浮头），从而解决了热补偿问题，另外一端的管板仍用法兰与壳体相连接，因此整个管束可以由壳体中拆卸出来，对检修和管内管外的清洗都比较方便，所以浮头式换热器的应用较为广泛。但缺点是结构比较复杂，金属消耗量多，造价因此也较高。可应用在管壁与壳壁金属温差大于50℃，或者冷、热流体温度差超过110℃的地方。浮头式换热器可适用于较高的温度、压力范围。

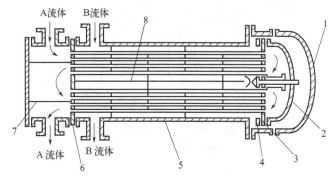

图4-3　浮头式换热器

1—壳盖；2—浮头；3—浮动管板；4—浮头法兰；5—壳体；6—固定管板；7—管程隔板；8—壳程隔板

四、填料函式换热器

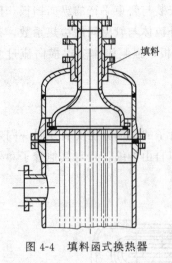

图 4-4　填料函式换热器

填料函式换热器的结构特点是浮头与壳体间被填料函密封的同时，允许管束自由伸长，如图 4-4 所示。该结构特别适用于介质腐蚀性较严重、温差较大且要经常更换管束的冷却器。

因为它既有浮头式的优点，又克服了固定管板式的不足，与浮头式换热器相比，结构简单，制作方便，清洗检修容易，泄漏时能及时发现。但填料函式换热器也有它自身的不足，主要是由于填料函密封性能相对较差，故在操作压力及温度较高的工况及大直径壳体（DN＞700mm）下很少使用。壳程内介质具有易挥发、易燃、易爆及剧毒性质时也不宜应用。

第三节　板式换热器

板式换热器是针对管壳式换热器单位体积大传热面积小，结构不紧凑，传热系数不高的不足之处，开发的新型换热器的一种，具有传热效果好，结构紧凑等优点。在温度不太高和压力不太大的情况下，应用板式换热器比较有利。

一、普通平板式换热器

板式换热器由传热板片、密封垫片和压紧装置三部分组成。详细结构如图 4-5 所示。作

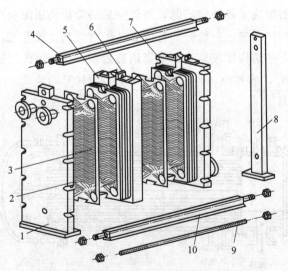

图 4-5　普通平板式换热器

1—固定压紧板；2—板片；3—垫片；4—上导杆；5—中间隔板；6—滚动装置；7—活动压紧板；
8—前支柱；9—夹紧螺栓螺母；10—下导杆

为传热面的板片可以用不同的金属（如不锈钢、黄铜、铝合金等）薄板压制成型。由于板片厚度一般仅为0.5～3mm，其刚度不够，通常将板片压制成各种槽形或波纹形的表面。这样不仅增强了刚度以防板片受压时变形，而且也增强了流体的湍动程度，并加大了传热面积。每片板的四个角各开一个孔，板片周边与孔的周围压有密封垫片。密封垫片也是板式换热器的重要组成部分，一般由各种橡胶、压缩石棉或合成树脂制成。装置时先用粘结剂将垫片粘牢在板片密封槽中，孔的周围部分槽中根据流体流动的需要来放置垫片，从而起到允许或阻止流体进入板面之间的通道的作用。将若干块板片按换热要求依次排列在支架上，由压板借压紧螺杆压紧后，相邻板间就形成了流体的通道。借助板片四角的孔口与垫圈的恰当布置，使冷、热流体分别在同一板片两侧的通道中流过并进行传热。除两端的板外，每一板片都是传热面。采用不同厚度的垫片，可以调节通道的宽窄。板片数目可以根据工艺条件的变化而增减。

　　板式换热器的主要优点：①传热系数高；②结构紧凑，单位体积设备提供的传热面积大；③操作灵活性大；④金属消耗量低；⑤板片加工制造以及检修、清洗都比较方便。

　　板式换热器的主要缺点：①允许的操作压力比较低；②操作温度不能太高；③处理量不大。

二、螺旋板式换热器

　　螺旋板式换热器如图4-6所示。由两张薄板平行卷制而成，如此形成两个相互隔开的螺旋形通道。两板之间焊有定距柱用以保持其间的距离，同时可增强螺旋板的刚度。在换热器中心装有隔板，使两个螺旋通道分隔开。在顶部和底部有盖板或封头以及两流体的出入口接管。一般由一对进出口位于圆周边上，而另一对进出口则设在圆鼓的轴心上。冷热两流体以螺旋板为传热面分别在板片两边的通道内作逆流流动并进行换热。

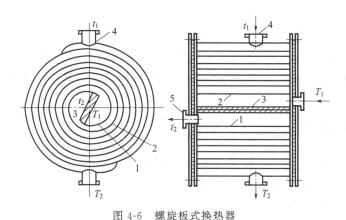

图4-6　螺旋板式换热器
1，2—金属板；3—隔板；4、5—冷热流体接管

　　螺旋板式换热器的主要优点：①传热系数高；②不易结垢和堵塞；③可在较小的温差下进行操作，能充分利用温度较低的热源；④结构紧凑，制作简便。

　　螺旋板式换热器的主要缺点：①操作压力和温度不能太高；②不易检修；③阻力损失较大。

三、板翅式换热器

　　板翅式换热器是一种轻巧、紧凑、高效换热器。板翅式换热器是由若干基本元件和集流箱等部分组成。基本元件是由各种形状的翅片、平隔板、侧封条组装而成。在两块平行薄金属板（平隔板）间，夹入波纹状的翅片，两边以侧封条密封，即组成一个基本元件（单元件）。根据工艺要求，将各单元件进行不同的叠积或适当的排列，并用钎焊焊成一体，得到的组装件称为蕊部或板束。常用的有逆流和错流式板翅式换热器组装件。然后再将带有流体进出口的集流箱焊接到板束上，就组成了完整的板翅式换热器。我国目前最常用的翅片形式主要有光直形翅片、锯齿形翅片和多孔形翅片三种，结构如图 4-7 所示。

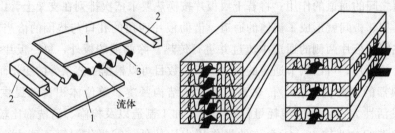

图 4-7　板翅式换热器

1—平隔板；2—侧封条；3—翅片（二次表面）

板翅式换热器的特点：①结构紧凑，适应性强；②传热系数大；③制造工艺比较复杂，清洗和检修困难。

第四节　换热器选型

换热器选型时需要考虑的因素主要有：热负荷及流量大小，流体的性质，温度、压力及允许压降的范围，对清洗、维修的要求，设备结构、材料、尺寸、重量、价格、使用安全和寿命等。管壳式换热器因其应用范围广，适应性强，下面主要对此类换热器的选型进行介绍。

（一）管壳式换热器的选用

在选用管壳式换热器时，一般说流体的处理量和它们的物性是已知的，其进、出口温度由工艺要求决定，然而，冷热两流体的流向，哪个走管内，哪个走管外尚待确定。在使用过程中应注意流程、流速的选择。

1. 压降

较高的压降值将导致较高的流速，因此会使设备较小和投资较少，但运行费用会增高，较低的允许压降值则与此相反。所以，应该在投资和运行费用之间进行一个经济技术比较。换热器的压降可以参考相关的经验数据。

2. 温度

① 冷却水的出口温度不宜高于 60℃，以免结垢严重。高温端的温差不应小于 20℃，低温端的温差不应小于 5℃。当在两工艺物流之间进行换热时，低温端的温差不应小于 20℃。

② 当在采用多管程、单壳程的管壳式换热器，并用水作为冷却剂时，冷却水的出口温度不应高于工艺物流的出口温度。

③ 在冷却或者冷凝工艺物流时，冷却剂的入口温度应高于工艺物流中易冻结组分的冰点，一般高 5℃。

④ 当冷凝带有惰性气体的工艺物料时，冷却剂的出口温度应低于工艺物料的露点，一般低 5℃。

⑤ 为防止天然气、凝析气产生水合物，堵塞换热管，被加热工艺物料出口温度必须高于其水合物露点（或冰点），一般高 5～10℃。

3. 物料流向

管壳程介质的安排，建议遵循下列原则。

① 介质流向的选择。被加热或被蒸发的流体，不论是在管侧或壳侧，应从下向上流动；被冷凝的流体，不论是在管侧或壳侧，应从上向下流动。

② 管壳程介质的选择。管程一般是温度、压力较高，腐蚀性较强，比较脏，易结垢，对压力降有特定要求，容易析出结晶的物流等；壳程一般是黏性较大，流量较小，给热系数较小的物流等。物料性能参数，不一定恰好都适合管程或者壳程的要求，最后的安排，应按关键因素或者主要参数综合评价确定。

4. 流速

一般来说流体流速在允许压降范围内应尽量选高一些，以便获得较大的换热系数和较小污垢沉积，但流速过大会造成腐蚀并发生管子振动，而流速过小则管内易结垢。因此选择适宜的流速十分重要，常用的流速范围见表 4-1。

表 4-1　管壳式换热器内常用的流速范围

流体种类	流速/(m/s)	
	管程	壳程
一般液体	0.5～1.5	0.2～1.0
易结垢液体	>1	>0.5
气体	5～30	3～15

（二）传热相关计算

1. 热负荷 Q 的计算

在工程上把单位时间内需要移出或输入的热量叫做热负荷。如果没有热损失，热负荷就是传热速率。在换热器中，管道内部空间称为管程，管道夹套空间称为壳程。当冷、热两种流体分别通过管程和壳程时，即发生热量交换过程。高温流体对间壁传递热量，间壁通过热传导将热量从高温侧传递到低温侧，低温侧间壁将热量通过对流传热传递给冷流体。

如不考虑间壁上的热损失，根据能量守恒定律，在单位时间内，热流体放出的热量应等于冷流体吸收的热量，亦即等于传热速率。即

$$Q_{放} = Q_{吸} = Q$$

① 无相变的热负荷：若两流体均无相变化，则

$$Q=W_h C_{ph}(T_1-T_2)=W_c C_{pc}(t_2-t_1)$$

② 有相变的热负荷：若有相变，如液体沸腾、蒸汽冷凝等，则

$$Q=W_h \cdot \gamma=W_c C_{pc}(t_2-t_1)$$

式中　W_h、W_c——高温流体和低温流体的质量流量，kg/s；

　　　C_{ph}、C_{pc}——高温流体和低温流体的定压比热容，J/(kg·K)；

　　　　　γ——饱和蒸汽的冷凝热，在数值上等于液体的汽化热，J/kg。

2. 总传热系数的计算

高温流体在管程流动，低温流体在壳程流动，假设换热管内壁直径为 d_i，管程外壁直径为 d_o，管壁厚度为 b，则总热阻是两次对流传热阻力与一次热传导阻力之和。

即　　　　　　　　　　　　　$R=R_i+R_d+R_o$

式中　R——总传热阻力；

　　　R_i——管内对流传热阻力；

　　　R_o——管外对流传热阻力；

　　　R_d——管壁热传导传热阻力。

根据热阻的定义可得：$K=\dfrac{1}{R}$。

式中，K 为总传热系数，单位为 W/(m²·℃)。

以外表面积为基准的总传热系数计算公式为 $\dfrac{1}{K}=\dfrac{d_o}{\alpha_i d_i}+\dfrac{b d_o}{\lambda d_m}+\dfrac{1}{\alpha_o}$。

　　　α_i——管内对流传热系数，W/(m²·℃)；

　　　α_o——管外对流传热系数，W/(m²·℃)；

　　　λ——管壁导热系数，W/(m²·℃)；

　　　d_m——管壁中径。

若换热器表面有污垢，对传热会产生附加热阻，称为污垢热阻，用 R_{si} 和 R_{so} 分别表示内、外壁的污垢热阻。因存在污垢热阻，总传热系数表达式应修改为：

$$\frac{1}{K}=\frac{d_o}{\alpha_i d_i}+\frac{b d_o}{\lambda d_m}+\frac{1}{\alpha_o}+R_{si}\frac{d_o}{d_i}+R_{so} \tag{4-1}$$

3. 总传热速率方程

冷、热流体通过间壁的传热是三个环节的串联过程。对于定态传热，总传热速率与换热器的传热面积成正比，与冷热流体之间的平均温度差和换热器的总传热系数成正比。总传热速率方程式为：

$$Q=KA\Delta t_m$$

式中　K——总传热系数，W/(m²·℃)；

　　　A——传热面积，m²；

　　　Δt_m——传热平均温度差，℃。

4. 传热平均温度差 Δt_m 的计算

传热平均温度差是指冷热流体之间的平均温度之差。

根据两流体沿换热壁面流动时各点温度的变化，可以分为恒温换热和变温换热两种

情况。

（1）恒温传热平均温度差的计算方法：若换热器间壁两侧都有相变化，冷热流体所进行的热交换就是恒温传热。冷热流体不随传热时间、管道长短变化而改变。两者之间的温差在任何时间任何位置都相等。即：$\Delta t_m = T - t$。

（2）变温传热平均温度差的计算方法：间壁一侧或两侧流体的温度随传热壁面位置的改变而变化，与传热时间无关，称为定态变温换热；如果流体的温度随换热器壁面和传热时间而改变，称为非定态换热。制药生产过程中的换热基本上是定态变温换热。

对于间壁换热，冷热流体相对流动方式有并流、逆流、错流、折流等多种形式。不同形式的流动，冷热两流体的平均温度差不尽相同。下面只介绍并流与逆流的传热平均温度差的计算方法。

设热流体的进口温度为 T_1，出口温度为 T_2，冷流体的进口温度为 t_1，出口温度为 t_2。Δt_1 和 Δt_2 分别是冷热流体进口温度差和出口温度差，取较大值为 Δt_2，则并流和逆流时的传热平均温度差可用下式计算：

$$\Delta t_m = \frac{\Delta t_2 - \Delta t_1}{\ln \dfrac{\Delta t_2}{\Delta t_1}} \tag{4-2}$$

 目标检测

1. 简述列管式换热器传热效率下降的原因及处理方法。
2. 简述管壳换热器减小热阻的方法。
3. 简述浮头式换热器的优缺点及适用场合。
4. 简述 U 形换热器的优缺点及适用场合。
5. 简述填料函式换热器的优缺点及适用场合。
6. 简述各种板式换热器的名称、特点和应用场合。
7. 简述列管式换热器的选型方法。
8. 简述热负荷、总传热系数、总传热速率方程和传热平均温差的计算公式。

第五章

蒸发与结晶设备

 学习目标

掌握蒸发与结晶设备的类型、结构特点、工作原理和使用维护，能根据生产工艺要求选用合适的蒸发与结晶设备，为从事蒸发与结晶设备的操作和维护、设备选型与车间设计奠定基础。

 思政与职业素养目标

通过蒸发与结晶设备的操作维护，树立团队合作精神；通过蒸发与结晶设备的选型计算，培养科学严谨、一丝不苟的工作态度。

第一节　蒸发过程

一、蒸发概述

药材经过浸提与分离后得到的大量浓度较低的浸出液，既不能直接应用，也不利于制备其他剂型，因此常通过蒸发与干燥等过程，获得体积较小的浓缩液或固体产物。

蒸发主要应用于三个方面：药液的浓缩、回收浸出操作的有机溶剂和制取饱和溶液，为溶质析出结晶创造条件。

适用于蒸发操作的必要条件是：①工作对象是溶液，溶剂是挥发性物质，加热后可汽化；②溶质为不挥发性物质，即加热后也不能汽化。如果溶质和溶剂均为挥发性物质，且挥发度不同，则可用蒸馏的方法分离，如固体与附于其上的液体分离可采用干燥操作。

蒸发的种类：按加热方式可分为直接加热蒸发与间接加热蒸发。直接加热蒸发是将热载体直接通入溶液之中，使溶剂汽化；间接加热蒸发是热能通过间壁传给溶液。

按操作压强大小可分为常压蒸发、加压蒸发和减压蒸发。

常压蒸发是指蒸发操作在大气压力下进行，设备不一定密封，所产生的二次蒸汽自然排空；加压蒸发是指蒸发操作在一定压强下进行，此时设备密封，溶液上方压强高，溶液沸点也升高，所产生的二次蒸汽可用来作为热源重新利用；减压蒸发是指蒸发在真空中进行，溶液上方是负压，溶液沸点降低，这就加大了加热蒸汽与溶液的温差，传热速率提高，很适合于热敏性溶液的浓缩。

按蒸发的效数可分为单效蒸发和多效蒸发。单效蒸发是指二次蒸汽不再用做加热溶液的热源。多效蒸发是指二次蒸气用做另一蒸发器的热源。

单效蒸发的流程：

料液进入蒸发器的蒸发室，接受加热蒸汽的热量并开始沸腾，从而产生二次蒸汽，经蒸发室上方除沫器，二次蒸汽与所夹带的雾沫进行分离，此后进入冷凝器凝结成液体，不凝气经真空泵排出。

蒸发设备基本上由加热室、分离室和除沫器三部分组成。

加热室可分为夹套式、蛇管式、管壳式三种。目前多用管壳式。加热蒸汽走管间、料液走管内。

分离室也称蒸发室，作用是将加热室产生的夹有雾沫的二次蒸汽与雾滴分开，多位于加热室上方的一个较大的空间。

除沫室分内置、外置两种，作用是阻止细小液滴随二次蒸汽溢出。从结构上除沫室可分为离心式、挡板式和丝网式等。

二、蒸发相关计算

1. 单效蒸发的物料衡算（图 5-1）

对连续稳定的单效蒸发器，首先设单位时间内所得完成液的质量 R 与二次蒸汽的质量 W 之和等于进料液的质量 F，即

$$F = W + R$$

在蒸发操作中溶质始终存在于料液中，既不增加又没减少，则在单位时间内有

$$FX_{w0} = RX_{w1} = (F-W)X_{w1}$$

则水分蒸发量为

$$W = F(1 - X_{w0}/X_{w1})$$

完成液的浓度为

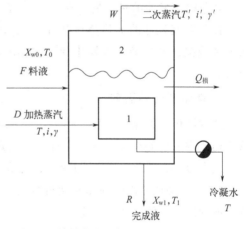

图 5-1　单效蒸发的物料及热量衡算示意图
1—加热室；2—蒸发室

$$X_{w1} = FX_{w0}/(F-W)$$

式中　　F——料液量，kg/h；

　　　　W——水分蒸发量，kg/h；

X_{w0}，X_{w1}——料液和完成液的浓度（质量分数）。

2. 单效蒸发的热量衡算

对连续稳定操作的蒸发器进行热量衡算，衡算基准为 1h。衡算式为 $Q_入 = Q_出$，式中的 $Q_入$ 与 $Q_出$ 分别代表 1h 内带入和带出蒸发器的总热量。

带入蒸发器的热量有：原料液带入的热量 $Q_1 = FC_m T_0$，加热蒸汽带入的热量 $Q_2 = Di$。

带出蒸发器的热量有：完成液带走热量 $Q_3=RC_mT_1=(F-W)C_mT_1$，二次蒸汽带走热量 $Q_4=Wi'$，加热蒸汽冷凝水带走热量 $Q_5=DC_水T$，设备散失热量 $Q_6=Q_损$。

将以上各式代入衡算式 $Q_入=Q_出$，得 $Di+FC_mT_0=Wi'+(F-W)C_mT_1+DC_水T+Q_损$。

整理得 $\qquad D(i-C_水T)=W(i'-C_mT_1)+FC_m(T_1-T_0)+Q_损$

式中 $\qquad D$——加热蒸汽消耗量，kg/h；

$\qquad i，i'$——加热蒸汽与二次蒸汽的热量，kJ/kg；

$T，T_0，T_1$——加热蒸汽、进料液与完成液的温度，K；

$\qquad C_m，C_水$——料液与水的平均比热容，kJ/(kg·K)；

$\qquad Q_损$——单位时间内蒸发器散失的热量，W。

$$i-C_水T=\gamma$$

$$i'-C_mT_1=\gamma'$$

式中 $\quad \gamma，\gamma'$——加热蒸汽与二次蒸汽的汽化潜热。

$$D\gamma=W\gamma'+FC_m(T_1-T_0)+Q_损$$

二次蒸汽消耗量为 $\qquad D=[W\gamma'+FC_m(T_1-T_0)+Q_损]/\gamma$

若物料为沸点进料，则 $\qquad T_0=T_1，D=(W\gamma'+Q_损)/\gamma$

若忽略蒸发器的热损失，则 $\qquad D=W\gamma'/\gamma$

在估算蒸发器的加热蒸汽用量时可用加热蒸汽与二次蒸汽的汽化潜热之比，计算更加方便快捷。在单效蒸发器中 γ'/γ 的值总是大于 1，即 1kg 加热蒸汽产生不了 1kg 二次蒸汽。

3. 蒸发器传热面积

蒸发器传热的操作过程，其工作效率取决于传热速率，计算蒸发器的传热速率就可以用总传热速率方程 $Q=KA\Delta T_m$ 来计算，传热面积为 $A=Q/K\Delta T_m$

式中 Q 用加热蒸汽传热量 $D\gamma$ 计；总传热系数 K 计算可参照表 5-1 或按照式（4-1）计算。

ΔT_m 为加热蒸汽的饱和温度与溶液的温度之差，由于进料液浓度与完成液有较大差别，故溶液的沸点只能由实验测定。

表 5-1　不同蒸发器的传热系数 K 值的范围

蒸发器类型		传热系数 $K/[W/(m^2·℃)]$
刮板式（溶液黏度 mPa·s）	1~5	5800~7000
	100	1700
	1000	1160
	10000	700
外加热式（长管形）	自然循环	1160~5800
	强制循环	2300~7000
	五循环模式	580~5800
内部加热式（标准式）	自然循环	580~3500
	强制循环	1160~5800
升膜式	—	580~5800
降膜式	—	1200~3500

第二节　蒸　发　器

一、循环式蒸发器

1. 中央循环管式蒸发器

中央循环管式蒸发器结构如图 5-2 所示，加热室为一管壳式换热器，换热器中央装一管径比列管大得多的中央循环管，由于管径大，管内横截面积大，单位体积溶液的传热面积小得多，接受热量小，温度相对较低，中央管内的液体密度相对列管中的液体要大，形成液体从各管上升，从中央管下降的自然循环，流速可达 0.5m/s 左右。

优点：构造简单，设备紧凑，便于清理检修，适用于黏度较大的物料。由于应用广泛，中央循环管式蒸发器又称为标准式蒸发器。

2. 悬筐式蒸发器

悬筐式蒸发器如图 5-3 所示，加热室中的列管制成一体，悬挂在蒸发室的下方。加热蒸汽通过中央的管子进入加热室的管间。不设较粗的中央循环管，而在加热室和壳体之间形成一横截面积较大的环隙。液体由列管向上再向四周环隙向下循环流动。

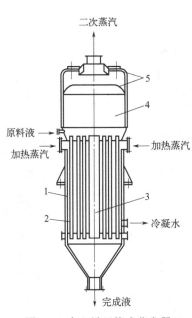

图 5-2　中央循环管式蒸发器

1—外壳；2—加热室；3—中央循环管；

4—蒸发器；5—除沫器

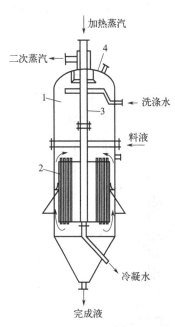

图 5-3　悬筐式蒸发器

1—外壳；2—加热室；3—加热蒸汽；

4—除沫器

特点：循环效果比中央循环管好，但构造较复杂，价格较昂贵，适用于易结垢或有结晶析出的溶液。

3. 外加热式蒸发器

外加热式蒸发器结构如图 5-4 所示。加热室和蒸发室分为两个设备。受热后沸腾溶液从加热室上升至蒸发室，分离出的液体部分经循环管返回加热室。因循环管内液体不受热，使此处料液密度比加热室料液大很多，故而加快了循环速率。

有较高的传热速率，还能降低整个蒸发器的高度，适应能力强，但结构不紧凑，热效率较低。

4. 列文式蒸发器

列文式蒸发器结构如图 5-5 所示，是在加热室上增设沸腾室。加热室中的溶液因受到沸腾室液柱附加的静压力的作用而并不在加热管内沸腾，直到上升至沸腾室内当其所受压力降低后才能开始沸腾，因而溶液的沸腾汽化由加热室移到了没有传热面的沸腾室，从而避免了结晶或污垢在加热管内的形成。另外，这种蒸发器的循环管的截面积约为加热管的总截面积的 2～3 倍，溶液循环速度可达 2.5 至 3m/s 以上，故总传热系数亦较大。这种蒸发器的主要缺点是液柱静压头效应引起的温度差损失较大，为了保持一定的有效温度差要求加热蒸汽有较高的压力。此外，设备庞大，消耗的材料多，需要高大的厂房等。

5. 强制循环蒸发器

强制循环蒸发器结构如图 5-6 所示，液体流动靠泵的外加动力循环，速度的大小可通过泵的流量调节来控制，一般在 2.5m/s 以上。蒸发速率较高，料液能很好的循环，适用于黏度大，易出结晶、泡沫和污垢的料液。缺点是增加了动力设备和动力消耗。

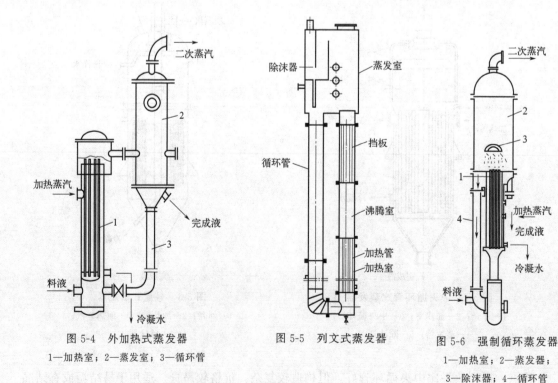

图 5-4　外加热式蒸发器

1—加热室；2—蒸发室；3—循环管

图 5-5　列文式蒸发器

图 5-6　强制循环蒸发器

1—加热室；2—蒸发器；

3—除沫器；4—循环管

二、单程式蒸发器

在药物生产中，有些料液在较高温度下或持续受热时间较长时，会破坏药物中的有效成分，从而降低药效，我们称这种物料为热敏性物料。对于热敏性物料，采用循环式蒸发器不合适（不断循环加热），需要采用一种物料受热时间至几秒钟就能达到浓缩要求的蒸发设备。单程式蒸发器主要分为：升膜式蒸发器、降膜式蒸发器、回转式薄膜蒸发器和离心式蒸发器等。

（一）升膜式蒸发器

升膜式蒸发器主要由蒸发室、除沫器、分离室等部件组成。蒸发室是一组列管式换热器。结构如图5-7所示。列管直径约为25～50mm。管长3～10m，管径比约为100～150，无中央循环管设置。加热蒸汽与原料液进口均设置在蒸发室下部，浓缩液出口设置在分离室的下部。

原料液预热至沸点或接近沸点后，从蒸发器底部通入，进入列管受热后迅速沸腾汽化，生成的蒸汽快速上升，同时带动原料液沿管内壁成膜状上升，并在上升过程中不断汽化为蒸汽。蒸汽和部分料液经过除沫器除沫后，进入分离室并分离成二次蒸汽和浓缩液，二次蒸汽从顶部导出，浓缩液从底部排出。

特点：蒸发量大，适用于较稀溶液的浓缩，不适用于黏度大、易结晶或易结垢的物料的蒸发是指在蒸发器中形成的液膜与蒸发的二次蒸汽气流方向相同，由下而上并流上升。受热时间很短，对热敏性物料的影响相对较小，对于发泡性强、黏度较小的热敏性物料较为适用。

（二）降膜式蒸发器

结构如图5-8所示，与升膜式蒸发器大致相同，区别在上管板的上方装有液体分布板或分布头。蒸发器的料液由顶部进入，通过分布板或分配头均匀进入每根换热管，并沿管壁呈膜状下降，液体的运动是靠本身的重力和二次蒸汽运动的拖带力的作用，下降速度比较快，

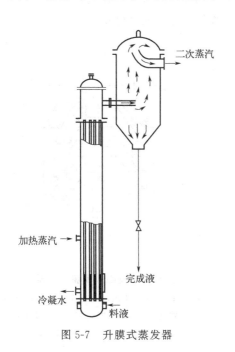

图 5-7　升膜式蒸发器

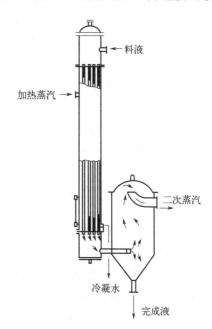

图 5-8　降膜式蒸发器

成膜的二次蒸汽流速可以较小，对黏度较高的液体也较易成膜。停留时间短，适用于热敏性物料的蒸发，也适用于黏度较大的料液的浓缩。

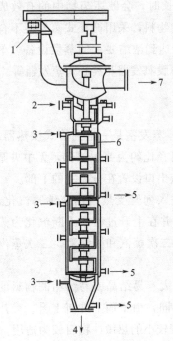

图 5-9　刮板式蒸发器

1—电机；2—原料进口；3—蒸汽进口；4—完成液出口；5—冷凝水出口；6—刮板；7—二次蒸汽出口

（三）回转式（刮板式）薄膜蒸发器

结构如图 5-9 所示，通过旋转的刮板使液料形成液膜的蒸发设备料液从进料管以稳定的流量进入随轴旋转的分配盘中，在离心力的作用下，通过盘壁小孔被抛向器壁，受重力作用沿器壁下流，同时被旋转的刮板刮成薄膜，薄膜在加热区受热，蒸发浓缩，同时受重力作用下流，瞬间另一块刮板将浓缩料液翻动下推，并更新薄膜，这样物料不断形成新液膜蒸发浓缩，直至料液离开加热室流到蒸发器底部，完成浓缩过程。浓缩过程产生的二次蒸汽可与浓缩液并流进入气液分离器排出，或以逆流形式向上到蒸发器顶部，由旋转的带孔叶板把二次蒸汽所夹带的液沫甩向加热棉，除沫后的二次蒸汽从蒸发器顶部排出。

适用于易结晶、结垢和高黏度的热敏性物料，但是设备加工精度高，消耗动力较大，传热面积小，蒸发量小。

（四）离心式蒸发器

1. 离心式蒸发器结构原理

离心式蒸发器又称为离心式薄膜蒸发器，采用内置锥形旋转加热器，物料由输料管道直接进入锥形加热器，在离心力的推动下沿加热面向外侧延伸滚动并受热，在锥体底部完成整个蒸发过程，挥发出的轻组分经二次蒸汽出口进入冷凝器回收，重组分由出料收集管送进成品储罐。

结构如图 5-10 所示，离心薄膜蒸发器的蒸发工作部件主要为锥形盘。它们固定于转鼓，随空心轴旋转，锥形盘由上下两个不锈钢锥体焊接而成。两个锥体中间走蒸汽和汽凝水，下面一个锥体的腹面是料液的蒸发面。锥形盘上部两个锥体组焊在一起，锥形盘底部有一个环分别和两个锥体焊接。此环上开有 20 个轴向孔及 40 个径向孔，轴向孔用于浓缩液的流通，径向孔用来引入蒸汽和排出汽凝水。

物料由薄膜蒸发器顶部进入，经分配管喷至蒸发面。分配管由总管和支管组成。支管顶端有一直径 3mm 的喷嘴，料液按锥形盘旋转方向喷入，以避免液滴飞溅而影响收得率。料液喷至蒸发面后在离心力的作用下迅速分散，布满在整个加热面上形成一层厚度约 0.1mm 的液膜。料液

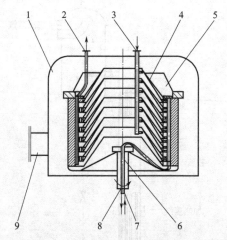

图 5-10　离心式薄膜蒸发器

1—蒸发室；2—浓缩液出口；3—料液进口；4—锥形盘；5—转鼓；6—空心转轴；7—加热蒸气进口；8—冷凝水出口；9—二次蒸汽出口

由于获得不断增大的离心加速度从锥体内部到外边缘仅需约一秒钟。浓缩液通过锥形盘边缘的轴向孔向上流至储料槽，然后再由装置在槽内的出料管从蒸发器输出。

加热蒸汽由薄膜蒸发器底部中心引入转鼓，再通过锥形盘边缘的径向孔进入盘内，汽凝水在离心力的作用下甩至上锥体的内壁，并沿壁向下流通过水蒸气最初进入的孔而回流至汽凝水汇集槽，经位于空心轴内的冷凝水排出管排出。

2. 离心式蒸发器的特点

（1）蒸发强度高　物料在高速旋转的加热面上产生离心力，所产生的离心力可达重力的上百倍甚至几千倍，在如此大的离心力作用下，物料在加热面上形成的液膜厚度可达0.1mm，因此蒸发效果好，蒸发强度大，总传热系数高。

（2）停留时间短　由于锥形加热面高速旋转产生如此大的离心力，物料迅速从锥体的小端流向外侧，整个加热蒸发的过程仅需 $1\sim2s$。

（3）蒸发温度低　新型离心式薄膜蒸发器是在真空状态下操作，且蒸发器内腔的空间足够大，因此真空度较一般的蒸发器高，所以可大大降低物料的沸点，在较低的温度下进行蒸发操作。

（4）操作弹性大　离心式薄膜蒸发器可以不同的转速来控制物料在加热面上的停留时间，使物料达到需要的浓度。其次可调节出料收集管的位置高度，也能起到稳定浓度的作用。

（5）有独特的发泡抑止效果　普通的蒸发器针对加热过程中易发泡的物料较难处理，一般采用除沫或泡沫积聚，有独特的发泡抑止功能。

（6）清洁高效　离心式薄膜蒸发器的结构简单，死角少，无需刮板，有别于刮板式薄膜蒸发器，避免了刮板与加热面的摩擦，消除了刮板磨损产生的污染，易消毒杀菌，对制药行业有 GMP 要求的产品特别适用。

（7）清晰高效　离心式薄膜蒸发器配有视镜观察孔，对物料浓缩过程及成膜情况一目了然，有别于其他的蒸发器。

（8）高效节能　由于离心式薄膜蒸发器的成膜情况好，因此蒸发强度大，热能利用率高，与传统的蒸发器相比，蒸发效率显著提高，热能利用率高，是一种高效节能的蒸发器。

但离心式薄膜蒸发器也有限制性，如果在蒸发温度下物料的黏度超出 $200cP^{*}$ 不宜采用离心式薄膜蒸发器，由于周边配置较多，因此价格比一般的蒸发器高。

因此离心式薄膜蒸发器特别适用于热敏性要求极高的产品，和受热蒸发时发泡性强的物料，如抗生素发酵液、血液制品及蛋白水溶液等的蒸发。

三、蒸发器的选型

蒸发器的选型原则（表 5-2）：

① 料液的黏度。蒸发过程中，随着料液的不断浓缩，其黏度也会相应增加。但对不同的料液或不同的浓缩要求，黏度的增加量存在很大的差异，因而对蒸发设备的动力及传热应有不同的要求。黏度是蒸发器选型时的一个重要依据，也可以说是首要依据。

② 料液的腐蚀性。若被蒸发料液的腐蚀性较强，则应对蒸发器尤其是加热管的材质提出相应的要求。

---

* 注：$1mPa \cdot s = 1cP$。

③ 料液的热敏性。具有热敏性的料液不宜进行长时间的高温蒸发，故在蒸发器选型时，应优先选择单程型蒸发器。

④ 料液是否容易起泡。由于易起泡料液在蒸发过程中会产生大量的泡沫，以至充满整个分离室，使二次蒸气和溶液的流动阻力增大，故需选择强制循环式蒸发器、升膜式蒸发器和离心式蒸发器。

⑤ 物料是否容易结晶或结垢。对于易结晶或结垢的料液，应优先选择溶液流速较高的蒸发器，如强制循环式蒸发器等。

表 5-2　蒸发器的选型原则

类型	管内料液流速 /(m·s⁻¹)	停留时间	传热系数	处理量	完成液浓度	对被处理料液的适应性					
						稀溶液	高黏度	热敏性	易起泡	易结垢	有结晶析出
标准式	0.1~0.5	长	一般	一般	能控制	适	适	尚适	适	尚适	稍适
悬筐式	0~1.0	长	稍高	一般	能控制	适	适	尚适	适	尚适	稍适
列文式	1.5~2.5	较长	较高	大	能控制	适	尚适	尚适	较好	适	稍适
外热式	0.4~1.5	较长	较高	较大	能控制	适	尚适	尚适	较好	尚适	稍适
强制循环式	2.0~3.5	—	高	大	能控制	适	好	尚适	好	适	适
升膜式	0.4~1.0	短	高	大	较难控制	适	尚适	良好	好	尚适	不适
降膜式	0.4~1.0	短	高	较大	较难控制	较适	好	良好	适	不适	不适
刮板式	—	短	高	小	尚能控制	较适	好	良好	较好	适	适
离心式	—	短	高	大	能控制	适	不适	好	好	不适	不适

第三节　结晶设备

一、结晶概述

结晶是指溶质以晶体状态从溶液中析出的过程，是获得高纯度固体物质的基本单元操作。

溶质从溶液中结晶出来要经历两个阶段：首先生成微小的晶粒作为结晶的核心即晶核，称为成核过程；然后长大成为晶体，称为晶体成长过程。溶液达到过饱和浓度是结晶的必要条件，因而结晶首先要制成过饱和溶液，然后把过饱和状态破坏，析出结晶。

按改变溶液浓度方式不同，常用结晶方法可分为以下几类：

1. 蒸发结晶法

在常压、加压、减压状态下加热溶液，使一部分溶剂蒸发，而使溶液浓缩达到过饱和状态。浓缩液进入过饱和区起晶（自然起晶或晶种起晶），并不断蒸发，以维持溶液在一定的过饱和度下使晶体成长析出，此结晶方法主要适用于溶解度随温度变化较小的物质。

2. 冷却结晶法

冷却结晶法基本上不去除溶剂，溶液的过饱和度系借助冷却获得，故适用于溶解度随温度降低而显著下降的物质。工业上常采用先将溶液升温浓缩，蒸发部分溶剂，再用降温方法，使溶液进入过饱和区，并不断降温，以维持溶液的一定过饱和度，使晶体成长析出。

3. 盐析结晶法

盐析结晶法采用加入某种物质以降低溶质在溶剂中的溶解度的方法来产生过饱和。盐析结晶法可与冷却法结合，提高回收率，且结晶过程温度较低，有利于不耐热的物质结晶。但需配备回收设备处理母液。

二、冷却结晶罐

冷却结晶罐是制药过程中应用广泛的结晶器。图 5-11 与图 5-12 分别是典型的内循环导流筒冷却结晶器和外循环釜式冷却结晶器构造图。

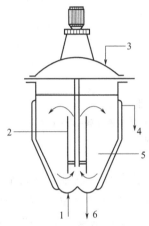 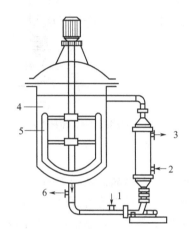

图 5-11　内循环导流筒冷却结晶器　　　　　图 5-12　外循环釜式冷却结晶器
1—冷却剂进口；2—导流筒；3—料液进口　　　1—料液进口；2—冷却剂进口；3—冷却剂出口
4—冷却剂出口；5—结晶室；6—晶浆出口　　　4—结晶室；5—搅拌器；6—晶浆出口

冷却结晶罐可根据结晶要求交替通以热水、冷水或冷冻盐水，以维持一定的过饱和浓度和结晶温度；搅拌的作用不仅能加速传热，还能使结晶罐内的温度趋于一致，促进晶核的形成，并使晶体均匀地成长。因此，该类结晶器产生的晶粒小而均匀。

结晶过程中，溶液的过饱和度、物料温度的均匀一致性、搅拌转速和冷却面积是影响晶粒大小和外观形态的决定性因素。

此类结晶器结构简单，操作控制方便，传热效率高。内循环式结晶器由于受热面积的限制，换热量不能太大。外循环式结晶器通过外部换热器传热，传热系数较大，还可根据需要加大换热面积，但必须选用合适的循环泵，以避免悬浮晶体的磨损破碎。

在操作过程中，应注意随时清除蛇管及器壁上积结的晶体，以防影响传热效果。具体选用哪种形式的冷却结晶器，主要取决于结晶过程换热量的大小。

三、强制循环蒸发结晶器

强制循环蒸发结晶器主要由循环泵、加热器、结晶室、循环管等结构组成。结构如图 5-13 所示。

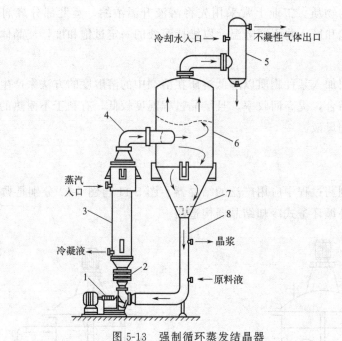

图 5-13　强制循环蒸发结晶器

1—循环泵；2—伸缩接头；3—加热器；4—返回管；5—大气冷凝器；6—主体；

7—旋涡破坏装置；8—循环管

　　强制循环蒸发结晶器是一种晶浆循环式连续结晶器。操作时，料液自循环管下部加入，与离开结晶室底部的晶浆混合后，由泵送往加热室。晶浆在加热室内升温（通常为 2～6℃），但不发生蒸发。热晶浆进入结晶室后沸腾，使溶液达到过饱和状态，于是部分溶质沉积在悬浮晶粒表面上，使晶体长大。作为产品的晶浆从循环管上部排出。

　　强制循环蒸发结晶器生产能力大，但产品的粒度分布较宽。

四、 DTB 型结晶器

　　DTB 型结晶器是具有导流筒及挡板的结晶器的简称，属于典型的晶浆内循环式结晶器，其构造如图 5-14 所示。结晶器内设有导流筒和筒形挡板，在其下端装置的螺旋桨式搅拌器的推动下，悬浮液在导流筒以及导流筒与挡板之间的环形通道内循环，形成良好的混合条件。

　　圆筒形挡板将结晶器分为晶体成长区和澄清区。挡板与器壁间的环隙为澄清区，其中搅拌的作用基本上已经消除，使晶体得以从母液中沉降分离，只有过量的细晶可随母液从澄清区的顶部排出器外加以消除，从而实现对晶核数量的控制。

　　操作时，热饱和料液连续加到循环管下部，与循环管内夹带有小晶体的母液混合后泵送至加热器。加热后的溶液在导流筒附近流入结晶器，并由缓慢转动的螺旋桨沿导流筒送至液面。溶液在液面蒸发冷却达过饱和状态，其中部分溶质在悬浮的颗粒表面沉积，使晶体长大。在澄清区内大颗粒沉降，而小颗粒则随母液进入循环管并受热溶解。晶体于结晶器底部入淘洗腿。为了使结晶产品的粒度分布更均匀，有时在结晶器的下部设置淘洗腿，将澄清区来的部分母液加到淘洗腿底部，利用水力分级的作用，使小颗粒随液流返回结晶器，而结晶产品从淘洗腿下部卸出。

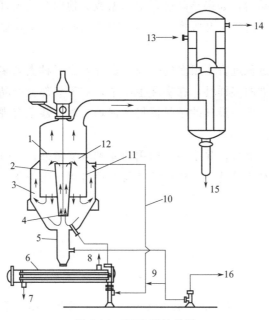

图 5-14　DTB 型结晶器

1—沸腾液面；2—导流筒；3—澄清区；4—螺旋桨；5—淘洗腿；6—加热器；7—冷凝水出口；

8—蒸汽出口；9—料液；10—循环管；11—筒形挡板；12—结晶室；13—冷却水进口；

14—喷射真空口；15—冷却水出口；16—物料出口

DTB 型结晶器性能优良，生产强度高，能产生粒度达 $600 \sim 1200 \mu m$ 的大型结晶产品，器内不易结晶垢，已成为连续结晶器的最主要形式之一，可用于真空冷却法、蒸发法、直接接触冷冻法以及反应结晶法等多种结晶操作。

五、结晶设备的选择

结晶器是结晶过程得以实现的场所，对结晶过程的顺利实施有着直接的影响。不同的结晶物系有不同的特点，而不同的产品又有不同的质量指标，此外还要考虑生产进度与成本、生产能力和生产方式等，因此影响结晶器选择的因素比较多。

物系的特性是要考虑的首要因素。

如果溶质在料液中的溶解度受温度影响比较大，可考虑选用冷却结晶器；如果温度对溶质的溶解度影响很小时，可考虑选用蒸发结晶器；当温度对溶质的影响一般，为提高收率，可采用蒸发与冷却结合的结晶器形式；当过饱和度的产生方式为盐析或反应时，在选用相应反应器的同时，往往也要分析生成物的溶解度情况，要求结晶器具有冷却或蒸发等功能。

一般来说，如果生产量较小，可采用间歇式结晶器；如果生产量较大，则往往考虑采用连续结晶器进行生产。此外，通常连续结晶器的体积较间歇式结晶器的要小，但对操作过程的要求也高。

当对产品的晶体粒径有具体要求时，往往需要采用具有分级功能的结晶器；当杂质在操作条件下也析出，但析出的比例与目的溶质不同时，则可通过分步结晶以获得不同质量等级的产品。

除此之外，设备的造价、维护难易程度和运行成本等也是选择结晶器时要考虑的问题。

例如采用有换热面的结晶器，如果结晶过程中晶垢或其他组分结垢现象严重，则一般不采用连续结晶器；而当对产品的质量和收率要求不是很严格时，可采用简单的敞口结晶槽进行操作，以节省费用。

目前虽然已对结晶过程进行了很多的研究，也开发出了种类繁多的结晶器，但由于结晶过程的复杂性和影响因素的多样性，在实际生产中，对于大部分产品来说，准确地对结晶过程进行定量预测与控制并选择最佳的结晶器仍然很难实现，甚至有观点认为结晶操作的优化比结晶器的选择更重要。

这也就使得选择结晶器时，除了一些通用的原则可参考外，有时与选择设计新的结晶器相比，凭借实际经验，在简单选择的通用结晶器上通过优化操作条件一样能够获得好的生产效果。

 目标检测

1. 如用管壳式换热器开车不排出不凝性气体会有什么后果，如何操作才能排尽不凝气？
2. 管壳式换热器的泄漏有几种情况，怎么预防？
3. 循环型蒸发器的结构、原理是什么？适用于哪种场合？
4. 简述强制循环蒸发结晶器的工作原理。
5. 结晶器生产量不足的原因可能有哪些？应如何解决？
6. 在制药工业生产中为什么一般采用真空浓缩而不是常压浓缩？

第六章

干燥设备

 学习目标

掌握干燥过程与原理，熟悉厢式、流化床、喷雾、气流、真空冷冻等干燥器的结构、原理、技术参数、操作和维护；学会针对生产所需选择合理的干燥设备，为将来从事干燥设备选型和车间设计奠定基础。

 思政与职业素养目标

通过干燥设备的操作维护，树立团队合作精神；通过干燥设备的选型计算，树立安全环保绿色的理念，培养科学严谨、一丝不苟的工作态度。

第一节　干燥过程

一、干燥过程概述

　　干燥是从物料中除去湿分的过程，广泛应用于医药、食品、化工、建材等行业。在工业生产中，往往是先用机械除湿法最大限度地去除物料中的大量非结合湿分，然后再用其他干燥法除去残留湿分。就制药工业而言，无论是原料药生产的精干包环节，还是制剂生产中的药剂辅料、固体造粒等，被干燥物料中都含有一定量的湿分，因此为了便于加工、运输、贮藏和使用，进而保证药品的质量和提高药物的稳定性，干燥都是不可缺少的单元操作。在生产上把利用热能将物料中的水分汽化，再经流动着的惰性气体带走以除去固体物料中的水分的过程称为干燥。常用的惰性气体有烟道气和空气等，统称为干燥介质。空气是制药生产中最常用的干燥介质。干燥介质既是将热量传递给固体物料的载热体，又是将汽化后的水分即水蒸气带走的载湿体。在固体物料和干燥介质之间，既发生能量传递又发生物质（水分）传递，因此干燥过程是传热与传质都存在的复合过程。

1. 基本概念

传热过程的实现需要有传热动力，即温度差。只要空气的温度高于湿物料的温度，就能保证空气向物料传递能量，使物料中的水分得以汽化成水蒸气，水蒸气被空气带走是传质过程。温度与空气总压一定时，空气中所携带的水蒸气有一最大值，携带有最大值水蒸气的空气称饱和空气。用空气中水蒸气的分压来表示水蒸气量时，饱和空气中的水汽分压称饱和水汽压，记 P_0，若空气是饱和空气，它就不能携带水蒸气离开固体物料。因此干燥过程能顺利进行，必须使作为干燥空气中的空气中水汽的分压 P 小于饱和水汽分压 P_0。为说明空气容纳水汽可能性的大小，引入相对湿度的概念。

$$\Phi = P/P_0 \times 100\%$$

式中，Φ 为相对湿度；P 为空气中水汽的分压，kPa；P_0 为空气饱和水汽分压，kPa。

当 $\Phi = 100\%$ 时，空气中水汽分压达到饱和，值越小，表示空气能继续吸纳更多的水分。

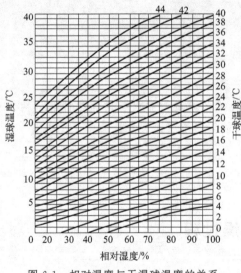

图 6-1　相对湿度与干湿球温度的关系

相对湿度一般用干湿球温度来测量。干球温度就是用普通温度计测得的湿空气的真实温度 t_1，而湿球温度是由湿纱布包着水银温度计的水银球，在湿空气中所显示的温度 t_w。当湿空气流经包水银球的纱布时，纱布表面的水分吸收纱布内的热量而汽化，并被湿空气带走，使得原来纱布周围温度相同的空气比纱布中水的温度高，因此发生空气向纱布水分传热，当两者达到平衡时，包纱布的水银球就显示湿球温度。Φ 值越低，汽化并携走纱布上的水分越多，吸收纱布内水分的热量越多，湿球温度就越低。空气的相对湿度与干湿球温度的关系如图 6-1。

2. 物料中所含水分的性质

在干燥过程中，一般选用具有一定温度和湿度的空气作为干燥介质。单位时间内物料的水分汽化被带走的量在干燥时会越来越少，最后物料被湿空气带走的水分量与从湿空气中吸收的水分量相等，此时的物料水分量就称做平衡水分。平衡水分不能通过干燥去除。

影响平衡水分的因素一是物料的种类，二是干燥介质的性质。第一个影响因素是由物料中水分与物料的结合状态决定的，第二个影响因素是空气的湿度和相对湿度。

物料和水分的结合方式有化学结合、物化结合与机械结合三种。

化学结合是指一些矿物中所含的结晶水不能通过干燥方法来去除。物化结合方式是指小毛细管吸附和渗透到物料细胞组织内的水分与物料结合得比较强，不容易被干燥去除。机械方式结合的水分是指表面润湿水分，粗大毛细管和孔隙中的水分，这些水分容易通过干燥去除掉。

结合方式不同，用干燥去除的难易程度不同，将物料中的水分划分为结合水分与非结合水分两种。

（1）非结合水分　以机械结合方式存留于物料之中的水分，包括物料表面的润湿水分与粗大毛细管内与孔隙的水分，通过干燥容易去除掉。

（2）结合水分　以物化结合方式存留于物料之中的水分，包括细小毛细管吸附的水分和渗透到细胞组织内的水分，它们与物料结合得较紧，故通过干燥不易去除。

二、干燥过程与影响因素

1. 干燥过程

湿物料的水分在未与干燥介质接触时均匀分布在物料中，当通入干燥介质后，湿物料表面的水分开始汽化，且与物料内部形成一湿度差，物料内部的水分就会以扩散的形式向表面移动，至表面后再被汽化，由干燥介质连续不断地将汽化的水蒸气带走，从而使湿物料完成干燥过程。

水分在物料内部扩散和在表面汽化同时进行，但在干燥过程不同时间内，物料的湿度、温度变化不尽相同，通常可分为预热、恒速干燥和降速干燥三个阶段。

（1）预热阶段　物料加入干燥器时，一般其温度低于热空气的湿球温度，在干燥过程开始时，通入的热空气将热量传入物料，少部分热量用于汽化物料表面的水分，大部分热量用于加热物料使其温度等于热空气的湿球温度。

（2）恒速干燥阶段　继续通入热空气后物料温度不再升高，此时意味着进入恒速干燥阶段。此时热空气释放的显热全部供给水分汽化所需潜热。物料不再吸收热量而一直保持为 t_w，只要通入热空气的流量、温度和湿度保持不变，则在一定时间内水分汽化并被带走的量就不变，故称恒速干燥阶段。湿物料中的水分约有 90％ 是此时被除去的，该阶段去掉的水主要是物料中的非结合水。

（3）降速干燥阶段　当进行干燥中的物料的温度又从 t_w 继续升高，这意味着热空气释放的显热除供给物料表面水分汽化外，尚有部分富余热量使物料温度提高，这是因为物料中的非结合水基本去除干净了，结合水不能通过扩散很好的移至物料表面，以至润湿表面逐渐干枯，汽化表面向内部移动，此时除去的主要是结合水。

与恒速阶段相比去除同样水分需要几倍的干燥时间且随物料水分减少，去除时间会延长，故称为降速阶段。

2. 影响干燥的因素

影响干燥的主要因素有：物料性质、干燥介质、干燥器等。

（1）物料的性质　湿物料的结构、化学组成、形状及大小、水分的结合方式和物料的堆积方式等。

（2）物料的初始湿度与最终湿度的要求　物料初始湿度高，需干燥水分多，干燥时间长，对速率有影响。最终湿度要求尤为重要，若此值太小，则要除去难于汽化的结合水，会使干燥速率降低很多。

（3）物料的温度　物料温度越高，水分汽化越快，干燥速率越高。在恒速干燥阶段，物料最高温度为干球温度，此时要注意物料的热敏性。

（4）干燥介质的温度　干燥介质温度越高，传热推动力越大（热空气与湿物料的温差），传热速率越高，水分汽化越快，干燥速率越高。在干燥中，干燥介质进出温差越小，平均温度越高，干燥速率越高。

（5）干燥介质的湿度和流速　采用热空气为干燥介质，其相对湿度越小，吸纳水分的空间就越大，传质推动力越大，水分汽化越快，介质流速越大，带走水汽越快，这两者均可使干燥速率提高，介质的这一性质主要影响恒速干燥阶段。

（6）干燥介质流向　流动方向与物料汽化表面垂直时，干燥速率最快，平行时最慢。前者更容易润湿表面上方的空气状态，汽化后的水分可更快地被空气带走。

（7）干燥器的结构　干燥设备为物料与干燥介质创造接触的条件，它的结构设计以有利于传热、传质的进行为原则，因此好的干燥设备能提供最适宜的干燥速率。选用干燥器要针对具体情况全面分析，解决主要矛盾才能选好。

3. 干燥的热效率及干燥效率

在干燥系统中，空气必须经过预热器和加热器获得能量 Q_1，提高温度后才能作为干燥介质去干燥物料。它在干燥器内放出热量 Q_2，一部分热量 Q_3 用来汽化水分，其余用来加热湿物料和补偿干燥器的热量损失。

热效率：

$$\eta＝干燥器内汽化水分耗热/加入干燥系统的热量＝Q_3/Q_1×100\%$$

干燥效率：

$$\eta＝干燥器内汽化水分耗热/空气在干燥器放出热量＝Q_3/Q_2×100\%$$

第二节　干燥器

制药生产中，由于物料的形态、理化性质、产量要求、预期干燥程度、生产条件等存在着差异，所选用的干燥设备也不尽相同。

一、厢式干燥器

（一）水平气流厢式干燥器

主要由箱体、加热器和温度控制系统三部分组成，如图 6-2。

操作时将湿物料放入若干托盘内，把托盘置于厢内各层隔板上，作为干燥介质的空气通过厢顶部的鼓风机进入箱内，经过加热器加热后进入托盘间的空隙，干燥室用隔板隔成若干层，空气在隔板的导引下，经历若干次加热、干燥、加热、干燥后，携带物料汽化的水汽，由下方经右侧通道作为废气排出。为节省热能和空气，在排空之前由气流调节器控制将部分废气返回鼓风机进口与新鲜空气汇合再次被用来作为干燥介质。

优点：结构简单，操作方便，对各种不同性质的物料如粉粒状、浆状、膏状和块状等的适合能力较强。物料损失小，易清洗。

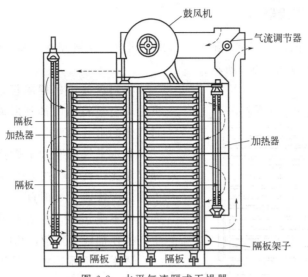

图 6-2 水平气流厢式干燥器

缺点：物料得不到分散，干燥时间长，若物料量大，所需的容积也大；工人劳动强度大，如需要定时将物料装卸或翻动时，粉尘飞扬，环境污染严重，热效率低，一般在 60% 左右。

（二）穿流气流厢式干燥器

穿流气流厢式干燥器是将水平气流厢式干燥器中的烘盘换成筛网，使气流垂直穿过物料层，其构造如图 6-3 所示。

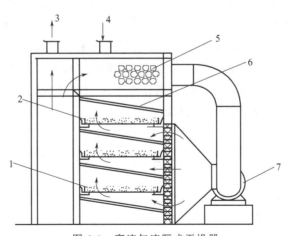

图 6-3 穿流气流厢式干燥器

1—干燥物料；2—网状料盘；3—尾气排放口；4—空气进口；5—加热器；6—气流挡板；7—风机

由于气流穿过物料层，气固接触面积增大，内部湿分扩散距离短，克服了水平气流厢式干燥器的气流只在物料表面流过传热系数较低的缺点，干燥热效率要比水平气流式提高很多。为使热风在物料中形成穿流，物料以粒状、片状、短纤维等宜于气流通过为宜。

（三）真空厢式干燥器

钢制保温外壳，内设多层空心隔板，分别与进气多支管和冷凝多支管相接，隔板中通加热蒸汽或热水，其构造如图6-4所示。

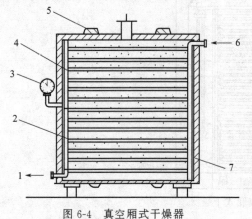

图 6-4 真空厢式干燥器

1—冷凝水；2—空心隔板；3—真空表；4—冷凝多支管；5—加强筋；6—加热蒸汽；7—进气多支管

将料盘放于每层隔板之上，关闭厢门，即可用真空泵将厢内抽到所需要的真空度，干燥时汽化的水分在真空状态被抽走。

与水平气流厢式干燥器和穿流气流厢式干燥器相比，真空厢式干燥器其优点是热效率高，干燥速度快，干燥时间短，产品质量高，被干燥药物不受污染，但真空厢式干燥设备结构和生产操作都较为复杂，相应的费用也较高。

适用于不耐高温、易于氧化的物料，尤其对所含湿分为有毒、有价值的物料时，可以冷凝回收；同时，此种干燥器无扬尘现象，干燥小批量价值昂贵的物料更为经济。

二、流化床干燥器

流化床干燥器主要有单层、多层、振动和卧式多室等几种流化床干燥器。

（一）单层流化床干燥器

单层流化床干燥器主要由鼓风机、加热器、加料器、流化床干燥室、旋风分离器、袋滤器等组成，如图6-5所示。单层流化床干燥器上大下小呈蘑菇形，流化床下部的圆筒直径逐渐减小，底部装有气体分布板，在干燥室中部设计有加料口；流化床上部的圆筒直径较大，形成开阔空间，供物料颗粒上下沸腾使用。空气和水蒸气从上部的尾气管排出，被引风机输送到旋风分离器分离收集颗粒，从旋风分离器中出来的气体含有细粉，经袋式过滤机过滤后，空气和蒸汽排空，细粉被收集在细粉贮存器中。

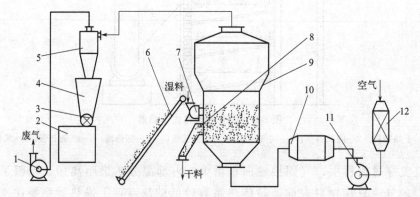

图 6-5 流化床干燥流程

1—引风机；2—料仓；3—星形加料器；4—集灰斗；5—旋风分离器；6—皮带输送器；

7—抛料斗；8—排料管；9—流化床；10—加热器；11—鼓风机；12—空气过滤器

固体颗粒如此上下翻动，容器内固体颗粒层体积增大，并能沿着压力差方向移动，性能颇似流体，故称之为流态化。此情况与液体沸腾状态相似，又称沸腾化。而沸腾状态可使固体充分接触，利于高效传质传热。

单层流化床结构简单，操作方便，生产能力大，被广泛应用于制药工业生产。但由于流化床层内粒子接近于完全混合，连续操作时物料停留时间分布不均匀，易造成实际需要的平均停留时间较长、干燥后所得产品湿度不均匀，以及刚加入的未干燥颗粒可能和已干燥的颗粒一起流出等问题。为避免这些情况，则须用提高流化层高度的方法延长颗粒在床内的平均停留时间，但是压力损失也随之增大。适合于不易结块的物料，特别适合于物料表面水分的干燥。干燥物料的粒度应控制在 $30\mu m \sim 6mm$ 范围内，太小容易产生沟流，太大则需要较高的气流量，增加动力消耗。若干燥的是粉料，则要求湿物料的含水量不超过 5%；若干燥的是颗粒状物料则要求含水量不超过 15%，否则物料流动性不好，易于结块，干燥度不均匀，还会产生不正常工作情况。

（二）多层流化床干燥器

与单层流化床干燥器相比，床内进行了分层，且安装有床内分离器。湿物料从加料口加入，逐渐向下移动，干燥后由出料口排出。热气流由底部送入，向上通过各层，从顶部排出。

物料与气体逆向流动，层与层之间的颗粒没有混合，但每一层内的颗粒可以互相混合，所以与单层流化床干燥器相比停留时间分布较均匀，实际需要的停留时间也远比单层的少，在相同条件下设备体积可相应缩小，可实现物料的均匀干燥。由于气体与物料的多次逆流接触，提高了废气中水蒸气的饱和度，因此热利用率较高。

多层流化床干燥器的缺点是：结构复杂，操作不易控制，难以保证各层流化的稳定及定量地将物料送入下层，导致这种情况的原因是物料与热风的逆向流动，各层既要形成稳定的沸腾层，又要定量地移出物料到下一层，如果操作不妥，沸腾层即遭破坏。

另外，多层床因气体分布板数增多，床层阻力也相应地增加，导致能耗较高，但是当物料为降速阶段干燥控制时，与单层床相比，由于平均停留时间的缩短，其床层阻力亦相应地减少，此时多层床热利用率较好，所以它适合于对产品含水量及湿度均匀性有很高要求的情况，适用于降速阶段的物料的干燥。

（三）卧式多室流化床干燥器

卧式多室流化床干燥器为长方形流化床，底部为多孔筛板，在筛板上方的干燥室内用垂直隔板将流化床分隔成多个小室，每一小室的下部有一进气支管，支管上有调节气体流量的阀门，其基本构造如图 6-6 所示。

卧式多室流化床干燥器的隔板可以是固定的，也可是上下移动的，以调节其与筛板的间距。由于设置了与颗粒移动方向垂直的隔板，既防止了未干燥颗粒的排出，又使物料的滞留时间趋于均匀。湿物料由加料口连续地加入第一室，处于流化状态的物料由第一室逐渐向最后一室移动，每一小室相当于一个流化床，干燥后的物料由最后一室越过溢流堰经出料口卸出，热气流由各进气支管分别送入各室的下部，通过多孔进入干燥室，使多孔板上的物料进行流化干燥，废气由干燥室的顶部排出。

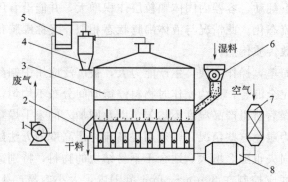

图 6-6　卧式多室流化床干燥器

1—引风机；2—卸料管；3—干燥器；4—旋风分离器；5—袋滤器；6—颗粒机；7—空气过滤器；8—加热器

卧式多室流化床干燥器结构简单，操作方便，易于控制，干燥产品湿度均匀，且适应性广，不但可用于各种难以干燥的粒状物料和热敏性物料，也可用于粉状及片状物料的干燥；不足之处是热效率低。

三、气流干燥器

气流干燥是将湿物料加入干燥器内，随热气流一并输送进行干燥，在热气流中分散成粉粒状，是一种热空气与湿物料直接接触进行干燥的方法。对于能在气体中自由流动的颗粒物料，可采用气流干燥方法除去其中水分。对于块状物料需要附设粉碎机。

1. 气流干燥装置及其流程

气流干燥器的主体是一根直立的圆筒，湿物料通过螺旋加料器进入干燥器，由于空气经加热器加热，做高速运动，使物料颗粒分散并悬浮在气流中，热空气与湿物料充分接触，将热能传递给湿物料表面，直至湿物料内部。同时，湿物料中的水分从湿物料内部扩散到湿物料表面，并扩散到热空气中，达到干燥目的。干燥后的物料被旋风除尘器和袋式除尘器回收。一级直管式气流干燥器是气流干燥器中最常用的一种，如图 6-7 所示。

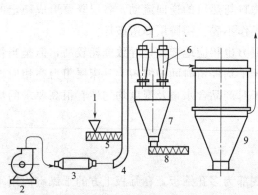

图 6-7　一级直管式气流干燥器

1—湿料；2—风机；3—加热器；4—干燥管；
5—螺旋加料器；6—旋风除尘器；7—储料斗；
8—螺旋出料器；9—袋式除尘器

2. 气流干燥器的特点

气流干燥器适用于干燥非结合水及聚集不严重又不怕磨损的颗粒状的物料，尤其适宜于干燥热敏性物料或临界含水量低的细粒或粉末状物料。

（1）干燥效率高　干燥器中气体的流速通常为 20~40m/s，被干燥的物料颗粒被吹起呈悬浮状态，气固间的传热系数和传热面积都很大。同时，由于干燥器中的物料被气流吹散，被高速气流进一步粉碎，颗粒的直径逐渐减小，物料的临界含水量可以降得很低，从而缩短干燥时间。物料在气流干燥器中的停留时间只需 0.5~2s，最长不超过 5s。

（2）热损失小　由于气流干燥器的散热面积较小，热损失低，一般热效率较高，干燥非结合水时，热效率可达60％左右。

（3）结构简单　活动部件少，造价低，易于建造和维修，操作稳定，便于控制。

由于气速高以及物料在输送过程中与壁面的碰撞及物料之间的相互摩擦，整个干燥系统的流体阻力很大，因此动力消耗大。干燥器的主体较高，约在10m以上。此外，对粉尘回收装置的要求也较高，且不宜干燥有毒的物质。

四、喷雾干燥器

1. 喷雾干燥工作原理

将液体物料在传热介质中雾化成细小液滴，使得气液两相传热传质面积得以增加，液体物料中的水分在几秒内就能迅速汽化并被干燥介质带走，使雾滴被干燥成粉状干料。中药制剂中的一些溶解度较高的冲剂可利用喷雾干燥技术来生产。喷雾干燥流程如图6-8所示。

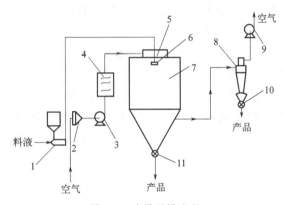

图6-8　喷雾干燥流程

1—供料系统；2—空气过滤器；3—鼓风机；4—加热器；5—旋风分离器；
6—雾化器；7—干燥塔；8—旋风分离器；9—引风机；10，11—卸料阀

2. 喷雾干燥过程

（1）料液雾化　液体物料通过雾化器分成细小的液滴。料液雾化有两项要求，雾滴均匀、雾滴直径不宜过大。雾滴不均匀，会使小颗粒已干，而大颗粒尚未达到湿度要求。雾滴直径过大会使产品湿度过大，一般控制在 $20\sim60\mu m$。

（2）雾滴与热空气接触　喷雾干燥的干燥介质大多用热空气，雾滴相对热空气的流向有并流、逆流和混流三种。并流时，热空气先与湿度大的物料接触，因而温度降低，湿度增加，故干燥后物料温度不高，由于一开始温差大，湿度差也大，水分蒸发迅速，液滴易破裂，故干燥产品常为非球颗粒，质地较疏松。逆流时，刚雾化的料液滴与即将离开干燥室的热空气相遇，温度差在干燥过程中变化不大，且其平均温差也高于并流，液滴在干燥室停留时间较长。混流时，固液传质传热特性介于并流、逆流之间，其停留时间最长，故对能耐高温的物料最适用。传质传热效果较好，热效率高，适用于非热敏性物料。

（3）雾滴的干燥　喷雾干燥与固体颗粒的干燥一样，既有恒速和降速干燥两个阶段，也有水分在液滴内部向表面扩散和在表面蒸发两个过程，只是速度要快一些。

3. 喷雾干燥工艺流程

（1）一级喷雾干燥系统 热空气作为干燥介质通入干燥室将湿物料的水分及干燥后的固体颗粒一起带出干燥器，进入气固分离部分。

气固分离分三种形式：

① 旋风分离加湿除尘，经此法分离和排放的废气含尘可在 $25mg/m^3$。

② 旋风分离加袋滤器，排放废气含尘一般小于 $10mg/m^3$。

③ 使用电除尘器，分离效率高，但耗能大，投资高，适用于粉尘的性质对空气污染较严重或是操作压强要求较低的场合。

液体原料含有有机溶剂，应选氮气或二氧化碳作为干燥介质，要回收循环使用，采用封闭式喷雾干燥系统。

（2）二级喷雾干燥系统 由于喷雾干燥气液接触时间短，往往干燥后物料的湿度达不到规定要求，需在喷雾干燥后加一级沸腾干燥，形成二级喷干系统。与一级喷干系统相比干燥速率高，热效率高，含水量降至很低，温度也低，便于直接包装。

（3）雾化器 将液体物料经雾化器喷成极细的雾滴，使气液传热传质面积增大许多倍，能在很短的时间内完成内部扩散，是通过表面汽化和带走水汽的干燥过程。喷雾干燥效果的关键是能否将液体物料喷得很细很均匀。

雾化器也称做喷嘴，按工作原理分为气流式、压力式和离心式三种。

① 气流式喷嘴。气液两个通道，通入流速差异很大的气体和液体，气体流速 $200\sim340m/s$，液体流速小于 $2m/s$，如此大的流速差使其在接触时产生很大的摩擦力，从而使液体物料雾化。

② 压力式雾化器。压力为 $2\sim20MPa$ 的液体物料从通道中的切向入口进入旋转室，并沿室壁形成锥形薄膜。当从喷嘴孔中喷出压力突然变小，液膜伸长变薄，进而分裂成细小雾滴，导引液体切向进入旋转室的零件称喷嘴芯，有斜槽形、螺旋形和旋涡形等结构，以适应不同的液体物料。

③ 离心式雾化器。料液流入安装在干燥室内的高速旋转的盘子上，在离心作用下，液流伸展成薄膜并向边缘加速运动，当离开盘边缘时，分散成雾滴。盘的转速和液体流速对雾滴的大小和均匀有很大影响。一般圆周速度控制在 $90\sim150m/s$。喷雾效果没其他两种好，但是最大特点是不易堵塞，适用于浑浊的液体物料。

4. 喷雾干燥的特点

① 物料雾化后液滴直径很小（约为 $10\sim60\mu m$），表面积变大，故其传热、传质速率极高。

② 传热、传质速率高，干燥时间很短，一般物料在干燥室内只停留 $3\sim10s$。

③ 通过对进料速度和干燥介质性质的调整，可对成品的粒度、水分进行控制，从而直接包装。

④ 热空气用量较大，热效率较低，耗能多，干燥 $1kg$ 水约需 $4200kJ$，操作费用高。

⑤ 干燥进行期间有粘壁现象发生，粘壁是指被干燥物料黏附于干燥室内壁的现象。发生粘壁会使产品出料困难，粘壁较严重时不得不停工清理，导致生产效率降低。

产生粘壁的原因：

a. 半湿物料粘壁。指雾化后的液滴未被干燥即与干燥室壁面接触所致，原因多是液滴被雾化后直接被甩至壁面。防止这种粘壁主要应调整雾化器。

b. 低熔点物料热熔性粘壁。处理办法：干燥室采用夹层结构，便于用冷却水冷却干燥室壁面。

c. 干粉表面黏附。此现象不可避免，但稍施振动即可脱落，此外降低干燥室内壁面的粗糙度可减少这种粘壁现象。

五、真空冷冻干燥装置

真空冷冻干燥是将物料或溶液在较低的温度下预先冻结成固态，然后在真空下将其中湿分不经液态直接升华成气态而脱水的干燥过程，因而又称升华干燥。真空冷冻干燥在医药、食品、材料等方面的应用十分广泛。

真空冷冻干燥装置简称冻干机，主要由冷冻干燥箱、真空机组、制冷系统、加热系统、冷凝系统、控制及其他辅助系统组成。其构造如图 6-9 所示。

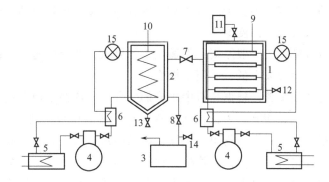

图 6-9　真空冷冻干燥装置

1—冻干箱；2—冷凝器；3—真空泵；4—制冷压缩机；5—水冷却器；6—热交换器；7—冻干箱冷凝器阀门；
8—冷凝器真空泵阀门；9—板温指示；10—冷凝温度指示；11—真空计；12—冻干箱放气阀门；
13—冷凝器排液口；14—真空泵放气阀；15—膨胀阀

制品的冻干在冻干箱内进行。冻干箱是冷冻干燥器的核心部分，箱内设有若干层搁板，搁板内置有冷冻管和加热管，分别对制品进行冷冻和加热。箱门四周镶嵌密封胶圈，临用前涂以真空脂，以保证箱体的密封。

冷冻干燥可以分为预冻、升华干燥、解析干燥三个阶段。

（1）预冻阶段　预冻是将溶液中的自由水固化为冰晶，防止抽空干燥时起泡、浓缩、收缩和溶质移动等不可逆变化产生，减少因温度下降引起的物质可溶性降低和生命特性的变化。预冻温度必须低于产品的共晶点温度，一般要比共晶点温度低 5～10℃。物料的冻结过程需要一定时间，为使整箱全部产品冻结，一般在产品达到规定的预冻温度后，还需要保持2h 左右的时间。预冻速率直接影响冻干产品的外观和性质，冷冻期间形成的冰晶显著影响干燥制品的溶解速率和质量。缓慢冷冻产生的冰晶较大，快速冷冻产生的冰晶较小。大冰晶利于升华，但干燥后溶解慢，小冰晶升华慢，干燥后溶解快，能反映出产品原来结构。

（2）升华干燥阶段　升华干燥也称第一阶段干燥。将经预冻冻结后的产品置于密闭的真空容器中加热，其冰晶就会升华成水蒸气逸出而使产品脱水干燥。干燥是从外表面开始逐步向内推移的，冰晶升华后残留下的空隙变成升华水蒸气的逸出通道。当全部冰晶除去时，第一阶段干燥就完成了，此时约除去全部水分的 90%，所需时间约占总干燥时间的 80%。

（3）解析干燥　解析干燥也称第二阶段干燥。在第一阶段干燥结束后，在干燥物质的毛细管壁和极性基团上还吸附有一部分未被冻结的水分。当它们达到一定含量，就为微生物的生长繁殖和某些化学反应提供了条件。因此为了改善产品的贮存稳定性，延长其保存期，需要除去这些水分。这就是解析干燥的目的。

冷冻干燥具有以下优点：①产品理化性质与生物活性稳定。②产品复溶性好。③产品含水量低、保质期长。④适用于热敏性、易氧化及具有生物活性类制品的干燥。

冷冻干燥的缺点：①由于对设备的要求较高，设备的投资和运行费用较大，动力消耗大；②由于低温时冰的升华速度较慢，装卸物料复杂，导致干燥时间比较长，生产能力低。

六、干燥器的选型

每种干燥设备都有其特定的适用范围，而每种物料都可找到若干种能满足基本要求的干燥装置，但最适合的只能有一种。干燥设备的合理选型直接影响到产品质量、生产效率、运行成本、能源消耗、人员劳动强度等。

干燥设备选型应遵循下述一般原则：①适应工艺要求；②干燥速率高；③耗能低；④符合环保要求；⑤投资、运行成本低；⑥便于操作。

干燥设备的正确选型步骤是根据物料中水分的结合性质选择干燥方式；依据生产工艺要求，在试验基础上进行热量衡算，为选择预热器和干燥器的型号、规格及确定空气消耗量、干燥热效率等提供依据；计算得出物料在干燥器内的停留时间，确定干燥器的工艺尺寸等。

干燥设备的最终确定通常是对设备价格、运行费用、产品质量、安全、环保、节能和便于安装、控制、维修等因素综合考虑后，提出一个优化的方案，选择最佳的干燥器。在不确定的情况下，应做一些初步的试验，以查明设计和操作数据以及对特殊操作的适应性。干燥器选型可参考表 6-1。

表 6-1　干燥器选型参考

加热方式	干燥器	物料							
		溶液	泥浆	膏糊状	粒径100目以下	粒径100目以上	特殊性状	薄膜状	片状
		萃取液、无机盐	碱、洗涤剂	沉淀物、滤饼	离心机滤饼	结晶、纤维	填料、陶瓷	薄膜、玻璃	照相、薄片
对流	气流	5	3	3	4	1	5	5	5
	流化床	5	3	3	4		1		5
	喷雾	1	1	4	5	5	5	5	5
	转筒	5	5	5	5	5	5	5	5
	厢式	5	4	5	5	5	1	5	1
传导	耙式真空	4	1	1	1	1	1	5	5
	滚筒	1	1	4	4	5	5	适合多滚筒	5
	冷冻	2	2	2	2	2	5	5	5

加热方式	干燥器	物料							
		溶液	泥浆	膏糊状	粒径100目以下	粒径100目以上	特殊性状	薄膜状	片状
		萃取液、无机盐	碱、洗涤剂	沉淀物、滤饼	离心机滤饼	结晶、纤维	填料、陶瓷	薄膜、玻璃	照相、薄片
辐射	红外线	2	2	2	2	2	1	1	1
介电	微波	2	2	2	1	2	2	2	

注：1. 适合；2. 经费许可时才适合；3. 特定条件下适合；4. 适当条件下适合；5. 不适合。

 目标检测

1. 如何判断厢式干燥器厢内物料干燥程度及把握干燥时间？

2. 水平气流厢式干燥器的结构由哪些组成？

3. 简述流化床干燥器的电气操作顺序及解释严格按此操作的原因。

4. 流化床干燥器清洗时应注意哪些问题？

5. 简述厢式干燥器物料干燥速率慢的原因及对策。

6. 喷雾干燥时如何消除粘壁产生的影响？

7. 冷冻干燥有哪些特点？适用于哪些场合？

8. 请根据药物的理化性质和生物活性，分别为阿莫西林、板蓝根等选择合适的干燥设备，并说明理由。

第七章

制药用水生产设备

 学习目标

掌握纯化水设备和注射用水设备的原理、结构和特点、生产工艺等知识，为从事纯化水和注射用水生产岗位操作和制水设备选型奠定基础。

 思政与职业素养目标

通过学习制药用水国家标准，水处理方法和设备，培养生态环保意识与不畏困难、吃苦耐劳的精神。

第一节　制药用水概述

一、工艺用水

药用纯水设备为采用各种方法制取药用纯水（含注射用水）的设备。

制药生产中使用各种水用于不同剂型药品作为溶剂、包装容器洗涤水等，这些水统称为工艺用水。工艺用水是药品生产工艺中使用的水，其中包括饮用水、纯化水和注射用水。工艺用水的水质要求和用途见表7-1。

表 7-1　制药工艺用水

水质类别	用途	水质要求
饮用水	1. 口服液瓶子初洗 2. 制备纯化水的水源 3. 中药材、饮片清洗、浸润、提取用水	生活饮用水卫生标准 GB 5749—2022
去离子水	1. 口服剂配料、洗瓶 2. 注射剂、无菌冲洗剂瓶子的初洗 3. 非无菌原料药精制 4. 制备注射用水的水源	参照《中国药典》（2020 版）纯化水质量标准，电导率＜4.3μs/cm，20℃

水质类别	用途	水质要求
注射用水	1. 注射剂、无菌冲洗剂配料 2. 注射剂、无菌冲洗剂洗瓶（经 $0.45\mu m$ 滤膜过滤后使用） 3. 无菌原料药精制	符合《中国药典》（2020 版）注射用水质量标准，电导率$<1.1\mu s/cm$，20℃

对工艺用水的水质要定期检查。一般饮用水每月检查部分项目一次，纯化水每 2h 在制水工序抽样检查部分项目一次，注射用水至少每周全面检查一次。

二、制水工艺

纯化水是采用离子交换、电渗析或反渗透等方法所制得的水，又称为去离子水。制备纯化水的水源应为饮用水。根据原水情况，水有时受到污染，含有悬浮物、重金属、有机物、余氯等。在制备纯化水之前，需经预处理，如加絮凝剂、过滤、吸附等，以保证纯化水设备正常运行。

当原水含盐量波动较大，或者原水的含盐量达到 $500mg/L$ 以上时，需采用电渗析或反渗透进行初级脱盐，否则对树脂的使用周期和出水的水质产生很大影响。当原水含盐量超过 $800mg/L$ 时，反渗透装置前应增设钠离子交换或弱酸床，以消除水中钙镁离子，减少反渗透膜表面结垢。

纯化水制备有以下 4 种常见的流程：

① 原水—预处理—阳离子交换—阴离子交换—混床—纯化水。

② 原水—预处理—电渗析—阳离子交换—阴离子交换—混床—纯化水。

③ 原水—预处理—弱酸床—反渗透—阳离子交换—阴离子交换—混床—纯化水。

④ 原水—预处理—弱酸床—反渗透—脱气—混床—纯化水。

流程①为全离子交换法，用于符合饮用水标准的原水，常用于原水含盐量小于 $500mg/L$。

流程②常用于原水含盐量大于 $500mg/L$，为减少离子交换树脂频繁再生，增加电渗析，能去除 75％～85％ 的离子，减轻离子交换负担，使树脂制水周期延长，减少再生时酸、碱用量和减少排污污染。

流程③是以反渗透替代流程②的电渗析。反渗透能除去 85％～90％ 的盐类，脱盐率高于电渗析；此外，反渗透还具有除菌、去热原、降低有机污染物的作用；但反渗透设备投资和运行费用较高。

流程④是以反渗透直接作为混床的前处理，此时为了减轻混床再生时碱液用量，在混床前设置脱气塔，以脱去水中的二氧化碳。

第二节　纯化水设备

一、原水的处理

由于生产工艺对水质的不同要求和各地原水（饮用水）质量各异，在制备纯化水时，要求对原水进行处理。首先采用凝聚、澄清的方法降低浊度，然后用粗滤器、精滤器除去微粒，再通过吸附除去有机物、胶体、微生物、游离氯、臭味和色素等，以有利于后续离子交换、电渗析、反渗透等过程的顺利进行。

凝聚剂多为高电荷的阳离子或高分子聚合物。经电性中和，使表面带有负电荷的物质凝聚，可去除原水中的悬浮物和胶体物质。常用的絮凝剂有 ST 高效絮凝剂和聚合氯化铝，凝聚剂的加入主要是利用计量泵投加，再经管道式混合器混合的方法。凝聚剂种类的选用，应根据原水水质的不同来确定，其最佳投加量可通过实测予以调整。

二、机械过滤

机械过滤是采用机械过滤器进行过滤，去除杂质的操作。机械过滤器主要有多介质过滤器、活性炭吸附器、软化器、保安过滤器等。

1. 多介质过滤器

多介质过滤器主要去除大的悬浮物，从而使水质达到粗滤后的标准。常用的过滤介质为石英砂（粒径 $0.5 \sim 1.2mm$）和无烟煤（粒径 $0.8 \sim 2.0mm$）等粒状介质（有的过滤器用滤膜、纤维织物等做过滤介质）。

多介质过滤器是由带支撑板的筒体、布水器和滤料、进水阀和排水阀等组成。多介质过滤器使用一段时间后，需进行反洗再生操作甚至更换。

2. 活性炭过滤器

活性炭过滤器主要用于去除水中的游离氯、色度、微生物、有机物以及部分重金属等有害物质，以防止它们对反渗透膜系统造成影响。过滤介质通常由颗粒活性炭（如椰壳、褐煤或无烟煤）构成的固定层。经过处理后的出水余氯应小于 0.1ppm。一般与多介质过滤器组合使用。活性炭吸附器是由带支撑筒体、内装石英砂垫层和活性炭、进水阀、排水阀等组成。活性炭过滤器使用一段时间后，需进行反洗再生操作甚至更换。

3. 软化器

软化器由软化罐内充填钠型阳离子交换树脂而成。软化过程中，水中的钙、镁离子被树脂中钠离子置换出来，使原水变成软化水后出水硬度能达到小于 1.5ppm*，以防在后续水管和设备中结垢。软化器使用一段时间后，需进行再生操作甚至更换。对原水硬度较高的预处理，需加软化工序。

4. 保安过滤器

保安过滤器又称精密过滤器，是原水进入反渗透膜的最后一道过滤装置，可以截流粒径大于 $5\mu m$ 的一切物质，包括由前处理系统流失的滤料，如活性炭粉末等。以满足反渗透的进水要求，从而有效保护反渗透膜不受或少受污染。过滤器的外壳可以用不锈钢、钢衬胶、有机玻璃、玻璃钢等材质做成。

三、纯化水设备

1. 离子交换器

（1）离子交换器的结构　离子交换器的基本结构是离子交换柱。离子交换柱常用有机玻

---

* 注：1ppm＝1mg/kg，1ppm＝1mg/L。

璃或内衬橡胶的钢制圆筒制成。一般产水量在 $5m^3/h$ 以下时，常用有机玻璃制造，其柱高与柱径之比为 $5\sim10$；产水量较大时，材质多为钢衬胶或复合玻璃钢的有机玻璃，其柱高与柱径之比为 $2\sim5$。如图 7-1 所示，在每只离子交换柱的上、下端分别有一块布水板，此外，从柱的顶部至底部分别设有：进水口、上排污口、树脂装入口、树脂排出口、下排污口、下出水口等。

（2）离子交换器的工作原理　离子交换是溶液与带有可交换离子的不溶性固体物接触时，溶液中离子与固体物中的离子发生交换的过程。水经过离子交换树脂时，依靠阳、阴离子交换树脂中含有的氢离子和氢氧根离子，与原料水中电解质解离出的阳离子（Ca^{2+}、Mg^{2+} 等）、阴离子（Cl^- 和 SO_4^{2-} 等）进行交换，原料水的离子被吸附在树脂上，而从树脂交换下来的氢离子和氢氧根离子结合，生成水，最后得到去离子的纯化水。

离子交换柱具有纯化容量限制、水质会起伏、树脂的再生过程较麻烦、产生废酸废碱等缺点，但其对无机离子的去除能力优良，具备再生能力，并且装置简单，因此广泛应用于工业生产。

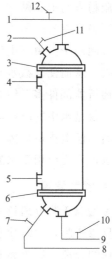

图 7-1　离子交换柱结构

1—进水口；2—上排污口；3—上布水板；4—树脂装入口；5—树脂排出口；6—下布水板；7—淋洗排水阀；8—下排污口；9—下出水口；10—出水阀；11—排气阀；12—进水阀

2. 电渗析器

电渗析器是在外加直流电场作用下，利用离子交换膜对溶液中离子的选择透过性，使溶液中阴、阳离子发生迁移，分别通过阴、阳离子交换膜而达到除盐或浓缩目的。电渗析是一种膜分离技术。

电渗析器结构原理如图 7-2 所示。由阴、阳离子交换膜，隔板，极板，压紧装置等部件组成。离子交换膜可分为均相膜、半相膜、导相膜 3 种。纯水用膜都用导相膜，它是将离子

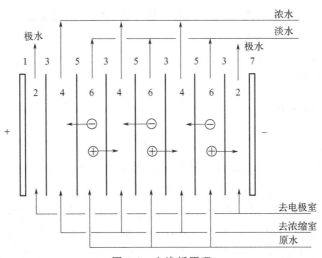

图 7-2　电渗析原理

1—阳极；2—极室；3—阳膜；4—浓室；5—阴膜；6—淡室；7—阴极

交换树脂粉末与尼龙网在一起热压，将其固定在聚乙烯膜上，其中阳膜是聚乙烯苯乙烯磺酸型的，阴膜是聚乙烯苯乙烯季铵型的。与离子交换树脂相同，阳膜只允许通过阳离子，阴膜只能通过阴离子。由于电渗析器是由多层隔室组成，故淡化室中阴阳离子分别迁移到相邻的浓室中去，从而使含盐水在淡化室中除盐淡化。

电渗析器部件多，组装要求较高，易产生极化结垢和中性扰乱现象，电渗析过程中所能除去的也仅是水中的电解质离子，对于不带电荷的粒子、不解离的物质、解离度小的物质均难以分离。但电渗析器因具有工艺简单、除盐率高、制水成本低、操作方便、不污染环境等主要优点，广泛应用于水的除盐。

3. 反渗透装置

反渗透属于膜分离技术，是用一定的大于渗透压的压力，使盐水经过反渗透器，其中纯水透过反渗透膜，同时盐水得到浓缩，因为它和自然渗透相反，故称反渗透（RO）。反渗透对于物质的分离，属于离子分离，故膜径较小，一般为 $0.1\sim1.0nm$。对水中的细菌、病毒及有机物等去除率可达 100%，但其脱盐率仅为 90%。能适应各类含盐量的原水，尤其是在高含盐量的水处理工程中，能获得很好的经济、技术效益。但反渗透装置需要高压设备，原水利用率只有 $75\%\sim80\%$，反渗透膜须定期清洗。

（1）反渗透器的工作原理　反渗透过程中使用的反渗透膜，是用高分子材料经过特殊工艺加工制成的半透膜，具有选择透过性，只允许水分子透过而不允许溶质通过。若用高压泵打压，使处于半透膜一侧的原料水的压力超过渗透压时，原料水中的水分子则向半透膜附近迁移，并透过半透膜进入另一侧，从而获得纯化水；而原料水中的溶质、非溶解的有机物等杂质均无法通过半透膜，只能被截留，留在原料水一侧，使膜附近的原料水逐渐变为浓度较大的水即浓水，浓水则由浓水道排出。所以说反渗透过程属于压力推动过程，反渗透的原理借助一定的推力（如压力差、温度差等）迫使原料水中的水分子通过反渗透膜，而杂质被截留、除去。

（2）二级反渗透器制备纯化水实例　一般一级反渗透能除去一价离子 $90\%\sim95\%$，二价离子 $98\%\sim99\%$，但其除去氯离子的能力达不到《中国药典》要求，只有二级反渗透才能彻底地除去氯离子。故目前药品生产企业普遍采用二级反渗透器制备纯化水。如图 7-3 所示，为常见的二级反渗透器制备纯化水工艺流程图。设备主要包括原料水贮罐，原料水泵，计量泵，机械过滤器，活性炭过滤器，一、二级高压泵，反渗透主机，清洗水泵，纯化水泵，臭氧发生器等部件。

四、纯化水设备的选择

一般地，反渗透装置出水质量最好，但是生产成本也较高；离子交换柱虽水质会有起伏，但生产成本也较低。生产者选择何种纯化水设备需从自身实际需求出发，如：每小时用水量、设备的纯化容量、原水水质情况、纯化水水质要求等，选用经济且能够满足自身用水要求的制水设备。纯化含阴、阳离子较多的原水，如果每小时用水量不大，并且对纯化水水质要求不苛刻时，可选用离子交换柱；如果用水量较大且对水质要求较高，则优先选用电渗析器；如原水除盐的同时还需去除不带电荷的粒子或有机物，则可以选用反渗透装置。

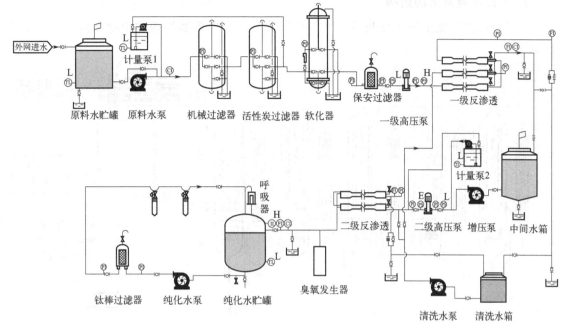

图 7-3　二级反渗透器制备纯化水工艺流程图

第三节　注射用水设备

一、注射用水制备流程

目前为各国药典所收载的注射用水的制备主要采用重蒸馏法，所用设备有多效蒸馏水机、气压式蒸馏水机等。蒸馏法可以去除水中不挥发性物质，如悬浮物、胶体、细菌、病毒等。其流程如下：纯化水—蒸馏水机—注射用水贮存。

《中国药典》规定注射用水的储存可采用 70℃以上保温循环存放。保温循环时，用泵将注射用水送经各用水点，剩余的经加热器加热，回至贮罐。若有些品种不能用高温水，在用水点可设冷却器，使水降温。

常用的注射用水制备装置有列管式多效蒸馏水机、盘管式多效蒸馏水机和气压式蒸馏水机。

二、列管式多效蒸馏水机

多效蒸馏是指利用多效蒸馏水机进行蒸馏获得注射用水的方法。多效蒸馏水机是由多个蒸馏水器单体串接而成，其串接方式有垂直串接、水平串接两种。每个蒸馏水器单体即为一效，效数增加，则蒸馏水机的效率增加，提高工业蒸汽压力，可增加产水量。多效蒸馏水机的效数多为三至五效，一般来讲选四效以上的蒸馏水机较为合理。

下面以五效蒸馏水机为例阐述多效蒸馏水机的工作原理和过程。

1. 五效蒸馏水机的结构

五效蒸馏水机是由五个预热器、五个蒸发器和一个冷凝器组成体串联而成。如图 7-4 所示。

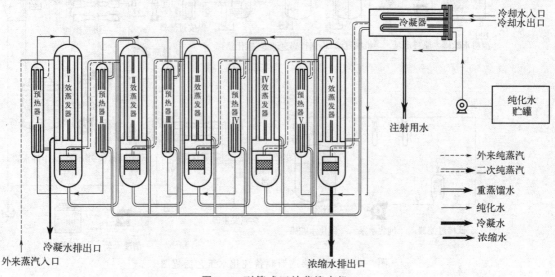

图 7-4　列管式五效蒸馏水机

2. 五效蒸馏水机工作原理

Ⅰ效蒸发器直接利用外来蒸汽作为热源，而Ⅱ效蒸发器则利用Ⅰ效蒸发器产生的二次纯蒸汽作为加热蒸汽。以此类推，Ⅲ效蒸发器、Ⅳ效蒸发器、Ⅴ效蒸发器均利用其前一效蒸发器产生的二次蒸汽作为后一效蒸发器的加热蒸汽，最终获得注射用水。

进料水（即纯化水）由泵输送，进入冷凝器作为冷却剂且本身被预热，然后依次进入预热器Ⅴ、Ⅳ、Ⅲ、Ⅱ及Ⅰ中，从预热器Ⅰ再进入到Ⅰ效蒸发器内。外来加热蒸汽先进入Ⅰ效蒸发器的列管间，将进入到Ⅰ效蒸发器内的被预热的进料水加热蒸馏，使进料水的一部分蒸发变成二次纯蒸汽，然后进入到Ⅱ效蒸发器的列管间作为热源；其余部分虽已被加热，但未气化，则进入Ⅱ效蒸发器的列管内，继续被二次纯蒸汽加热蒸发。以此类推，在Ⅱ效、Ⅲ效、Ⅳ效、Ⅴ效蒸发器产生的二次纯蒸汽依次被冷凝，各效蒸发器与预热器产生的冷凝水合并，一起进入冷凝器，作为新的进料水的加热热源，同时在冷却器继续冷凝、冷却，最终以注射用水排出。由Ⅴ效蒸发器底部排放的浓缩水含热原、粒子多，作为废水弃去。进入Ⅰ效蒸发器的列管间的外来加热蒸汽，放出潜热后被冷凝，冷凝水由Ⅰ效蒸发器的底部排出。

原料水流程：纯化水贮罐→加压泵→冷凝器→Ⅴ效预热器→Ⅳ效预热器→Ⅲ效预热器→Ⅱ效预热器→Ⅰ效预热器→Ⅰ效蒸发器列管内→Ⅱ效蒸发器列管内→Ⅲ效蒸发器列管内→Ⅳ效蒸发器列管内→Ⅴ效蒸发器列管内→浓水排出口。

二次蒸汽流程：Ⅱ效蒸发器列管间→Ⅲ效蒸发器列管间→Ⅳ效蒸发器列管间→Ⅴ效蒸发器列管间→冷凝器→注射用水贮罐。

加热蒸汽流程：Ⅰ效蒸发器列管间→Ⅰ效蒸发器的底部→冷凝水排出口。

冷却水流程：冷却水入口→冷凝器→冷却水出口。

3. 列管式多效蒸馏水机特点

列管式多效蒸馏水机具有体积小、重量轻、产水量大、出水快、水质稳定性好、节约蒸汽、不用额外的冷却水等优点。

三、盘管式多效蒸馏水机

盘管式多效蒸馏水机是采用盘管式多效蒸发来制取蒸馏水的设备。蒸发传热面是蛇管结构，属于蛇管降膜蒸发器。其一效工作原理及多效流程如图 7-5（a）、7-5（b）所示。图 7-5(a) 中，蛇管上方是进料水分布器，用于将料水均匀地分布到蛇管的外表面，蛇管内通加热蒸汽，均匀地分布在蛇管外表面的料水吸收热量后部分蒸发，未蒸发的水由底部节流孔流入下一效的分布器，继续蒸发。

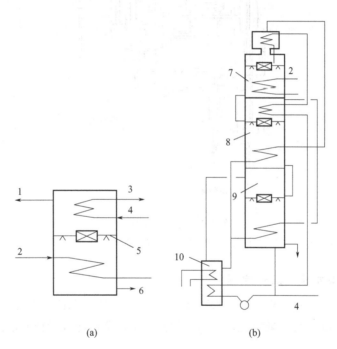

(a) (b)

图 7-5　盘管式多效蒸馏水机

1—二次蒸汽；2—蒸汽；3—出水；4—进水；5—进料水分布器；6—排水；7—第一效；
8—第二效；9—第 N 效；10—冷凝冷却器

二次蒸汽经除沫器除沫分出雾滴后，由导管送入下一效，作为该效的热源。盘管多效蒸馏水机一般 3～5 效，其流程如图 7-5(b) 所示。由锅炉来的蒸汽进入第一效蛇管内，冷凝水排出；第一效产生的二次蒸汽进入第二效蛇管作为热源，第二效的二次蒸汽作为第三效热源，直至第 N 效。进料水加压后经冷凝冷却器，然后顺次经第 $N-1$ 效至第一效预热器，最后进入第一效的分布器，喷淋到蛇管外表面，部分料水被蒸发，蒸发的蒸汽作为第二效热源，未被蒸发的料水流入第二效分布器。以此原理顺次流经第三效，直至第 N 效，第 N 效底部排出少量的浓缩水。

这种蒸馏水机具有传热系数大、操作稳定等优点。

四、气压式蒸馏水机

1. 气压式蒸馏水机的结构

气压式蒸馏水机又称热压式蒸馏水机，如图7-6所示，主要由蒸发冷凝器及压气机所构成，另外还有附属设备换热器、泵等。

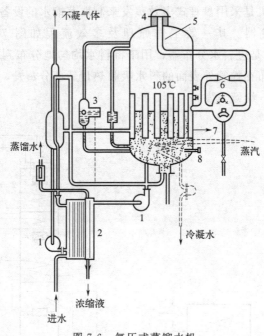

图 7-6　气压式蒸馏水机

1—泵；2—换热器；3—液位控制器；4—除沫器；5—蒸发室；6—压气机；7—冷凝器；8—电加热器

2. 气压式蒸馏水机的工作原理

将原水加热，使沸腾汽化，产生二次蒸汽，把二次蒸汽压缩，其压力、温度同时升高；再使压缩的蒸汽冷凝，其冷凝液就是所制备的蒸馏水，蒸汽冷凝所释放出的潜热作为加热原水的热源使用。

3. 气压式蒸馏水机的工作过程

将符合饮用标准的原水，以一定的压力经进水口流入，通过换热器预热后，用泵送入蒸发冷凝器的管内。管内水位由液位控制器进行调节。在蒸发冷凝器的下部，设有蒸汽加热蛇管和电加热器，作为辅助加热使用。将蒸发冷凝器管内的原水加热至沸腾汽化，产生的二次蒸汽进入蒸发室（室温105℃），经除沫器除去其中夹带的雾沫、液滴和杂质，而后进入压气机。蒸汽被压气机压缩，温度升高到120℃。把该高温压缩蒸汽送入蒸发冷凝器的管间，放出潜热后，蒸发冷凝管内的水受热沸腾，产生二次蒸汽，再进入蒸发室，除去其中夹带的雾沫和杂质，进入压气机压缩……，重复前面过程。管间的高温压缩蒸汽冷凝所生成的冷凝水（即蒸馏水）经不凝性气体排除器，除去其中的不凝性气体。纯净的蒸馏水经泵送入热交换器，回收其中的余热把原水预热，最后，成品水由蒸馏水出口排出。

4. 气压式蒸馏水机的特点

在制备蒸馏水的整个生产过程中不需用冷却水；热交换器具有回收蒸馏水中余热的作用，同时对原水进行预热；从二次蒸汽经过净化、压缩、冷凝等过程，在高温下停留约 45min 时间以保证蒸馏水无菌、无热原；自动化程度高。自动型的气压式蒸馏水机，当机器运行正常后，即可实现自动控制；产水量大，工业用气压式蒸馏水机的产水量为 $0.5m^3/h$ 以上，最高可达 $10m^3/h$；气压式蒸馏水机有传动和易磨损部件，维修量大，而且调节系统复杂，启动慢，有噪声，占地大。

五、注射用水设备的选择

目前，气压式蒸馏水机虽然能充分利用热交换和回收热能，节能效果更明显，且整个生产过程不需要冷却水，进水质量要求低，得到的注射用水水质好，但是其耗电量大，运转时有一定噪声，调节系统复杂，整机启动较慢，而且其主机容积式或离心式压缩机构造复杂，维护要求高，因此在我国使用不多。

多效蒸馏水机由于结构紧凑，简洁合理，整机启动快，能重复使用热能，使蒸汽的潜能得到充分利用，因而能耗少，且冷却水耗能低，运行过程中无运转部分，动力消耗小。同时，操作方法简单可靠，操作过程安静，寿命长，因此被广泛应用于国内医药行业生产中。

 目标检测

1. 生产纯化水的设备主要有哪几种？
2. 离子交换法制备纯化水的原理是什么？
3. 简述电渗析器的工作原理。
4. 二级反渗透法制备纯化水的流程是什么？
5. 生产注射用水的设备主要有哪几种？
6. 多效蒸馏水机由哪些主要部件组成？
7. 简述气压式蒸馏水机的工作机理。

第八章

灭菌设备

 学习目标

掌握灭菌设备的结构、原理、技术参数、操作和维护，熟悉各种灭菌方法的特点和选用原则。为将来从事灭菌设备的操作和维护、设备选型与车间设计奠定基础。

 思政与职业素养目标

通过学习灭菌方法和灭菌设备对药品质量的影响，培养合规意识与一丝不苟、严谨细致的工作作风。

第一节 灭菌概述

一、基本概念

临床上要求疗效确切、使用安全的药物制剂，尤其是注射剂和直接用于黏膜、创面的药剂，必须保证灭菌或无菌。灭菌是保证用药安全的必要条件，它是制药生产中一项重要操作。

无菌：指物体或一定介质中没有任何活的微生物存在，即无论用任何方法（或通过任何途径）都鉴定不出活的微生物体来。

灭菌：应用物理或化学等方法将物体上或介质中所有的微生物及其芽孢（包括致病的和非致病的微生物）全部杀死，即获得无菌状态的总过程。所使用的方法称为灭菌法。

消毒：以物理或化学方法杀灭物体上或介质中的病原微生物。

热原：是微生物的代谢产物，是一种制热性物质，是发生在注射给药后病人高热的根源。热原具耐热性、滤过性、水溶性、不挥发性。当热原被输入人体后，约 0.5h 后，使人发冷寒战、高热、出汗、恶心、呕吐、昏迷甚至危及生命，注射剂灭菌时可根据其特性彻底破坏热原。

灭菌和过滤除菌对药剂的影响不同。灭菌后的药剂中含有细菌的尸体，尸体过多会因菌体毒素（热原）而引起副作用；过滤除菌是指用特殊的滤材把微生物（死菌、活菌）全部阻留而滤除，除了原已染有的微量可溶性代谢产物外，由于没有菌体的存在，故不会有更多的热原产生。

采用灭菌措施的基本目的是，既要杀死或除去药物中的微生物，又要保证药物的理化性质及临床疗效不受影响。灭菌方法的选择必须结合药物的性质全面考虑。

二、灭菌方法

灭菌方法基本分为物理灭菌法和化学灭菌法。物理灭菌法又包括干热灭菌法、湿热灭菌法、射线灭菌法、过滤灭菌法；化学灭菌法又包括气体灭菌法和化学灭菌剂灭菌法，在制药工业中物理灭菌法最常用。

1. 热力灭菌法（干热和湿热）

加热可破坏蛋白质和核酸中的氢键，故导致核酸破坏，蛋白质变性或凝固，酶失去活性，微生物因而死亡。

2. 紫外线灭菌法

用于灭菌的紫外线波长是 $200\sim300nm$，灭菌力最强的波长为 $254nm$ 的紫外线，可作用于核酸蛋白促使其变性；同时空气受紫外线照射后产生微量臭氧，从而起到共同杀菌的作用。紫外线进行直线传播，其强度与距离平方成比例地减弱，其穿透作用微弱，但易穿透洁净空气及纯净的水，故广泛用于纯净水、空气灭菌和表面灭菌。一般在 $6\sim15m^3$ 的空间可装置 $30W$ 紫外灯一只，灯距地面距离为 $2.5\sim3m$ 为宜，室内相对湿度为 $45\%\sim60\%$，温度为 $10\sim55℃$，杀菌效率最理想。影响紫外线杀菌的因素有：辐射强度与辐射时间、微生物对紫外线的敏感性、湿度和温度。

辐射灭菌的特点是：价格便宜，节约能源；可在常温下对物品进行消毒灭菌，不破坏被辐射物的挥发性成分，适合于对热敏性药物进行灭菌；穿透力强，灭菌均匀；灭菌速度快，操作简单，便于连续化作业。主要缺点是存在放射源成本较高、防护投入大、易产生放射污染等问题。

3. 过滤灭菌法

使药物溶液通过无菌滤器，除去其中活的或死的细菌，而得到无菌药液的方法，称为过滤除菌法。此法适用于对不耐热药物溶液的除菌，但必须无菌操作，才能确保制品完全无菌。

过滤除菌法的特点如下：①不需要加热，可避免药物成分因过热而分解破坏。过滤可将药液中的细菌及细菌尸体一起除去，从而减少药品中热原的产生，药液的澄明度好。②加压、减压过滤均可，加压过滤用得较多。在室温下易氧化、易挥发的药物，宜用加压过滤。另外，采用加压过滤，可避免药液污染。③过滤除菌法应配合无菌操作进行。④过滤除菌前，药液应进行预过滤，尽量除去颗粒状杂质，以便提高除菌过滤的速度。⑤药品经过滤后，必须进行无菌检查，合格后方能应用。故过滤除菌法不能用于临床上紧急用药的需要。

过滤器材通常有滤柱，微滤膜等。滤柱采用硅藻土或垂熔玻璃等材料制成。微滤膜大多采用聚合物制成，种类较多，如醋酸纤维素、硝酸纤维素、丙烯酸聚合物、聚氯乙烯、尼龙等。

第二节　干热灭菌设备

一、干热灭菌法原理

利用火焰或干燥空气（高速热风）进行灭菌，称为干热灭菌法。由于空气是一种不良的传热物质，其穿透力弱，且不太均匀，所需的灭菌温度较高，时间较长，所以容易影响药物的理化性质。在生产中除极少数药物采用干热空气灭菌外，大多用于器皿和用具的灭菌。

在干热灭菌器中用高温干热空气进行灭菌的方法，称为干热空气灭菌法。如繁殖性细菌用100℃以上的干热空气干热1h可被杀灭。对耐热性细菌芽孢，在140℃以上，灭菌效率急剧增加。干热灭菌所需的温度与时间，在各国药典与资料的记载中都有不同。一般140℃，至少3h；160～170℃，至少1h。生产中，在保证灭菌完全、并对被灭菌物品无损害的前提下，拟定灭菌条件。对耐热物品，可采用较高的温度和较短的时间。采用干热250℃，45min灭菌也可以除去灭菌粉针分装与冻干生产用玻璃仪器中和有关生产灌装用具中的热原物质。而对热敏性材料，可采用较低的温度和较长的时间。《中华人民共和国药典》2020年版规定通常的灭菌条件为：160～170℃，不少于2h；170～180℃，不少于1h；250℃，45min以上。

干热空气灭菌法适用的范围是，凡应用湿热方法灭菌无效的非水性物质、极黏稠液体或易被湿热破坏的药物，宜用本法灭菌。如油类、软膏基质或粉末等，宜干热空气灭菌。对于空安瓿瓶的灭菌，可把空安瓿瓶置于密闭的金属箱中，用200℃或200℃以上的高温干空气至少保持45min，细菌即被杀灭。本法由于灭菌温度高，故不适用于对橡胶、塑料制品及大部分药物的灭菌。

二、干热灭菌设备

干热灭菌的主要设备有烘箱、干热灭菌柜、隧道灭菌系统等。干热灭菌柜、隧道灭菌系统是制药行业用于对玻璃容器进行灭菌干燥工艺的配套设备，适用于药厂经清洗后的安瓿瓶或其他的玻璃容器用盘装的方式进行灭菌干燥。

1. 柜式电热烘箱

目前，电热烘箱种类很多，但其主体结构基本相同，主要由不锈钢板制成的保温箱体、加热器、托架（隔板）、循环风机、高效空气过滤器、冷却器、温度传感器等组成。见图8-1。

柜式电热烘箱的操作过程：将装有待灭菌品的容器置于托架或推车上，放入灭菌室，关门。在自动或半自动控制下加热升温，同时开启电动蝶阀，水蒸气逐渐排尽。此时，新鲜空

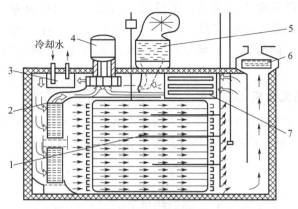

图 8-1　柜式电热烘箱

1—温度传感器；2，5—高效空气过滤器；3—冷却器；4—循环风机；6—过滤器；7—加热器

气经加热并经耐热的高温空气过滤器后形成均匀的分布气流向灭菌室内传递，热的干空气使待灭菌品表面的水分蒸发，通过排气通道排出。干空气在风机的作用下，定向循环流动，周而复始，达到灭菌干燥的目的。灭菌温度通常在 $180 \sim 300℃$ 范围，较低的温度用于灭菌，而较高的温度则适用于除热原。干燥灭菌完成后，风机继续运转对灭菌产品进行冷却，也可通过冷却水进行冷却，减少对灭菌产品的热冲击。当灭菌室内温度降至比室温高 $15 \sim 20℃$ 时，烘箱停止工作。

柜式电热烘箱主要用于小型的医药、化工、食品、电子等行业的物料干燥或灭菌。

2. 隧道式远红外烘箱

远红外线是指波长大于 $5.6\mu m$ 的红外线，它是以电磁波的形式直接辐射到被加热的物体上的，不需要其他介质的传递，所以加热快、热损小，能迅速实现干燥灭菌。隧道式远红外烘箱（煤气烘箱）主要是由远红外发生器、传送带和保温排气罩组成，如图 8-2 所示。

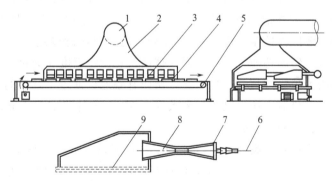

图 8-2　隧道式远红外烘箱

1—排风管；2—罩壳；3—远红外发生器；4—盘装安瓿；5—传送带；6—煤气管；
7—通风板；8—喷射器；9—铁铬铝网

隧道加热分预热段、中间段及降温段三段，预热段内由室温升至 $100℃$ 左右，大部分水分在这里蒸发；中间段为高温干燥灭菌区，温度达 $300 \sim 450℃$，残余水分进一步蒸干，细菌及热原被杀灭；降温区是由高温降至 $100℃$ 左右。

为保证箱内的干燥速率不致降低，在隧道顶部设有强制抽风系统，以便及时将湿热空气排出；隧道上方的罩壳上部应保持 5～20Pa 的负压，以保证远红外发生器的燃烧稳定。该机特点：温度时间可调，显示及自动记录温控情况，加热不是很均匀导致温度分布不均。

3. 热层流式干热灭菌机

热层流式干热灭菌机如图 8-3 所示，为隧道式烘箱。主要用在联动生产线上，与超声波清洗机和灌封机配套使用，可连续对经过清洗的各种玻璃瓶进行干燥灭菌除热原。

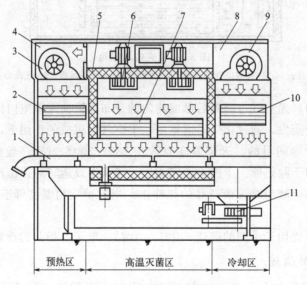

图 8-3　热层流式干热灭菌机示意

1—传送带；2—空气高效过滤器；3—前层流风机；4—前层流箱；5—高温灭菌箱；6—热风机；
7—热空气高效过滤器；8—后层流箱；9—后层流风机；10—空气高效过滤器；11—排风机

整个设备按其功能设置可分为彼此相对独立的三个组成部分：预热区、高温灭菌区及冷却区，它们分别用于已最终清洁瓶子的预热、干热灭菌、冷却。灭菌器的前端与洗瓶机相连，后端设在无菌作业区。控制温度可在 0～350℃ 范围内任意设定，并有控制温度达不到设定温度时停止网带运转的功能，能可靠保证玻璃瓶在设定温度时通过干燥灭菌机。前后层流箱及高温灭菌箱均为独立的空气净化系统，从而有效地保证进入隧道的玻璃瓶始终处于 A 级洁净空气的保护下，机器内压力高于外界大气压 5Pa，使外界空气不能侵入，整个过程均在密闭情况下进行，符合 GMP 要求。

热层流式干热灭菌机是将高温热空气流经空气过滤器过滤，获得洁净度为 A 级的洁净空气，在 A 级单向流洁净空气的保护下，洗瓶机将清洗干净的玻璃瓶送入输送带，经预热后的玻璃瓶进入高温灭菌段。在高温灭菌段流动的洁净热空气将玻璃瓶加热升温（300℃ 以上），经过高温区的干燥灭菌除热原后进入冷却段。冷却段的单向流洁净空气将玻璃瓶冷却至接近室温（不高于室温 15℃）时，再送入灌封机进行药液的罐装与封口。玻璃瓶从进入隧道至出口全过程时间平均约为 30min。

该机特点：采用热空气平行流灭菌方式，传热速度快，加热均匀，灭菌充分，温度分布均匀，无尘埃污染源，符合 GMP 要求，三区可单独调节风速和风量。

第三节　湿热灭菌设备

一、湿热灭菌法原理

湿热灭菌法是利用饱和水蒸气或沸水来杀灭细菌的方法。由于蒸汽潜热大，穿透力强，容易使蛋白质变性或凝固，所以灭菌效率比干热灭菌法高。其特点是灭菌可靠，操作简便、易于控制、价格低廉。湿热灭菌是制药生产中应用最广泛的一种灭菌方法。缺点是不适用于对湿热敏感的药物。

1. 热压灭菌法

用压力大于常压的饱和水蒸气加热杀灭微生物的方法称为热压灭菌法。热压灭菌在热压灭菌器内进行。热压灭菌器有密封端盖，可以使饱和水蒸气不逸出，由于水蒸气量不断增加，而使灭菌器内的压力逐渐增大，利用高压蒸汽来杀灭细菌，是一种最可靠的灭菌方法。例如，在表压 0.2MPa 热压蒸汽经 15～20min，能杀灭所有细菌繁殖体及芽孢。实验证明：湿热的温度愈高，则杀灭细菌所需的时间亦愈短。

凡能耐高压蒸汽的药物制剂、玻璃容器、金属容器、瓷器、橡胶塞、膜过滤器等均能采用此法。

2. 流通蒸汽灭菌法

流通蒸汽灭菌法是在不密闭的容器内，用蒸汽灭菌。也可在热压灭菌器中进行，只要打开排汽阀门让蒸汽不断排出，保持器内压力与大气压相等，即为 100℃ 蒸汽灭菌。药厂生产的注射剂，特别是 1～2mL 的注射剂及不耐热药品，均采用流通蒸汽灭菌。

流通蒸汽灭菌的灭菌时间通常为 30～60min。本法不能保证杀灭所有的芽孢，系非可靠的灭菌法，可适用于消毒及不耐高热的制剂的灭菌。

3. 煮沸灭菌法

煮沸灭菌法是把待灭菌物品放入沸水中加热灭菌的方法。通常煮沸 30～60min。本法灭菌效果差，常用于注射器、注射针等器皿的消毒。必要时加入适当的抑菌剂，如甲酚、苯酚、三氯叔丁醇等，可杀死芽孢菌。

4. 低温间歇灭菌法

低温间歇灭菌法是将待灭菌的物品，用 60～80℃ 的水或流通蒸汽加热 1h，将其中的细胞繁殖体杀死，然后在室温中放置 24h，让其中的芽孢发育成为繁殖体，再次加热灭菌、放置，反复进行 3～5 次，直至消灭芽孢为止。本法适用于不耐高温的制剂灭菌。缺点是：费时、工效低，芽孢的灭菌效果往往不理想，必要时加适量的抑菌剂，以提高灭菌效果。

5. 影响湿热灭菌的因素

① 细菌的种类与数量。不同细菌，同一细菌的不同发育阶段对热的抵抗力有所不同，繁殖期对热的抵抗力比衰老时期小得多，细菌芽孢的耐热性更强。细菌数越少，灭菌时间越

短。注射剂的配制灌封后应当日灭菌。

② 药物性质与灭菌时间。一般来说，灭菌温度越高灭菌时间越短。但是，温度越高，药物的分解速度加快，灭菌时间越长，药物分解得越多。因此，考虑到药物的稳定性，不能只看到杀灭细菌的一面，还要保证药物的有效性，应在达到有效灭菌的前提下可适当降低灭菌温度或缩短灭菌时间。

③ 蒸汽的性质。蒸汽有饱和蒸汽、湿饱和蒸汽和过热蒸汽。饱和蒸汽热含量较高，热的穿透力较大，因此灭菌效力高。湿饱和蒸汽带有水分，热含量较低，穿透力差，灭菌效力较低。过热蒸汽温度高于饱和蒸汽，但穿透力差，灭菌效率低。

④ 介质的性质。制剂中含有营养物质，如糖类、蛋白质等，增强细菌的抗热性。细菌的生活能力也受介质 pH 值的影响。一般中性环境耐热性最大，碱性次之，酸性不利于细菌的发育。

二、湿热灭菌设备

湿热灭菌设备主要有热压灭菌柜、水浴式灭菌柜和回转式水浴式灭菌柜等，下面主要介绍热压灭菌柜。

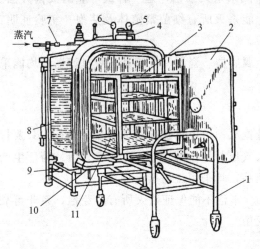

图 8-4　大型卧式热压灭菌柜

1—搬运车；2—柜门；3—铅丝网格架；4—蒸汽控制阀门手柄；5—夹套压力表；6—柜室压力表；7—蒸汽旋塞；8—外壳；9—夹套回气装置；10—温度计；11—活动格车

热压灭菌柜有密封端盖，可以使饱和水蒸气不逸出，由于水蒸气量不断增加，而使灭菌器内的压力渐渐增大，利用高压蒸汽杀灭细菌，是一种公认的可靠灭菌法。现在国内很多企业使用的方形高压灭菌柜，能密闭耐压，有排气口、安全阀、压力和温度指示装置。如图 8-4 所示，带有夹套的灭菌柜备有带轨道的活动格车，分为若干格。灭菌柜顶部装有两只压力表，一只指示蒸汽夹套内的压力，另一只指示柜室内的压力。灭菌柜的上方还应安装排气阀，以便开始通入加热蒸汽时排除不凝性气体。灭菌柜的主要优点是批次量较大，温度控制系统准确度及精密度较好，产品灭菌过程中受热比较均匀。

热压灭菌柜为高压设备，必须按 GB150—2011《压力容器（合订本）》和《压力容器安全技术监察规程》制造，确保使用安全。使用时必须严格按照操作规程进行操作。使用热压灭菌柜应注意以下几点。

① 灭菌柜的结构、被灭菌物品的体积、数量、排布均对灭菌的温度有一定影响，故应先进行灭菌条件实验，确保灭菌效果。

② 灭菌前应先检查压力表、温度计是否灵敏，安全阀是否正常，排气是否畅通；如有故障必须及时修理，否则可造成灭菌不安全，也可能因压力过高，使灭菌器发生爆炸。

③ 排尽灭菌器内的冷空气，使蒸气压与温度相符合。灭菌时，先开启放气阀门，将灭菌器内的冷空气排尽。因为热压灭菌主要依靠蒸汽的温度来杀菌，如果灭菌器内残留有空

气，则压力表上所表示的不是器内单纯的蒸汽压强，结果，器内的实际温度并未达到灭菌所需的温度，致使灭菌不完全。此外，由于水蒸气被空气稀释后，可妨碍水蒸气与灭菌物品的充分接触，从而降低了水蒸气的灭菌效果。

④ 灭菌时间必须在全部灭菌药物的温度真正达到所要求的温度时算起，以确保灭菌效果。

⑤ 灭菌完毕应缓慢降压，以免压力骤然降低而冲开瓶塞，甚至玻璃瓶爆炸。待压力表回零或温度下降到 40～50℃时，再缓缓开启灭菌器的柜门。对于不易破损而要求灭菌后为干燥的物料，则灭菌后应立即放出灭菌器内的蒸汽，以利干燥。

 目标检测

1. 试述制药生产中所用的灭菌方法。
2. 试述各种灭菌方法的灭菌机理及适用。
3. 试述干热灭菌与湿热灭菌的不同点。
4. 常用的干热灭菌设备有哪些？
5. 试述卧式热压灭菌柜结构。

第九章

口服固体制剂生产设备

 学习目标

掌握粉碎机、混合设备、筛分设备、快速混合制粒机、沸腾制粒机、旋转式压片机、高效包衣机、硬胶囊充填设备以及软胶囊压制设备的结构原理、技术参数、操作维护、特点和选用原则，为将来从事口服固体制剂生产设备的操作和维护、设备选型和车间设计奠定基础。

 思政与职业素养目标

通过口服固体制剂生产设备的操作维护和设备选型，培养合规意识与创新发展、勇于钻研的职业精神。

口服固体制剂的剂型品种丰富、临床用药方便，是目前临床应用最广泛的剂型之一。常见的口服固体制剂包括片剂、胶囊、颗粒剂等，工艺流程如图9-1所示。在制剂生产中，相同或不同制剂的不同生产工艺都要选用与之相适应的生产设备。本章主要从片剂和胶囊剂两类剂型介绍其生产设备。

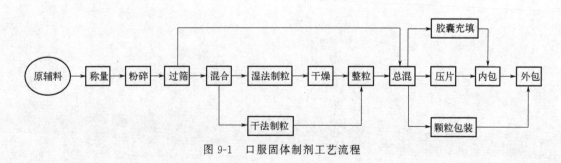

图 9-1　口服固体制剂工艺流程

第一节　粉碎、过筛、混合和制粒设备

一、粉碎设备

（一）粉碎概述

粉碎是借机械力将大块固体物料粉碎成适宜程度的碎块或细粉的操作过程。

在药物制剂生产时，需要将药物和辅料进行粉碎，以提高复方药物或药物与辅料的混合均匀；增加药物的比表面积，以利药物溶解和吸收，使某些难溶性药物的溶出速率增加，提高其生物利用度；粉碎后的药物有利于制备各种剂型，如散剂、片剂、混悬剂、胶囊剂等，提高这些剂型的质量；通过粉碎也能加速中药材有效成分的溶解和扩散，减少溶剂的用量，提高浸出率，使提取更加完全。

粉碎方法有干法粉碎、湿法粉碎、开路粉碎和低温粉碎等。

（1）干法粉碎　将药物预先经过适当干燥，使药物中的含水量降低至5%以下。干燥温度不高于80℃。

（2）湿法粉碎　在药物中加入适量水或其他液体进行研磨的粉碎方法。选用的液体以药物遇湿不膨胀、不引起变化、不妨碍药效为原则。可得到细度较高的粉末，同时对某些刺激性较强的或有毒药物可避免粉尘飞扬。

（3）开路粉碎　物料只通过设备一次即得到粉碎产品，称为开路粉碎。适用于粗碎或粒度要求不高的碎粒。粉碎产品中含有尚未达到粉碎粒径的粗颗粒，通过筛分设备将粗颗粒重新送回粉碎机二次粉碎，称为闭路粉碎，也称循环粉碎。用于粒度要求较高的粉碎。

（4）低温粉碎　将物料或粉碎机进行冷冻的粉碎方法称为低温粉碎。

根据粉碎原理，粉碎机可分为撞击式粉碎机、球磨机、气流粉碎机等几种，下面主要介绍万能粉碎机、球磨机和气流粉碎机三种粉碎设备。

（二）万能粉碎机

1. 万能粉碎机结构与原理

万能粉碎机结构如图9-2所示，主要由带钢齿的固定圆盘、带钢齿的回转圆盘、环形筛板、加料斗、抖动装置、电机、传动机构等组成。装在主轴上的回转圆盘钢齿较少，固定在密封盖上的圆盘钢齿较多，且是不转动的。当盖密封后，两盘钢齿在不同半径上以同心圆排列方式互相处于交错位置，转盘上的钢齿能在其间作高速旋转运动。

万能粉碎机的粉碎功能是在各级粉碎腔中完成的。物料放入料斗中后，在插板的控制下进入进料

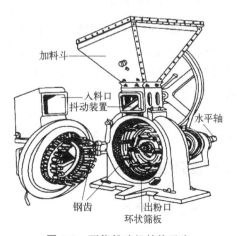

图 9-2　万能粉碎机结构示意

口，物料在活动粉碎盘高速旋转的离心力作用下，逐级进入一至四级粉碎腔，在一、二、三级高速旋转的粉碎刀碰撞下，其运动速度也不断被加速。高速运动的物料与物料、物料与动粉碎刀及物料与内外固定粉碎器的相互碰撞下，不断被逐级粉碎。同时，物料在高速旋转的各级动粉碎刀与固定粉碎器之间及与固定粉碎盘之间不断被剪切，在这两种粉碎功能的同时作用下，物料被粉碎成细颗粒状粉体。这些粉体在高速旋转的离心力作用下，不断地被排出筛网，成为合格的产品从出料口中出来。

2. 万能粉碎机的特点与应用

万能粉碎机属于撞击式粉碎机，以撞击作用为主，是中细碎机种，适用于多种中等硬度的干燥物料，如结晶性药物，非组织性的块状脆性药物以及干浸膏颗粒等的粉碎。平均粒径在 60～120 目，生产能力 20～800kg/h。腐蚀性大、剧毒药、贵重药不宜使用。由于粉碎过程中会发热，故也不宜用于含有大量挥发性成分和软化点低、具有黏性的药物的粉碎。

（三）球磨机

图 9-3 是球磨机的示意图，它是由圆柱形筒体、端盖、轴承和传动大齿圈、衬板等主要部件构成，筒体内装有直径为 25～150mm 的钢球（也称磨介或球荷），其装入量为整个筒

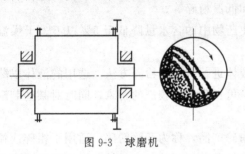

图 9-3　球磨机

体有效容积的 25%～45%。物料在球磨机的圆筒内受到连续研磨、撞击和滚压作用而碎成细粉。球磨机使用时将药物与磨介装入滚筒后，在电动机的带动下以一定速度转动，要求有适当的速度，才能获得较好的粉碎效果。

适于粉碎结晶性药物以及非组织的脆性药物。对具有刺激性的药物可防止有害粉尘飞扬；对具有较大吸湿性的浸膏可防止吸潮；对挥发性药物及细料药也适用。如易与铁起作用的药物可用瓷制球磨机进行粉碎。对不稳定药物，可充惰性气体密封，研磨效果好。属于细碎机种，碎制品的粒径在 100 目以上，广泛用于干法粉碎外，还可以用湿法干燥。

（四）气流粉碎机

气流粉碎机又称流能磨，属于微细碎机种。将经过净化和干燥的压缩空气通过一定形状的喷嘴，形成高速气流，以其巨大的动能带动物料在密闭粉碎腔中互相碰撞而产生剧烈的粉碎作用。粉碎效率高、能耗低、磨损小，能粉碎高硬度的物料，产品粒度分布窄，粒度调整极为方便，操作方便，全封闭作业，抗污染性极好，适用范围广，设备运行平稳、安全可靠。

气流粉碎机种类较多，有圆盘式气流粉碎机、环形气流粉碎机、靶式气流粉碎机等。其中环形气流粉碎机较为常用。

二、过筛设备

（一）筛分概述

筛分是利用外力使筛面上的粉粒群产生运动而分离或分级的过程，广泛用于制药原料、

中间产品、辅料按规定粒数范围进行分离或分级。

筛分效率是指实际筛过粉末数量与可筛过粉末数量之比。在筛分中，并非所有小于筛孔的粉末一定能通过筛孔。

（二）筛分设备

1. 旋振筛

旋振筛是一种特殊型、高精度细微粉筛选机，结构如图9-4所示。

该机原理是利用偏心轮或凸轮的往复振动，物料在重力作用下通过筛网入底槽，由出料口排出，粗粉粒顺着筛移动，自筛出口直接落入粉碎机。

特点是：①连续生产、自动分级筛选；②封闭结构、无粉灰溢散；③结构紧凑、噪声低、产量高、能耗低；④启动迅速、停车极平稳；⑤体积小、安装简单、操作维护方便；⑥可根据不同目数安装丝网，且更换方便。

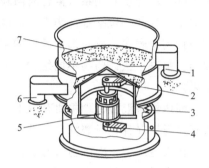

图9-4　旋振筛结构示意
1—粗料出口；2—上部重锤；3—弹簧；
4—下部中锤；5—电机；6—细料
出口；7—筛网

2. 悬挂式偏重筛粉机

主要由主轴、偏重轮、筛子、接受器等组成。筛粉机悬挂于弓形铁架上，弓形架下边的圆盘可移动，不需要固定。

操作时，开动电机，带动主轴旋转，偏重轮随即高速旋转，由于偏重轮一侧焊接着偏重铁，使筛的两侧因不平衡而产生振荡。当药粉装入筛子中，细粉很快通过筛网而落入到接受器或空桶中。

特点：结构简单，占地面积小，使用方便，易于操作，间歇操作，过筛效率较高，适用于无显著黏性的药粉筛分。

3. 电磁振动筛粉机

结构是筛的边框上支撑着电磁振动装置，磁芯下端与筛网相连。操作时，由于磁芯的运动，使筛网在垂直方向运动，筛网不易堵塞。适用于黏性较强的药粉的过筛。

4. 微细分级机

微细分级机为离心式气流分离筛。工作原理是根据叶轮高速旋转，由于粒子质量不同而产生的离心力大小不同，将粗粒与细粒分开。

物料随气流经给料管、可调管送入机内，经过锥形体进入分级区，轴带动轮筐高速旋转改变分级粒度。细粒随气流经过叶片的缝隙经排出口分出，粗粒被叶片阻隔，沿中部机体的内壁向下运动，由环形体从下部的粗粒排出口排出。气流经过下落的粗粒物料，将夹杂的细粉分出。

特点：①分级范围广，细度5～120μm；②分级精度高；③结构简单，维修、操作、调节容易；④可以与各种粉碎机配套使用。微细分级机可用于各种物料的细粉筛分，广泛用于医药、化工、农药等行业。

三、混合设备

（一）混合概述

由两种或两种以上的不均匀组分组成的物料，在外力作用下使之均质化的操作称为混合。

药物粉末的混合与微粒形状、密度、粒度大小和分布范围以及表面效应有直接关系，与粉末的流动性也有关系。混合时微粒之间会产生作用于表面的力使微粒聚集而阻碍微粒在混合器中的分散。包括范德华力、静电荷力及微粒间接触点上吸附液体薄膜的表面张力，因这些力作用于表面，故对细小微粒的影响较大。其中静电力是阻止物料在混合器中混合的主要原因。解决方法：药物不同组分分别加入表面活性剂或润滑剂等帮助混合，达到混合最佳效果。

固体物料混合机理主要有以下三种：对流混合、剪切混合、扩散混合等。常用的混合方法有：搅拌混合、研磨混合、过筛混合等。

在大生产中，固体物料的混合采用容器旋转型和容器固定型混合机以及气流混合机。容器旋转型混合机包括 V 形混合机、立式圆筒混合机、三维运动混合机等。固定型混合机包括多种类型的混合机或混合桶，常用的有卧室槽形混合机、双螺旋锥形混合机、多用混合机等。

（二）三维运动混合机

在传统的混合机中，物料在工作时只作分与合的扩散和对流运动，由于离心力的产生，对密度差异悬殊的物料在混合过程中产生比重偏析，而使混合均匀度低、效率差。三维运动混合机结构如图 9-5 所示，其混合容器为两端锥形的圆桶，桶身被两个带有万向节的轴连接，其中一个轴为主动轴，另一个轴为从动轴。

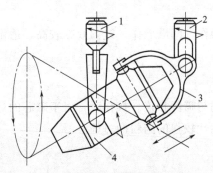

图 9-5　三维运动混合机
1—主动轴；2—从动轴；
3—万向节；4—混合桶

当主动轴旋转时，由于两个万向节的夹持，混合容器在空间既有公转又有自转和翻转，做复杂的空间运动。

当主轴转动一周时，混合容器在两空间交叉轴上下颠倒 4 次，因此物料在容器内除被抛落、平移外还做翻倒运动，进行着有效的对流混合、剪切混合和扩散混合，使混合在没有离心力作用下进行，故具有混合均匀度高、物料装载系数大的特点。

各组分可有悬殊的质量比，混合时间仅为 6～10min/次。最佳装载容量为料桶的 80%，最大装载系数为 0.9。混合均匀性可达 99%。混合同时可进行定时定量喷液，适用于不同密度和状态的物料混合。

（三） V 形混合机

V 形混合机结构如图 9-6 所示，其由两个圆筒成 V 形交叉结合而成，并安装在一个与两筒体对称线垂直的圆轴上，两个圆桶一长一短，圆口经盖封闭。当容器围绕轴旋转一周时，容器内的物料一合一分，容器不停转动时物料经多次的分开与混合而达到均匀。

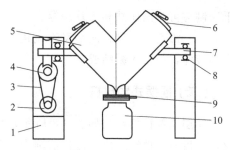

图 9-6　V 形混合机

1—机座；2—电机；3—传动带；4—蜗轮蜗杆；
5—容器；6—容器盖；7—旋转轴；8—轴承；
9—出料口；10—盛料器

V 形混合机以对流混合为主，混合速度快，混合效果良好，应用广泛。操作中最适宜的转速可取临界转速的 30%～40%；最适宜充填量为 30%。用于流动性较好的干性粉状、颗粒状物料的混合。适用面较宽，如遇易结团块的物料，可在容器内安装一个逆向旋转的搅拌器，以适用混合较细的粉粒、块状、含有一定水分的物料。物料可作纵横方向流动，混合均匀度达 99% 以上。混合效率高，一般在几分钟内即可混合均匀一批物料。

（四）方锥形混合机

方锥形混合机（图 9-7）由正方形和正锥形组合而成，混合容器作旋转运动，容器内物料作多向运动，使容器内物料混合点多，效果好，混合均匀度高，能非常均匀地混合粉体或颗粒，使混合后的物料达到优质效果，是一种广泛应用于制药、化工、食品、轻工等行业的新型物料混合机。

图 9-7　方锥形混合机

方锥形混合机混合时旋转轴线同混合容器中心偏离一个角度，容器转动时，物料做扩散、流动和切向运动，这样被混合物料在频繁和快速旋转翻动作用下，进行着物料间扩散、收缩、流动和切向运动，使物料由各自状态达成相互掺杂，确保物料在短时间内达成理想混合要求。

特点：整机设计新颖、结构紧凑、外形美观、混合均匀度达 99%，最大装料系数达 0.7。回转高度低、运转平稳、性能可靠、操作方便。桶体内外壁均经镜面抛光，无死角、易出料、易清洗、无交叉污染，符合 GMP 要求。

四、制粒设备

（一）制粒概述

颗粒制造设备是将各种形态，比如粉末、块状、油状等的药物制成颗粒状，便于分装或用于压制片剂的设备。目的是：去掉黏附性、飞散性、聚集性；改善流动性；变质量计算方法为容量计算方法；压缩性好，便于压片；充填性好，便于充填。

常用制粒方法包括湿法制粒、干法制粒和沸腾干燥制粒法。

（1）湿法制粒　粉末中加入液体黏合剂（有时采用中药提取的稠膏），混合均匀，制成颗粒。

（2）干法制粒　将粉末在干燥状态下压缩成型，再将压缩成型的块状物破碎制成颗粒。

干法制粒可分滚压法和压片法等。

（3）沸腾干燥制粒法　又称流化喷雾制粒，是用气流将粉末悬浮，呈流态化，再喷入黏合剂液体，使粉末凝结成粒。

（二）摇摆式颗粒机

摇摆式颗粒机结构如图 9-8 所示，由底座、电机、传动皮带、蜗轮蜗杆、齿条、料斗、滚轮、齿轮、挡块组成，是目前国内常用的制粒设备，结构简单、操作方便。

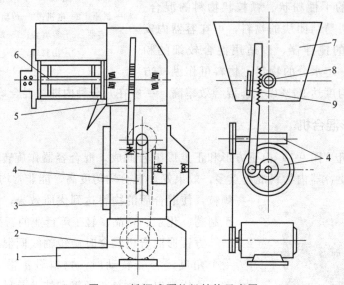

图 9-8　摇摆式颗粒机结构示意图

1—底座；2—电机；3—传动带；4—蜗轮蜗杆；5—齿条；6—七角滚轮；7—料斗；8—转轴齿轮；9—挡块

工作原理：强制挤出机理，电机使皮带传动，带动减速器螺杆，经齿轮传动变速。电机在进行动力传动的同时，蜗轮上的曲柄旋转配合齿条做上下往复运动。由齿条上下往复运动使与之啮合的齿轮做摇摆运动。七角滚轮由于受到机械作用而进行正反转的运动。当这种运动周而复始地进行时，被夹管夹紧的筛网紧贴在滚轮的轮缘上，此时在轮缘点处，筛网孔内的软材呈挤压状，轮缘将软材挤向筛孔而将孔中的原料挤出。

对物料的性能有一定要求，物料必须黏松适当，即在混合机内制得的软材要适宜于制粒，太黏挤出的颗粒成条不易断开，太松则不能成颗粒而变成粉末。

特点：①成品粒径分布均匀，利于湿粒的均匀干燥；②机器运转平稳，噪声小，易清洗。③加料量与筛网位置的松紧可影响颗粒质量；④制备成型工艺的方法经验性强，没有固定的参数可控制，在大生产中波动较大；⑤适用于实验室小试及中试生产。

（三）干法制粒机

干法制粒是将药物与辅料的粉末混合均匀后压成大片状或板状，然后再粉碎成所需大小颗粒的方法。

干法制粒有压片法和滚压法。压片法系将固体粉末首先在重型压片机上压实，制成直径 20～25mm 的胚片，然后再破碎成所需大小的颗粒。

滚压法系利用转速相同的两个滚动圆筒之间的缝隙，将药物粉末滚压成片状物，然后通过颗粒机破碎制成一定大小颗粒的方法。片状物的形状根据压轮表面的凹槽花纹来决定，如光滑表面或瓦楞沟槽等。

干法制粒不需要使用黏合剂制成湿颗粒再干燥的过程，因此适用于热敏性物料、遇水易分解的药物。另外，因为是直接压缩成片，所以适用于容易压缩成型的药物的制粒，方法简单、省工、省时，但采用干法制粒时，应注意由于压缩引起的晶型转变及活性降低等问题。

（四）快速混合制粒机

快速混合制粒机结构如图 9-9 所示，主要由盛料器、搅拌桨、搅拌电机、制粒刀、制粒电机、电器控制器和机架等组成。造粒过程是由混合及制粒两道工序在同一容器中完成的。

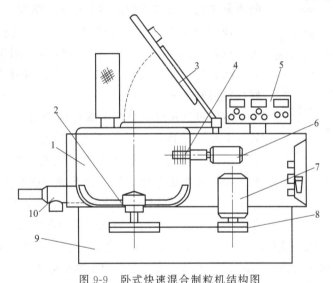

图 9-9　卧式快速混合制粒机结构图

1—盛料器；2—搅拌桨；3—盖；4—制粒刀；5—控制器；6—制粒电机；7—搅拌电机；

8—传动带；9—机座；10—控制出料门

粉状物料在固定的容器中，由于混合桨的搅拌作用，使物料碰撞分散成半流动的翻滚状态，达到充分的混合。随着黏合剂的注入，使粉料逐渐湿润，物料形状发生变化，加强了搅拌桨和筒壁对物料的挤压、摩擦和捏合作用，从而形成潮湿均匀的软材。这些软材在制粒机桨的高速切割整粒下，逐步形成细小而均匀的湿颗粒，最后由出料口排料。颗粒目数和大小由物料的特性、制粒刀的转速和制粒时间等因素制约。

操作时先将主、辅料按处方比例加入容器内，开动搅拌桨先将干粉混合 1～2min，待均匀后加入黏合剂。物料在变湿的情况下再搅拌 4～5min。此时物料已基本成软材状态，再打开快速制粒刀，将软材切割成颗粒状。由于容器内的物料快速翻动和转动，使得每一部分的物料在短时间内都能经过制粒刀，即都能切成大小均匀的颗粒。

混合制粒时间短（8～20min），制成的颗粒大小均匀、质地结实、细粉少，压片时流动性好，压成片后硬度高，崩解、溶出性能也较好。制粒时所消耗的黏合剂比传统的槽形混合机要少。工作时室内环境清洁，设备清洗方便。

（五）沸腾制粒机

沸腾制粒机结构如图 9-10 所示，分成四部分，第一部分是空气过滤加热部分。第二部分是物料沸腾喷雾和加热部分。第三部分是粉末收集、反吹装置及排风结构。第四部分是输液泵、喷枪管路、阀门和控制系统。主要包括流化室、原料容器、进风口、出风口、空气过滤器、空压机、供液泵、鼓风机、空气预热器、袋滤装置等。

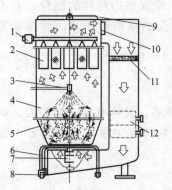

图 9-10　沸腾制粒机结构示意
1—反冲装置；2—过滤袋；3—喷枪；
4—喷雾室；5—盛料器；6—台车；
7—顶升气缸；8—排水口；9—安全
盖；10—排气口；11—空气过滤器；
12—加热器

物料粉末粒子在原料容器（流化床）中呈环流化状态，受到经过净化后的加热空气预热和混合，将黏合剂溶液雾化喷入，使若干粒子聚集成含有黏合剂的团粒，由于空气对物料的不断干燥，使团粒中水分蒸发，黏合剂凝固，此过程不断重复进行，形成均匀的多微孔球状颗粒。

该设备需要电力、压缩空气、蒸汽三种动力源。电力供给引风机、输液泵、控制柜。压缩空气用于雾化黏合剂，脉冲反吹装置、阀门和驱动气缸。蒸汽用来加热流动的空气，使物料得到干燥。

空气过滤加热部分的上端有两个口，一个是空气进入口，另一个是空气排出口。空气进入后经过过滤器，滤去尘埃杂质，通过加热器，进行热交换。气流吸热后从盛料容器的底部向上冲出，使物料呈沸腾状态。物料沸腾喷雾和加热部分下端是盛料器，安放在台车上，可以向外移出，向里推入到位，并受机身座顶升气缸的上顶进行密封，呈工作状态。

盛料容器的底是一个布满直径 1~2mm 小孔的不锈钢板，开孔率为 4%~12%，上面覆盖一层 120 目不锈钢丝制成的网形成分布板。上端是喷雾室，在该室中，物料受气流及容器形态的影响，产生由中心向四周的上下环流运动。黏合剂由喷枪喷出。粉末物料受黏合剂液滴的黏合，聚集成颗粒，受热气流的作用，带走水分，逐渐干燥。

沸腾制粒机适用于含湿或热敏性物料的制粒。缺点是动力消耗较大，物料密度不能相差太大。

第二节　压片、包衣和胶囊设备

一、压片设备

（一）压片概述

片剂是药物剂型中使用较多的剂型之一。它是由一种或多种药物配以适当的辅料经加工而成。生产方法有粉末压片法和颗粒压片法两种，粉末压片法是直接将均匀的原辅料粉末置于压片机中压成片状；颗粒压片法是先将原辅料制成颗粒，再置于压片机中冲压成片状。

片剂成型是药物颗粒或粉末和辅料在压片机冲模中受压产生内聚力的黏结作用而紧密结合的结果。

压片机可以压制各种形状的片剂，如扁圆形、圆弧形、椭圆形、三角形、长圆形、方形、菱形、圆环形。还可以根据各种需求压制单层、双层、三层、包芯片。

压片机基本结构是由冲模（图9-11）、加料机构、充填机构、压片机构、出片机构等组成。

（二）单冲压片机

单冲压片机结构如图9-12所示。

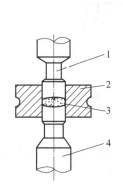

图 9-11　压片机冲模组合图
1—上冲；2—中模；3—颗粒；4—下冲

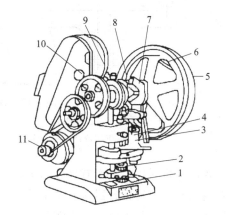

图 9-12　单冲压片机
1—片重调节器；2—出片调节器；3—上冲；4—饲料靴；5—飞轮；
6—手柄；7—右偏心轮；8—中偏心轮；9—左偏心轮；
10—齿轮；11—电机

加料：下冲杆降到最低，上冲离开模孔，饲料靴在模孔内摆动，颗粒充填在模孔内。

压片：饲料靴从模孔上面移开，上冲压入模孔。推片：上冲上升，下冲上升，顶出药片。该机构造简单、清洗方便，使用物料少。

调节下冲的高度可以改变片重的大小，调节上冲的高度可以改变上下冲之间的距离，以此来调节压片的压力。单冲压片机的缺点是间歇生产，间歇加料、间歇出料，生产效率低，适用于实验室小试和中试生产。

（三）旋转式压片机

1. 旋转式压片机结构

结构如图9-13所示。

2. 旋转式压片机的原理

基本与单冲压片机相同，同时又针对瞬时无法排出空气的缺点，变瞬时压力为持续且逐渐增减压力，从而保证了片剂的质量。

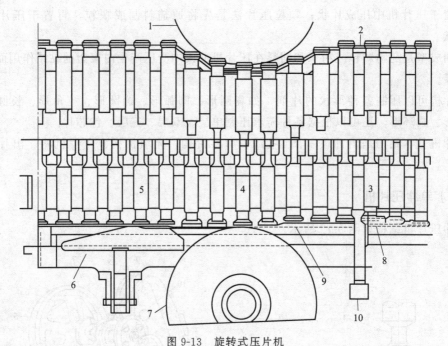

图 9-13　旋转式压片机

1—上压轮；2—上冲轨道；3—出片；4—加压；5—加料；6—片重调节器；

7—下压轮；8—下冲轨道；9—出片轨道；10—出片调节器

旋转式压片机对扩大生产有极大的优越性，由于在转盘上设置了多组冲模，绕轴不停旋转。颗粒由加料斗通过饲料器流入位于其下方的、置于不停旋转平台之中的模圈中。当上冲和下冲转动到两个压轮之间时，将颗粒压成片。

3. 压片机压片过程中可能会出现的问题

（1）片重差异　不能超过规定的限度。

① 冲头长短不一：用卡尺检查每个冲头。

② 加料斗高度装置不对：调节加料斗位置和挡粉板开启度，使加料斗中颗粒保持一定数量，使落下速度相等，使加料器上堆积颗粒均衡，并使颗粒能均匀加入模孔中。

③ 料斗或加料器堵塞：停车检查。

④ 颗粒引起片重差异：提高颗粒质量。

⑤ 压片机故障或工作上疏忽：做好机件保养，检查机件有无损坏。

（2）花斑

① 颗粒过硬或有色片剂的颗粒松紧不均。颗粒应松软些，有色片剂多采用乙醇润湿剂进行制粒，最好不采用淀粉浆。

② 复方制剂中原辅料颜色差异太大，在制粒前未经磨碎或混合不均容易产生花斑。压片时的润滑剂必须经细筛筛过并与颗粒充分混匀。

③ 易引湿的药品如三溴片、碘化钾片、乙酰水杨酸片等在潮湿情况下与金属接触易变色，应当在干燥天气生产并减少与金属接触来改善。

④ 压片时，上冲油垢过多，随着上冲移动而落于颗粒中产生油点。只需经常清除过多的油垢就可克服。

（3）叠片 两片压在一起，压片时由于粘冲或上冲卷边等原因致使片剂粘在上冲上，再继续压入已装颗粒的模孔中而成双片。或者由于下冲上升位置太低，而没有将压好的片剂及时送出，又将颗粒加入模孔中重复加压。这样压力相对过大，机器易受损害，应及时停车，调换冲头，检修调节器来解决。

（4）松片 片剂压成后，用手轻轻加压即行碎裂。

① 黏合剂或润湿剂用量不足或选择不当，颗粒疏松，细粉多。

② 颗粒含水量太少，完全干燥的颗粒有较大的弹性变形，所压成片剂的硬度较差，许多含有洁净水的药物，在颗粒烘干时会失去一部分的结晶水，颗粒变松脆，容易形成松片。在颗粒中喷入适量的稀乙醇（50％～60％）。

③ 药物本身的性质，如脆性、可塑性、弹性和硬度等。

④ 压力过小引起松片多，若压片机冲头长短不齐，则片剂所受压力不同，故压力或冲头应调节适中。

（5）裂片 片剂受到振动或经放置时，从腰间开裂或顶部脱落一层。

① 黏合剂或润湿剂选择不当。用量不够，黏合力差，颗粒过粗、过细或细粉过多。

② 颗粒中油类成分较多，减弱了颗粒间的黏合力，或由于颗粒太干以及含结晶水的药物失去结晶水过多而引起。先用吸收剂将油类成分吸干后，再与颗粒混合压片，也可与含水较多的颗粒掺合压片。

③ 富有弹性的纤维性药物在压片时易裂片，可加糖粉克服。

④ 压力过大，片剂太厚。

⑤ 冲模不合格，压力不均，使片剂部分受压过大而造成顶裂。

（6）崩解迟缓

① 黏合剂选择不当，用量不足，干燥不够，崩解力差。

② 黏合剂的黏性太强，用量过多或润湿剂的疏水性太强，用量过多。可适当增加崩解剂的用量。

③ 压片时压力过大，片剂过于坚硬，可在不引起松片情况下减少压力。

（四）高速压片机

为提高产量，旋转式压片机已逐渐发展成为高速度压片的机器，通过增加冲模的套数，使用强迫加料器以改进饲料装置，使用预压装置改善片剂质量。具有二次压缩点的旋转式压片机是参照双重旋转式压片机，以及那些仅有一个压缩点和单个旋转机台的压片机设计而成的。

在高速旋转式压片机中有半数的片子在片剂滑槽中旋转了180°，它们在边界之外移行，并和压出的第二片片剂一起移出。生产能力为1400～10000片/min，型号较多，能生产各种特殊形状的异形片、圆形片、双面刻字片等。目前国内生产常用的为35冲、42冲、65冲等。

压片机的主电机通过交流变频无级调速器，并经蜗轮减速后带动转台转动。转台的转动使上下冲头在导轨的作用下产生上下相对运动。颗粒经过充填、预压、主压、出片等工序被压成片剂。

特点：转速快、产量高、片剂质量好；能将颗粒状物料连续进行压片，可以压制圆片及各种异形片；还具有全封闭、压力大、噪声低、生产效率高、润滑系统完善、操作自动化等特点。

目前世界上主要压片机厂商都已拥有 100 万片/h 的压片机。高速压片机正朝着密闭生产、高速高产、CIP/WIP 技术、在线自动检测和模块化、智能化的方向发展。

二、包衣设备

（一）包衣概述

未经包衣的片剂称为素片，经过包衣的片剂称为包衣片。一般药物经压片后，为了保证片剂在储存期间质量稳定或便于服用及调节药效等，有些片剂还需要在表面包以适宜的物料，该过程称为包衣。包衣可以分为：①糖衣——由"隔离衣、粉衣层、糖衣层、有色衣层、打光"等工序组成。②薄膜衣——有机溶媒，把聚合物溶液或分散液均匀涂布在固体制剂的表面，形成数微米厚的塑性薄膜层。

将素片包制成糖衣片、薄膜衣或肠溶衣的设备即片剂包衣设备。

（二）主要设备

国内的片剂包衣设备主要有荸荠式包衣机、高效包衣机和沸腾喷雾包衣机等。

① 用于手工操作的荸荠式包衣机。锅的直径有 0.8m 和 1m 两种，可分别包制 80kg 和 100kg 左右的药片（包好后的质量），材料有铜和不锈钢两种。

② 经改造后采用喷雾包衣的荸荠式糖衣机。锅的大小、包衣量、材料等均与手工的相同，只要加上一套喷雾系统就可以进行自动喷雾包衣的操作工艺。

③ 用引进或使用国产的高效包衣机，进行全封闭的喷雾包衣。

④ 用引进或使用国产的沸腾喷雾包衣机，进行自动喷雾包衣。

1. 荸荠式包衣机

结构如图 9-14 所示，主要包括锅体、动力部分和加热鼓风吸尘部分。锅体样式为荸荠形，锅体浅、口大，各部分厚度均匀，内外表面光滑；采用电阻丝直接加热和热风加热；动力部分采用电机带动带轮，带轮的轴心与包衣锅相连，使包衣锅体转动，包衣锅的转速、温度和倾斜角度均可随意调整。

工作原理：包衣锅体由倾斜安装的轴支撑作回转运动，片剂在锅中滚动快，相互摩擦的机会比较多，散热及水分蒸发快，而且容易用手搅拌，利用电加热器边包层边对颗粒进行加热，可以使层与层之间更有效地干燥。该设备是目前包制普通糖衣片的常用设备，还常兼用于包衣片加蜡后的打光。

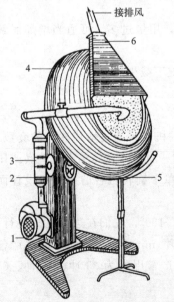

图 9-14　荸荠式包衣机
1—鼓风机；2—衣锅角度调节器；
3—电加热器；4—包衣锅；
5—辅助加热器；6—吸粉罩

2. 喷雾包衣机

喷雾包衣机分为有气喷雾和无气喷雾。

有气喷雾是包衣溶液随气流一起从喷枪口喷出。有气喷雾适用于溶液包衣。溶液中不含有或含有极少的固态物体，溶液的黏度较小，一般可使用有机溶剂或水溶性的薄膜包衣材料。

无气喷雾是包衣溶液或具有一定黏性的溶液、悬浮液在受到压力的情况下从喷枪口喷出，液体喷出时不带气体。无气喷雾由于压力较大，所以除可用于溶液包衣外，也可用于具有一定黏度的液体包衣，这种液体可以含有一定比例的固态物质，例如用于不溶性固体材料的薄膜包衣以及粉糖浆、糖浆的包衣。

喷雾包衣的应用：①埋管包衣由包衣锅、喷雾系统、搅拌器及通风系统、排风系统和控制器组成的。喷雾系统为一个内装喷头的埋管，埋管直径为80～100mm。包衣时此系统插入包衣锅中翻动的片床内。②在原有锅上安装使用将成套的喷雾装置直接装在原有的包衣锅上，即可使用。③应用于简易高效包衣机在原有的包衣锅壁上打孔而成，锅底下部紧贴排风管。当送风管送出的热风穿过片芯层沿排风管排出时，带走由喷枪喷出的液体湿气，由于热空气接触的片芯表面积得到了扩大，因而干燥效率大大提高。

喷雾包衣机为封闭形式，无粉尘飞扬，操作环境得到很大改善。

3. 高效包衣机

高效包衣机系统配置如图9-15所示，由包衣主机、喷雾系统、热风柜、排风柜等组成。

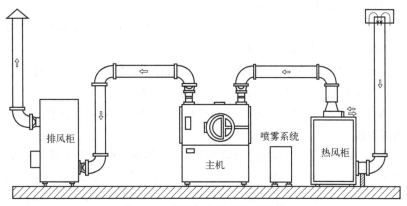

图 9-15　高效包衣机系统配置图

工作原理：片芯在包衣机洁净密闭的旋转滚筒内，不停地作复杂轨迹运动，翻转流畅，交换频繁，由恒温搅拌桶搅拌的包衣介质经过计量泵的作用，从进口喷枪喷洒到片芯，同时在排风和负压状态下，由热风柜供给的D级洁净热风穿过片芯从底部筛孔进入，再从风门排出，使包衣介质在片芯表面快速干燥，形成坚固、致密、光滑的表面薄膜。

高效包衣机的锅型结构如图9-16所示，大致可分为网孔式、间隙网孔式和无孔式三类。

网孔式包衣机包衣锅的整个圆周都带有圆孔，网孔式包衣机的传热方式决定了工作过程不存在短路现象，并能与药片表面的水分或溶剂充分接触而进行热交换，因此热能利用率较高，干燥速度较快。

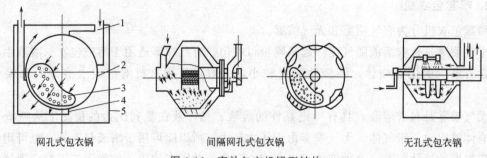

网孔式包衣锅　　　　　间隔网孔式包衣锅　　　　　无孔式包衣锅

图 9-16　高效包衣机锅型结构

1—进气管；2—锅体；3—片芯；4—排风管；5—外壳

间隔网孔式包衣机外壳的开孔部分不是整个圆周，而是按圆周的几个等分部位，每个网孔区域联结一个风管，每个风管与一个风门相通，在转动过程中，开孔部分间隔地与风管接通，处于通气状态，达到排湿的效果。这种间隙的排湿结构使锅体减少了打孔的范围，减轻了加工量。同时热量也得到充分的利用，节约了能源，不足之处是风机负载不均匀，对风机有一定的影响。

无孔式高效包衣机是指锅的圆周没有圆孔，其热交换是通过另外的形式进行的。流通的热风是由旋转轴的部位进入锅内，然后穿过运动着的片芯层，通过锅的下部两侧而被排出锅外。设备除了能达到与有孔同样的效果外，由于锅体表面平整、光洁，对运动着的物料没有任何损伤，在加工时也省却了钻孔这一工序，除了适用于片剂包衣外，也适用于微丸等小型药物的包衣。

高效包衣机包衣可能会出现的问题有：

① 粘片。由于喷量太快，违反了溶剂蒸发平衡原则而使片相互粘连。应适当降低包衣液喷量，提高热风循环，加快锅的转速。

② 橘皮膜。干燥不当，包衣液喷雾压力低，而使喷出的液滴受热浓缩程度不均造成衣膜出现波纹。出现这种情况，应立即控制蒸发速率，提高喷雾压力。

③ 架桥。是指刻字片上的衣膜造成标志模糊。放慢包衣喷速，降低干燥温度，同时应注意控制好热风温度。

④ 色斑。配包衣液时搅拌不匀或固体状物质细度不够。配包衣液时充分搅拌均匀。

⑤ 药片表面或边缘衣膜出现裂纹、破裂、剥落或者药片边缘磨损。包衣液固含量选择不当，包衣机转速过快、喷量太小引起。选择适当的包衣液固含量，适当调节转速及喷量的大小；若是片芯硬度太差引起，应改进片芯的配方及工艺。

⑥ 衣膜"喷霜"。热风湿度过高、喷程过长，雾化效果差引起。适当降低温度、缩短喷程，提高雾化效果。

⑦ 药片间有色差。喷液时喷射的扇面不均，包衣液固含量过度或者包衣机转速慢。调节喷枪喷射的角度，降低包衣液固含量，适当提高包衣机的转速。

⑧ 衣膜表面有针孔。配制包衣液时卷入过多空气。避免卷入即可。

4. 流化包衣设备

流化包衣机由主机系统、空气加热系统、空气过滤系统、排送风系统、雾化系统、控制系统组成，主机由底端进风室、喷嘴、分离室、过滤室组成，其构造如图 9-17 所示。

流化包衣机的核心是包衣液的雾化喷入方法，喷头安装位置一般有顶部、侧面切向和底部 3 种。工作时，经预热的空气以一定的速度经气体分布器进入包衣室，从而使药片悬浮于空气中，并上下翻动。随后，气动雾化喷嘴将包衣液喷入包衣室。药片表面被喷上包衣液后，周围的热空气使包衣液中的溶剂挥发，并在药片表面形成一层薄膜。

流化包衣机的优点是：包衣速度快，不受药片形状限制；喷雾区域粒子浓度低，速度大，不易粘连，适合小粒子包衣；可制成均匀、圆滑的包衣膜；缺点是包衣层较薄，且药物做悬浮运动时碰撞较强烈，外衣易碎。流化包衣机目前只限于用来包薄膜衣，但可包衣的药剂范围很广，只要颗粒粒径不是太大，包衣物质可以在不太高的温度熔融或能配制成溶液，均可应用流化包衣机。

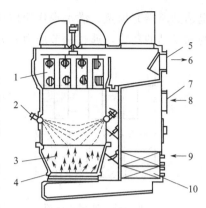

图 9-17 流化包衣机

1—袋滤器；2—喷嘴；3—流化包衣室；
4—气体分布器；5—排气口；6—废气；
7—进气口；8—空气；9—蒸汽；
10—换热器

三、硬胶囊充填设备

（一）概述

将粉状、颗粒状、片剂或液体药物直接灌装于胶壳中而成。能达到速释、缓释、控释等多种目的，胶壳有掩味、遮光等作用，利于刺激性、不稳定的药物的生产。

硬胶囊剂生产正常与否，主要取决于胶囊分装机结构形式、设备制造质量、空心硬胶囊的制造质量及贮存条件。

硬胶囊制剂生产企业使用的空心胶囊一般均由空心胶囊厂提供，空胶囊的生产过程包括：溶胶、蘸胶、干燥、脱模、截割、整理（套合）。

空心硬胶囊的质量取决于胶囊制造机的质量和工艺水平，如帽和囊体套合的尺寸精度，切口的光洁度，锁扣的可靠性，胶囊的可塑性、吸湿性等。

空心硬胶囊的储存：相对湿度 50％，温度 21℃。包装箱未打开时，相对湿度 35％～65％，温度 15～25℃。

安全型胶囊，当体、帽锁紧后很难不经破坏而使胶囊打开，可有效防止胶囊中的充填物被人替换（国内用于高附加值产品）。

（二）充填方法

1. 粉末及颗粒的充填

（1）冲程法（见图 9-18） 依据药物的密度、容积和剂量之关系，通过调节充填机的速度，变更推进螺杆的导程，来增减充填时的压力，以控制分装质量及差异。

半自动充填机对药物适应性较强，一般的粉末及颗粒均适用。

（2）填塞式定量法（见图 9-19） 用填塞杆逐次将药粉夯实在定量杯中，最后在转换杯里达到所需充填量。满足现代粉体技术要求，装量准确，误差±2%以内，特别对流动性差的和易粘的药物，通过调节压力和升降充填高度可调节充填质量。

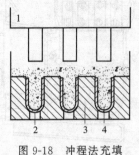

图 9-18　冲程法充填

1—充填装置；2—囊体；3—囊体盘；4—药粉

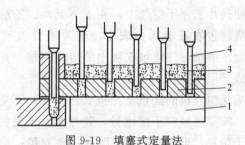

图 9-19　填塞式定量法

1—计量盘；2—计量环；3—药粉或颗粒；4—填塞杆

（3）间歇插管式定量法（见图 9-20）　采用将空心计量管插入药粉斗，由管内的冲塞将管内药粉压紧，然后计量管离开粉面，旋转180°，冲塞下降，将孔内药料压入胶囊体中。

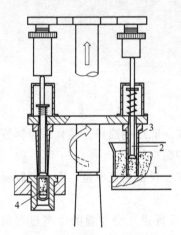

图 9-20　间歇插管式定量法

1—药粉斗；2—冲杆；
3—计量管；4—囊体

（4）连续插管式定量法　插管、计量、充填随机器本身在回转过程中连续完成。被充填的药粉由圆形储粉斗输入。粉斗通常装有螺旋输送器的横向输送装置，一个肾形的插入器使计量槽里药粉分配均匀并保持一定水平，这就使生产保持良好的重现性。每支计量管在计量槽中连续完成插粉、冲塞、提升，然后推出插管内的粉团，进入囊体。

2. 微粒的充填

微粒的充填方法主要有：

① 冲程定量法。主要用于手工操作。

② 逐粒充填法。填充物通过肾形填充器或锥形定量填充器单独、逐粒地充入胶囊体。半自动胶囊填充机及间歇式填充的全自动填充机均采用该法，胶囊应充满。

③ 双滑块定量法。依据定量原理，利用双滑块按计量室容积控制进入胶囊的药粉量。适用于混有药粉的颗粒填充，对几种微粒充入同一胶囊体特别有效。

④ 滑块活塞定量法。容积定量法，微粒流入计量管，然后输入囊体。微粒从一个料斗流入微粒盘中，定量室在盘的下方，它有多个平行计量管，此管被一个滑块与盘隔开，当滑块移动时，微粒经滑块的圆孔流入计量管，每一计量管内有一定量活塞，滑块移动将盘口关闭后，定量活塞向下移动，使定量管打开，微粒通过此孔流入胶囊体。

⑤ 活塞定量法。依据特殊计量管里采用容积定量。微粒从药物料斗进入定量室的微粒盘，计量管在盘下方，可上下移动，填充时，计量管在微粒盘内上升，至最高点时，管内的活塞上升，这样使微粒经专用通路进入胶囊体。

⑥ 定量圆筒法。微粒由药物料斗进入定量斗，此斗在靠近边上有一具有椭圆形定量切口的平面板，其作用是将药物送进定量圆筒里，并将多余的微粒刮去。平板紧贴一个有定量圆筒的转盘，活塞使它在底部封闭，而在顶部由定量板爪完成定量和刮净后，活塞下降，进

入第二次定量及刮净，然后送至定量圆筒的横向孔里，微粒经连接管进入胶囊体。

⑦ 定量管法。容积定量法，采用真空吸力将微粒定量。在定量管上部加真空，定量管逐步插入转动的定量槽，定量活塞控制管内的计量腔体积，以满足装量要求。

（三）全自动硬胶囊充填机

1. 全自动硬胶囊充填机结构

如图 9-21 所示，由机架、胶囊回转机构、胶囊送进机构、粉剂搅拌机构、粉剂充填机构、真空泵系统、传动装置、电气控制系统、废胶囊剔出机构、合囊机构、成品胶囊排出机构、清洁吸尘机构、颗粒充填机构组成。

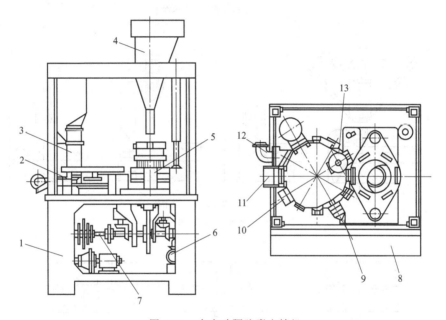

图 9-21 全自动硬胶囊充填机

1—机架；2—胶囊回转机构；3—胶囊送进机构；4—粉剂搅拌机构；5—粉剂充填机构；
6—真空泵系统；7—传动装置；8—电气控制系统；9—废胶囊剔出机构；10—合囊机构；
11—成品胶囊排出机构；12—清洁吸尘机构；13—颗粒充填机构

电气部分采用变频调速系统，对回转盘的工作速度进行无级调速，运动平稳，转速以数字显示。机械部分主传动轴采用了凸轮传动机构，使该机操作灵活方便、运动协调准确、工作可靠、生产效率高。

充填剂量可根据需要调节。由于充填是通过冲针在定量盘的垂直孔中进行的，所以粉剂充填过程无粉尘。药料进料有自动控制装置，当料斗中的物料用完时机器自动停止，这样可以防止充填量不够，保证装量准确，使充填的胶囊稳定地达到标准要求。

有较好的适应性，装上各种胶囊规格的附件可生产相应规格的胶囊，还备有安装非常方便的颗粒充填附件，可充填颗粒药料。

2. 全自动硬胶囊充填机工作原理

如图 9-22、图 9-23、图 9-24 所示。

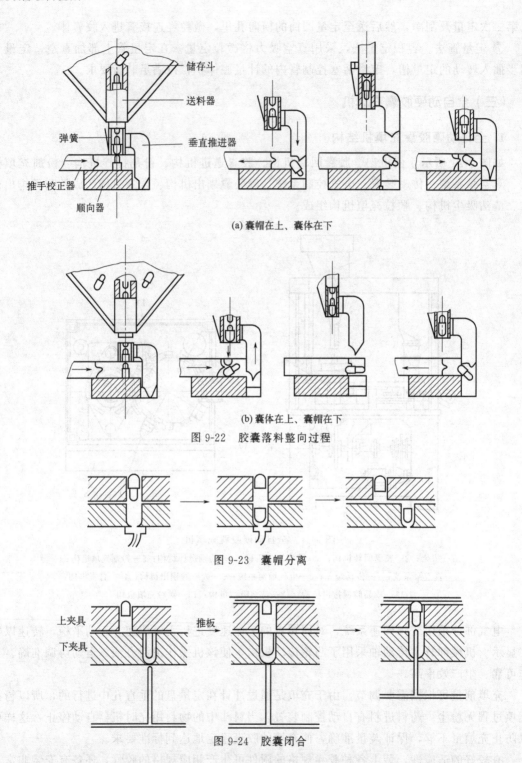

储存斗

送料器

弹簧

垂直推进器

推手校正器

顺向器

(a) 囊帽在上、囊体在下

(b) 囊体在上、囊帽在下

图 9-22　胶囊落料整向过程

图 9-23　囊帽分离

上夹具

下夹具

推板

图 9-24　胶囊闭合

　　机器灌装原则上需要如下装置。供给硬胶囊和粉粒体的装置；限制胶囊方向，插入夹具的装置；囊身与囊帽分离装置；定量充填药粉或颗粒的装置；囊身与囊帽结合装置；成品排出装置；囊身与囊帽封口装置及自动剔废装置。

　　工作时，自储存斗落下的杂乱无序的空胶囊经排序与定向装置后，均被排列成胶囊帽在上的状态，并逐个落入主工作盘上的囊板孔中。在拔囊区，拔囊装置利用真空吸力使胶囊体落入下囊板孔中，而胶囊帽则留在上囊板孔中。在体帽错位区，上囊板连同胶帽一起移开，并使胶囊体置于定量充填装置的下方。在充填区，定量充填装置将药物充填进胶囊体。在废囊剔除区，剔除装置将未拔开的空胶囊从上囊板孔中剔除出去。在胶囊闭合区，上、下囊板孔的轴线对齐，并通过外加压力使胶囊帽与胶囊体闭合。在出囊区，闭合胶囊被出囊装置顶出囊板孔，并经出囊滑道进入包装工序。在清洁区，清洁装置将上、下囊板孔中的药粉、胶囊皮屑等污染物清除。随后，进入下一个操作循环。由于每一区域的操作工序均要占用一定的时间，因此主工作盘是间歇转动的。

四、软胶囊剂设备

（一）概述

软胶囊剂又叫胶丸剂，是将油类、混悬液、药物由明胶等囊材封制成球状、椭圆形或各种特殊形状而成的制剂。该剂型是一个气密性的单元，外壳是含有明胶和甘油的胶囊壳，胶囊壳具有一定的强度和韧性。与其他口服剂型药品相比，气密性的胶壳可保护内部所灌装产品不被氧化，并具有更长的有效期和储存期。

软胶囊的制备是通过旋转模具进行胶囊成型灌封，是一个连续的一步操作，由明胶与甘油制得的胶皮经由两个连续对转的转辊，通过转辊上的模腔成型，其胶囊尺寸与形状由模腔决定，在向腔体内灌装产品的同时对胶皮进行密合，灌装恰好在密封前结束。

软胶囊的制法可以分为压制法及滴制法。压制法制成的软胶囊称为有缝软胶囊，滴制法制成的软胶囊称为无缝软胶囊。

软胶囊的制造需在洁净条件下进行。产品质量与环境有关，一般温度在 $21\sim24℃$，相对湿度为 $30\%\sim40\%$。

（二）滚模式软胶囊压制机

1. 滚模式软胶囊压制机结构

成套的软胶囊生产设备包括明胶液溶制设备、药液配制设备、软胶囊压（滴）制设备、软胶囊干燥设备、回收设备。关键设备是软胶囊压制主机，主要由机座、机身、机头、供料系统、油滚、下丸器、明胶盒、润滑系统组成。

2. 滚模式软胶囊压制机工作原理

如图 9-25 所示，由主机两侧的胶皮轮和明胶盒共同制备的胶皮相对进入滚模压缝处，药液通过供料泵经导管注入楔形喷体内，借助供料泵的压力将药液及胶皮压入两个滚模的凹槽中，由于滚模的连续转动，使两条胶皮呈两个半定义型将药液包封于胶膜内，剩余的胶皮被切断分离成网状（俗称胶网）。

（三）滴制式软胶囊机

将明胶液与油状药液通过喷嘴滴出，使明胶液包裹药液后滴入不相混溶的冷却液中，凝成丸状无缝软胶囊（见图 9-26）。主要由四部分组成：①滴制部分；②冷却部分；③电气自控系统；④干燥部分。

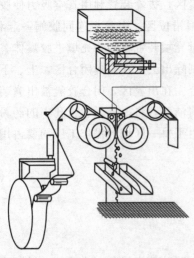

图 9-25 滚模式软胶囊机工作原理

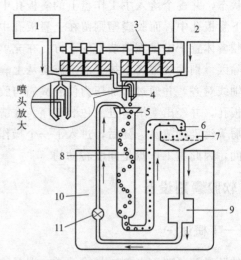

图 9-26 滴制法制软胶囊的装置

1—药液贮槽；2—明胶液贮槽；3—定量控制器；4—喷头；
5—冷却液石蜡出口；6—胶囊出口；7—胶囊收集器；8—冷
却管；9—液体石蜡贮槽；10—冷却槽；11—循环泵

第三节 包装设备

一、药品包装概述

（一）药品包装的作用

药品包装是药品生产的继续，是对药品施加的最后一道工序。药物制剂包装是指选用适宜的材料和容器，利用一定技术对药物制剂的成品进行分（灌）、封、装、贴签等加工过程的总称。对绝大多数药品来说，只有进行了包装，药品生产过程才算完成。一个（种）药品，从原料、中间体、成品、制剂、包装到使用，一般要经过生产和流通（含销售）两个领域。在整个转化过程中，药品包装起着重要的桥梁作用，有其特殊的功能：保护药品，方便流通和销售。

（二）药品包装的分类

药物制剂包装主要分为单剂量包装、内包装和外包装三类。

（1）单剂量包装 指对药物制剂按照用途和给药方法对药物成品进行分剂量包装的过程，如将颗粒剂装入小包装袋，注射剂的玻璃安瓿包装，将片剂、胶囊剂装入泡罩式铝塑材料中的分装过程等，此类包装也称分剂量包装。

（2）内包装 指将数个或数十个成品装于一个容器或材料内的过程称为内包装，如将数粒成品片剂或胶囊包装入一板泡罩式的铝塑包装材料中，然后装入纸盒、塑料袋、金属容器等，以防止潮气、光、微生物、外力撞击等因素对药品造成破坏性影响。

（3）外包装　将已完成内包装的药品装入箱中或其他袋、桶和罐等容器中的过程称为外包装。进行外包装的目的是将小包装的药品进一步集中于较大的容器内，以便药品的贮存和运输。

（三）包装机械的分类

1. 按包装机械的自动化程度分类

（1）全自动包装机　全自动包装机是自动供送包装材料和内装物，并能自动完成其他包装工序的机器。

（2）半自动包装机　半自动包装机是由人工供送包装材料和内装物，但能自动完成其他包装工序的机器。

2. 按包装产品的类型分类

（1）专用包装机　专用包装机是专门用于包装某一种产品的机器。

（2）多用包装机　多用包装机是通过调整或更换有关工作部件，可以包装两种或两种以上产品的机器。

（3）通用包装机　通用包装机是在指定范围内适用于包装两种或两种以上不同类型产品的机器。

3. 按包装机械的功能分类

包装机械按功能不同可分为：充填机械、灌装机械、裹包机械、封口机械、贴标机械、清洗机械、干燥机械、杀菌机械、捆扎机械、集装机械、多功能包装机械，以及完成其他包装作业的辅助包装机械。我国国家标准采用的就是这种分类方法。

4. 包装生产线

有数台包装机和其他辅助设备联成的能完成一系列包装作业的生产线，即包装生产线。在制药工业中，一般是按制剂剂型及其工艺过程进行分类。

（四）药用包装机械的组成

药用包装机械作为包装机械的一部分，包括以下 8 个组成要素：①药品的剂量与供送装置；②包装材料的整理与供送系统；③主传送系统；④包装执行机构；⑤成品输送机构；⑥动力机与传送系统；⑦控制系统；⑧机身。

对于片剂和胶囊剂，其包装虽然有各种类型，主要有如下三类：①条带状包装，亦称条式包装，其中主要是条带状热封合（SP）包装；②泡罩式包装（PTP），亦称水泡眼包装；③瓶包装或袋之类的散包装。

二、自动制袋装填包装机

自动制袋装填包装机常用于包装颗粒冲剂、片剂、粉剂以及流体和半流体物料。其特点是直接用卷筒状的热封包装材料，自动完成制袋、计量和充填、排气或充气、封口和切断等多种功能。热封包装材料主要有各种塑料薄膜以及由塑料、铝箔等制成的复合材料，它们具有防潮阻气、易于热封和印刷、质轻柔、价廉、易于携带和开启等优点。

自动制袋装填包装机的类型多种多样，按总体布局分为立式和卧式两大类；按制袋的运动形式来分，有连续式和间歇式两大类。下面主要介绍在冲剂、片剂包装中广泛应用的立式自动制袋装填包装机的原理和结构。

立式连续制袋装填包装机有一系列的多种型号，适用于不同的物料以及多种规格范围的袋型。虽然如此，但其外部及内部结构是基本相似的，以下介绍其共通的结构和包装原理。

典型的立式连续制袋装填包装机总体结构如图9-27所示。整机包括七大部分：传动系统、薄膜供送装置、袋成型装置、纵封装置、横封及切断装置、物料供给装置和电控检测系统。机箱内安装有动力装置及传动系统，驱动纵封滚轮和横封辊转动，同时传送动力给定量供料器使其工作给料。

包装卷膜安装在退卷架上，可以平稳地自由转动。在牵引力的作用下，薄膜展开经导辊引导送出。导辊对薄膜起到张紧平整以及纠偏的作用，使薄膜能正确地平展输送。

袋成型装置的主要部件是一个制袋成型器，它使薄膜由平展逐渐形成袋型，是制袋的关键部件。它有多种的设计形式，可根据具体的要求而选择。制袋成型器通过支架固定在安装架上，可以调整位置。在操作中，需要正确调整成型器对应纵封滚轮的相对位置，确保薄膜成型封合的顺利和正确。

纵封装置主要是一对相对旋转的纵封滚轮，其外圆周滚花，内装发热元件，在弹簧力作用下

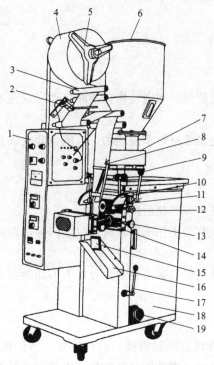

图 9-27 立式连续制袋装填包装机

1—电控柜；2—光电检测装置；3—导辊；4—包装卷膜；5—退卷架；6—料仓；7—定量供料器；8—制袋成型器；9—供料离合手柄；10—成型器安装架；11—纵封滚轮；12—纵封调节旋钮；13—横封调节旋钮；14—横封辊；15—包装成品；16—卸料槽；17—横封离合手柄；18—机箱；19—调速旋钮

相互压紧。纵封滚轮有两个作用：其一是对薄膜进行牵引输送，其二是对薄膜成型后的对接纵边进行热封合。这两个作用是同时进行的。

横封装置主要是一对横封辊，相对旋转，内装发热元件。其作用也有两个：其一是对薄膜进行横向热封合。一般情况下，横封辊旋转一周进行一次或两次的封合动作。当每个横封辊上对称加工有两个封合面时，旋转一周，两辊相互压合两次。其二是切断包装袋，这是在热封合的同时完成的。在两个横封辊的封合面中间，分别装嵌有刃刀及刀板，在两辊压合热封时能轻易地切断薄膜。在一些机型中，横封和切断是分开的，即在横封辊下另外配置有切断刀，包装袋先横封再进入切断刀分割。不过，这种方法已较少采用，因为不但机构增加了，而且定位控制也变得复杂。

物料供给装置是一个定量供料器。对于粉状及颗粒物料，主要采用量杯式定容计量，量杯容积可调。图9-27中定量供料器为转盘式结构，从料仓流入的物料在其内由若干个圆周

分布分量杯计量，并自动充填入成型后的薄膜管内。

电控检测系统是包装机工作的中枢系统。在此机的电控柜上可按需设置纵封温度、横封温度以及对印刷薄膜设定色标检测数据等，这对控制包装质量起到至关重要的作用。

三、铝塑泡罩包装机

泡罩包装机是将透明塑料薄膜或薄片制成泡罩，用热压封合、黏合等方法将产品封合在泡罩与底板之间的机器。

（一）泡罩包装机的工艺流程

由于塑料膜多具有热塑性，在成型模具上加热使其变软，利用真空或正压，将其吸（吹）塑成与待装药物外形相近的形状及尺寸的凹泡，再将单粒或双粒药物置于凹泡中，以铝箔覆盖后，用压辊将无药物处（即无凹泡处）的塑料膜及铝箔挤压粘接成一体。根据药物的常用剂量，将若干粒药物构成的部分切割成一片（多为长方形），就完成了铝塑包装的过程。

在泡罩包装机上需要完成薄膜输送、加热、凹泡成型、加料、印刷、打批号、热封、压痕、冲裁等工艺过程，如图 9-28 所示。在工艺过程中对于各工位来说是间歇过程，就整体讲则是连续的过程。

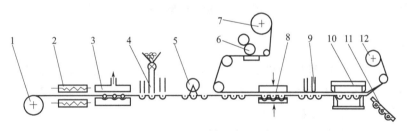

图 9-28　泡罩包装机工艺流程

1—塑料膜辊；2—加热器；3—成型；4—加料；5—检整；6—印刷；7—铝箔辊；
8—热封；9—压痕；10—冲裁；11—成品；12—废料辊

1. 塑料成型

塑料成型是整个包装过程的重要工序，塑料成型泡罩方法可分以下四种。

（1）吸塑成型（负压成型）　利用抽真空将加热软化的薄膜吸入成型膜的泡罩窝内成一定几何形状，从而完成泡罩成型，如图 9-29（a）所示。吸塑成型一般采用辊式模具，成型泡罩尺寸较小，形状简单，泡罩拉伸不均匀，顶部较薄。

（2）吹塑成型（正压成型）　利用压缩空气将加热软化的薄膜吹入成型模的泡罩窝内，形成需要的几何形状的泡罩，如图 9-29（b）所示。成型的泡罩壁厚比较均匀，形状挺括，可成型尺寸大的泡罩。吹塑成型多用于板式模具。

（3）凸凹模冷冲压成型　当采用包装材料刚性较大（如复合 PA/ALU/PVC）时，热成型方法显然不能适用，而是采用凸凹模冷冲压成型方法，即凸凹模合拢，对膜片进行成型加工，如图 9-29（c）所示，其中空气由成型模内的排气孔排出。

（4）冲头辅助吹塑成型　借助冲头将加热软化的薄膜压入模腔内，当冲头完全压入时，通入压缩空气，使薄膜紧贴模腔内壁，完成成型加工工艺，如图 9-29（d）所示。冲头尺寸约为成型模腔的 60%～90%。合理设计冲头形状尺寸，冲头推压速度和推压距离，可获得壁厚均匀、棱角挺括、尺寸较大、形状复杂的泡罩。冲头辅助成型多用于平板式泡罩包装机。

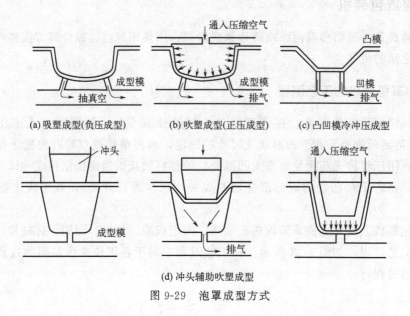

图 9-29　泡罩成型方式

2. 热封

成型膜泡罩内充填好药物，覆盖膜覆盖其上，然后将二者封合。其基本原理是使内表面加热，然后加压使其紧密接触，形成完全焊合，所有这一切是在很短时间内完成的。热封有两种形式：辊压式和板压式。

（1）辊压式　将准备封合的材料通过转动的两辊之间，使之连续封合，但是包装材料通过转动的两辊之间并在压力作用下停留时间极短，若想得到合格热封品，必须使辊的速度非常慢或者包装材料在通过热封辊前进行充分预热。

（2）板压式　当准备封合的材料到达封合工位时，通过加热的热封板和下模板与封合表面接触，将其紧密压在一起进行焊合，然后迅速离开，完成一个包装工艺循环。板压式模具热封包装成品比较平整，封合所需压力大。

热封板（辊）的表面用化学铣切法或机械滚压法制成点状或网状的网纹，可提高封合强度和包装成品外观质量。但更重要的一点是在封合时起到拉伸热封部位材料的作用，从而消除收缩褶皱。但必须小心，防止在热封过程中戳穿薄膜。

铝塑泡罩包装机根据塑料成型和热封的形式不同可以分为平板式、辊筒式和辊板式三大类。

（二）平板式泡罩包装机

平板式泡罩包装机的泡罩成型和热封合模具均为平板形，如图 9-30 所示。平板式泡罩包装机的特点：①热封时，上、下模具平面接触，为了保证封合质量，要有足够的温度和压力以及封合时间，不易实现高速运转；②热封合消耗功率较大，封合牢固程度不如辊筒式封合效果好，适用于中小批量药品包装和特殊形状物品包装；③泡窝拉伸比大，泡窝深度可达35mm，满足大蜜丸等药物制剂行业以及医疗器械行业的需求。

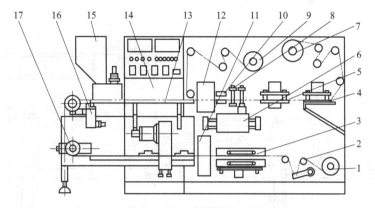

图 9-30　平板式泡罩包装机

1—塑料膜辊；2—张紧轮；3—加热装置；4—冲裁站；5—压痕装置；6—进给装置；

7—废料辊；8—气动夹头；9—铝箔辊；10—导向板；11—成型站；12—封合站；

13—平台；14—配电、操作盘；15—下料器；16—压紧轮；17—双铝成型压模

（三）辊筒式泡罩包装机

采用的泡罩成型模具和热封模具均为圆筒形，如图9-31所示。辊筒式泡罩包装机的特点：①真空吸塑成型、连续包装、生产效率高，适合大批量包装作业；②瞬间封合、线接触、消耗动力小、传导到药片上的热量少，封合效果好；③真空吸塑成型难以控制壁厚、泡罩壁厚不匀、不适合深泡窝成型；④适合片剂、胶囊剂、胶丸等剂型的包装；⑤具有结构简单、操作维修方便等优点。

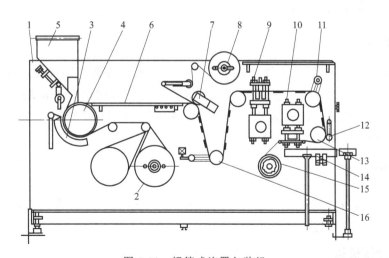

图 9-31　辊筒式泡罩包装机

1—机体；2—薄胶卷筒（成型膜）；3—远红外加热器；4—成型装置；5—料斗；6—监视平台；

7—热封合装置；8—薄膜卷筒（复合膜）；9—打字装置；10—冲裁装置；11—可调式导向辊；

12—压紧辊；13—间歇进给辊；14—输送机；15—废料辊；16—游辊

（四）辊板式泡罩包装机

泡罩成型模具为平板形，热封合模具为圆筒形，如图 9-32 所示。

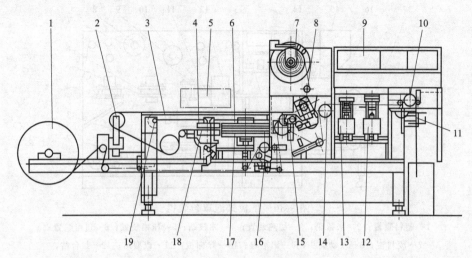

图 9-32　辊板式泡罩包装机

1—PVC支架；2，14—张紧辊；3—充填台；4—成型上模；5—上料台；6—上加热器；7—铝箔支架；
8—热压辊；9—仪表盘；10，19—步进辊；11—冲裁装置；12—压痕装置；13—打字装置；
15—机架；16—PVC送片装置；17—加热工作台；18—成型下模

辊板式泡罩包装机的特点：①结合了辊筒式和平板式包装机的优点，克服了两种机型的不足；②采用平板式成型模具，压缩空气成型，泡罩的壁厚均匀、坚固，适合于各种药品包装；③辊筒式连续封合，PVC片与铝箔在封合处为线接触，封合效果好；④高速打字、压痕，无横边废料冲裁，高效率，包装材料省，泡罩质量好；⑤上、下模具通冷却水，下模具通压缩空气。

四、瓶装设备

瓶装设备能完成理瓶、计数、装瓶、塞纸、理盖、旋盖、贴标签、印批号等工作。许多固体成型药物，如片剂、胶囊剂、丸剂等常以瓶装形式供应于市场。瓶装机一般包括计数机构、理瓶机构、输瓶轨道、数片头、塞纸机构、理盖机构、旋盖机构、贴签机构、打批号机构、电器控制部分等。

（一）计数机构

目前广泛使用的数粒（片、丸）计数机构主要有两类，一类为传统的圆盘计数，另一类为先进的光电计数机构。

1. 圆盘计数机构

也叫做圆盘式数片机构，如图 9-33 所示。一个与水平成 30°倾角的带孔转盘，盘上有几组（3～4组）小孔，每组的孔数依据每瓶的装量数决定。在转盘下面装有一个固定不动的托板，托板不是一个完整的圆盘，而具有一个扇形缺口，其扇形面积只容纳转盘上的一组小孔。缺口下边紧接着一个落片斗，落片斗下口直抵装药瓶口。转盘的围墙具有一定高度，其高度要保证倾斜转盘内可存积一定量的药片或胶囊。转盘上小孔的形状应与待装药粒形状相同，且尺寸略大，转盘的厚度要满足小孔内只能容纳一粒药的要求。转速不能过高（约0.5～2r/min），因为一则要与输瓶带上瓶子的移动频率匹配；二则如果太快将产生过大离心力，不能保证转盘转动时，药粒在盘上靠自重而滚动。当每组小孔随转盘旋至最低位置时，药粒将埋住小孔，并落满小孔。当小孔随转盘向高处旋转时，小孔上面叠堆的药粒靠自重将沿斜面滚落到转盘的最低处。

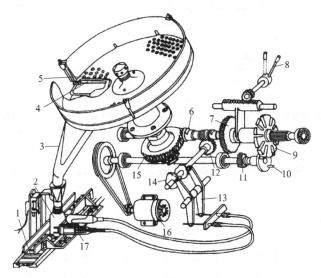

图9-33　圆盘式数片机构

1—输瓶带；2—药瓶；3—落片斗；4—托板；5—带孔转盘；6—蜗杆；7—直齿轮；8—手柄；9—槽轮；
10—拨销；11—小直齿轮；12—蜗轮；13—摆动杆；14—凸轮；15—大蜗轮；16—电机；17—定瓶器

为保证每个小孔均落满药粒和使多余的药粒自动滚落，常使转盘保持非匀速旋转。为此利用图9-33中的手柄扳向实线位置，使槽轮沿花键滑向左侧，与拨销配合，同时将直齿轮及小直齿轮脱开。拨销轴受电机驱动匀速旋转，而槽轮则以间歇变速旋转，因此引起转盘抖动着旋转，以利于计数准确。

为了使输瓶带上的瓶口和落片斗下口准确对位，利用凸轮带动一对撞针，经软线传输定瓶器动作，使将到位附近的药瓶定位，以防药粒散落瓶外。当改变装瓶粒数时，则需更换带孔转盘即可。

2. 光电计数机构

利用一个旋转平盘，将药粒抛向转盘周边，在周边围墙缺口处，药粒被抛出转盘。如图9-34所示，在药粒由转盘滑入药粒溜道时，溜道设有光电传感器，通过光电系统将信号放大并转换成脉冲信号，输入到具有"预先设定"及比较功能的控制器内。当输入的脉冲个数等于人为预选的数目时，控制器的磁铁动作，将通道上的翻板翻转，药粒被引导入瓶。

光电计数装置根据光电系统的精度要求，只要药粒尺寸足够大（比如大于8mm），反射的光通量足以启动信号转换器就可以工作。这种装置的计数范围远大于圆盘式计数装

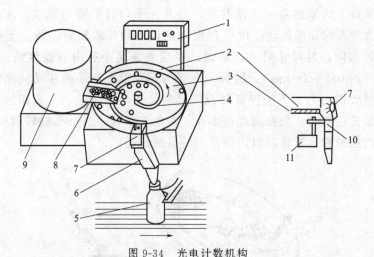

图 9-34　光电计数机构

1—控制器面板；2—围墙；3—旋转平盘；4—回形拨杆；5—药瓶；6—药粒溜道；
7—光电传感器；8—下料溜板；9—料桶；10—翻板；11—磁铁

置，在预选设定中，根据瓶装要求（如 1～999 粒）任意设定，不需更换机器零件，即可完成不同装置的调整。

（二）输瓶机构

在装瓶机上的输瓶机构多采用直线、匀速、常走的输送带。输送带的走速可调，由理瓶机送到输瓶带上的瓶子之间具有足够的间隔，因此送到计数器前的落料口前的瓶子不该有堆积的现象。在落料口处多设有挡瓶定位装置，间歇挡住待装的空瓶和放走装完药物的满瓶。

也有许多装瓶机是采用梅花轮间歇旋转输送机构输瓶的。梅花轮间歇转位、停位准确。数片盘及运输带连续运动，灌装时弹簧顶住梅花轮不运动，使空瓶静止装料，灌装后凸轮通过钢丝控制弹簧松开梅花轮使其运动，带走瓶子。

（三）塞入机

塞入机包括塞纸机、干燥剂塞入机、药棉塞入机。在充填药物瓶内塞入纸、棉花或袋状干燥剂，以防药物破碎、潮湿，并延长保质期，目前瓶装包装以塞纸或袋状干燥剂为多。

1. 塞纸机构

瓶装药物的实际体积均小于瓶子的容积，为防止贮运过程中药物相互磕碰，造成破碎、掉沫等现象，常用洁净碎纸条或纸团、脱脂棉等充填瓶中的剩余空间。在装瓶联动机或生产线上单设有塞纸机。

常见的塞纸机构有两种：一种是利用真空吸头，从裁好的纸中吸起一张纸，然后转移到瓶口处，由塞纸冲头将纸折塞入瓶；另一种是利用钢钎扎起一张纸后塞入瓶中。图 9-35 所示为采用卷盘纸塞纸，卷盘纸拉开后，成条状由送纸轮向前输送，并由切刀切成条状，然后由塞杆塞入瓶内。塞杆有两个，一个是主塞杆，一个是副塞杆。主塞杆塞完纸，瓶子到达下一工位，副塞杆重塞一次，以保证塞纸的可靠性。

2．袋状干燥剂塞入机

干燥剂塞入机主要由送料、断料与塞入等部件组成。

采用光电定位、步进电机驱动、智能控制送料长度等技术，控制干燥剂带传送的松紧度、自动识别干燥剂连接缝补的标识；输送带侧面装有光电传感器对缺瓶与堵瓶进行检测，将此信号传至 PLC 编程控制器，由其发出投料、停止、定瓶或放瓶等机台运行指示，准确快速地将袋状干燥剂进行自动切割、自动塞入瓶内。

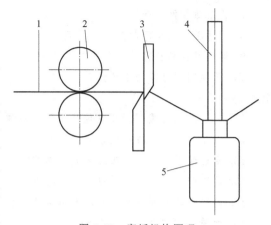

图 9-35　塞纸机构原理
1—条状纸；2—送纸轮；3—切刀；4—塞杆；5—瓶子

（四）封蜡机构与封口机构

封蜡机构是将药瓶加盖软木塞后，为防止吸潮，常需用石蜡将瓶口封固的机械。它应包括熔蜡罐及蘸蜡机构。熔蜡罐是用电加热法使石蜡熔化并保温的容器，蘸蜡机构利用机械手将输瓶轨道上的药瓶（已加木塞的）提起并翻转，使瓶口朝下浸入石蜡液面一定深度（2～3mm），然后再翻转到输瓶轨道前，将药瓶放在轨道上。

用塑料瓶装药物时，由于塑料瓶尺寸规范，可以采用浸树脂纸封口，利用模具将胶模纸冲裁后，经加热使封纸上的胶软熔。届时，输送轨道将待封药瓶送至压辊下，当封纸带通过时，封口纸粘于瓶口上，废纸带自行卷绕收拢。

（五）拧盖机

无论玻璃瓶或塑料瓶，均以螺旋口和瓶盖连接，人工拧盖不仅劳动强度大，而且松紧程度不一致。拧盖机是在输瓶轨道旁，设置机械手将到位的药瓶抓紧，由上部自动落下扭力扳手（俗称拧盖头）先衔住对面机械手送来的瓶盖，再快速将瓶盖拧在瓶口上，当旋拧到一定松紧时，扭力扳手自动松开，并回升到上停位，这种机构当轨道上没有药瓶时，机械手抓不到瓶子，扭力扳手不下落，送盖机械手也不送盖，直到机械手抓到瓶子时，下一周期才重新开始。

 目标检测

1．使用快速混合制粒机混合时物料从缸盖溢出是什么原因？

2．高速压片机有预压装置，有何作用？

3．旋转式压片机出现卡壳，如何处理？

4．在包衣过程中应注意哪些问题？

5．列举硬胶囊帽体分离不良的原因，并说出解决方法。

6．为什么万能粉碎机须空转一段时间才能投料粉碎？

7. 旋振筛筛网如何更换？

8. 叙述压制法生产软胶囊的原理。

9. 湿法混合制粒机的锅盖不能正常关闭是什么原因引起的？如何解决？

10. 药物制剂包装的生产设备有哪些？各自适应何种药物的包装？其结构和原理各自有哪些特点？

11. 简述立式连续制袋装填包装机的纵封和横封的作用。

12. 铝塑泡罩包装机的成型方式有哪些？

13. 铝塑泡罩包装机的热封方式有哪些？

14. 试比较三种铝塑泡罩包装机的特点。

15. 简述铝塑泡罩包装的常用材料与特点。

16. 列举几种常见的数片方法。

17. 请解释平板式铝塑泡罩包装机成型质量不好的原因与解决方法。

18. 平板式铝塑泡罩包装机的成型与热封工位不同步应如何调整？

19. 平板式铝塑泡罩包装机在包装时出现塑料片与铝箔偏斜时应如何调整？

第十章

液体灭菌制剂生产设备

 学习目标

掌握超声波洗瓶机、灌装机和封口机的结构原理、操作维护、特点和选型，为将来从事注射剂生产设备的操作维护、选型和车间设计奠定基础。

 思政与职业素养目标

通过注射剂生产装量的调节练习和设备选型，培养药品生产质量意识、社会责任意识、合规意识和工匠精神。

灭菌制剂系指采用物理、化学方法杀灭或除去所有活的微生物繁殖体和芽孢的一类药物制剂，主要指直接注入体内或接触创面、黏膜等的一类制剂。液体灭菌制剂包括注射用制剂（如注射剂、注射粉针等）、眼用制剂（如滴眼剂等）和创面用制剂（如溃疡、烧伤及外伤用溶液）等。

注射用制剂系指由药物制成的专供注入肌体内的一种制剂。主要由药物、溶剂、附加剂及特制的容器所组成。根据使用目的不同，有不同的分类方法：①按其分散系统可分为溶液型（包括水溶性注射剂和非水溶性注射剂）、混悬型、乳剂型注射剂及临用前配成液体的注射用无菌粉末；②按给药途径主要有静脉注射、肌内注射、皮内与皮下注射、穴位注射、脊椎腔注射、动脉注入（化疗、造影用）六种；③按临床用途可分为小针注射剂（针剂）、大容量注射剂（输液剂）、注射用粉针剂三种。注射用制剂由于其具有独特的优点，目前已发展成为临床应用最广泛的剂型之一。本章主要从针剂、输液剂和粉针剂三种剂型论述其生产工艺及设备。

第一节　小容量注射剂生产设备

注射剂是指直接注入人体的一种经过灭菌的药物制剂。注射剂必须无菌并符合《中华人民共和国药典》无菌检查要求。水针剂的生产有灭菌和无菌两种工艺。在灭菌生产工艺中，由原料及辅料生产成品的过程是带菌的，生产出的成品经高温灭菌后达到无菌要求。该工艺设备简单，生产成本较低，但药品必须能够承受灭菌时的高温，且药效不受影响。在无菌生产工艺中，由原料及辅料生产成品的每个工序都要实行无菌处理，各工序的设备和人员也必须有严格的无菌消毒措施，以确保产品无菌。该工艺的生产成本较高，常用于热敏性药物注射剂的生产。

图 10-1　曲颈
易折安瓿

水针剂使用的包装小容器称为安瓿，在我国为玻璃安瓿。玻璃安瓿按组成成分可分为中性玻璃、含钡玻璃和含锆玻璃三种。国家标准规定水针剂使用的安瓿一律为曲颈易折安瓿，其规格有 1ml、2ml、5ml、10ml、20ml 五种，外形如图 10-1 所示。在外观上分为两种：色环易折安瓿和点刻痕易折安瓿，它们均可平整折断。

目前我国的水针剂生产大多采用灭菌工艺，主要包括安瓿的洗涤、干燥灭菌、灌封、灭菌检漏、灯检和印字包装等过程。本节主要讨论安瓿的洗涤、灌封、灭菌检漏和灯检等工艺生产过程所涉及的主要设备。

一、洗瓶机

由于安瓿在制造、运输过程中难免会被微生物及尘埃粒子污染，不能满足注射剂药液灌装的质量要求。因此，使用前必须进行洗涤。目前用于安瓿洗涤的设备主要有三种：喷淋式安瓿洗瓶机组、气水喷射式安瓿洗瓶机组和超声波安瓿洗瓶机。

（一）喷淋式安瓿洗瓶机组

（1）结构　喷淋式安瓿洗瓶机组主要由冲淋机、安瓿蒸煮箱和甩水机组成。结构如图 10-2、图 10-3 所示。

（2）工作过程　工作时，安瓿全部以开口向上的方式整齐排列于安瓿盘内，人工将安瓿盘放在运载链条上，在运载链条的带动下进入喷淋区，接受顶部淋水板中的纯化水喷淋，喷淋用的循环水从水箱由离心泵抽出经过滤器后压入淋水盘，使安瓿内注满水，再送入安瓿蒸煮箱，经蒸煮处理后的安瓿趁热用甩水机将安瓿内的水甩干。如此反复 2～3 次，即可达到清洗的目的。

（3）特点　采用喷淋法洗涤的安瓿清洁度一般可达到要求，用水量大，劳动强度大，环境差，生产效率不太高，适合 5ml 以下安瓿的批量洗涤，但不能保证每个安瓿的清洗效果，洗涤质量不如气水喷射式洗涤法和超声波洗涤法。

（二）气水喷射式安瓿洗瓶机组

（1）结构　该机组主要由供水系统、压缩空气及其过滤系统、洗瓶机构等三大部分组成。见图 10-4 所示。气水喷射式安瓿洗瓶方法是利用已过滤的注射用水与已过滤的压缩空气由针头喷入安瓿内交替喷射洗涤，进行逐支清洗，清洗介质的顺序是：气→水→气→水→气，一般冲洗 4～8 次。

（2）工作原理　将安瓿码入进瓶斗后，在拨轮的作用下，依次进入槽板中，然后落入移动齿板上，由移动齿板把安瓿运送到针头架位置，经过水、气冲洗吹净。

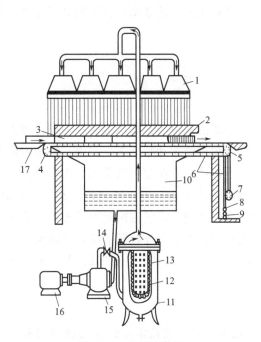

图 10-2　安瓿冲淋机

1—多孔喷头；2—尼龙网；3—盛安瓿的铝盘；4—链轮；

5—止逆链轮；6—链条；7—偏心凸轮；8—垂锤；

9—弹簧；10—水箱；11—滤过器；12—涤纶滤袋；

13—多孔不锈钢胆；14—调节阀；15—离心泵；

16—电动机；17—轨道

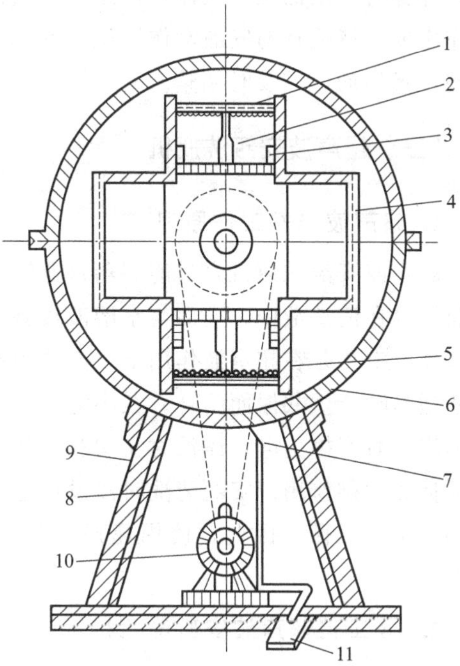

图 10-3　安瓿甩水机

1—固定杆；2—安瓿；3—铝盘；4—转笼；

5—不锈钢丝网罩盘；6—外壳；7—出水口；

8—三角皮带；9—机架；10—电动机；

11—刹车踏板

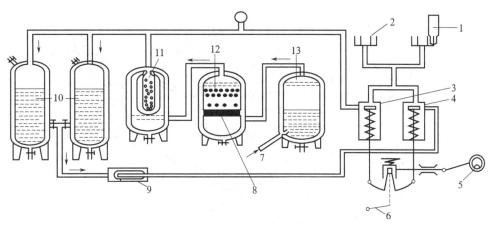

图 10-4　气水喷射式安瓿洗瓶机组工作原理示意图

1—安瓿；2—针头；3—喷气阀；4—喷水阀；5—偏心轮；6—脚踏板；7—压缩空气进口；

8—木炭层；9，11—双层涤纶袋滤器；10—水罐；12—瓷环层；13—洗气罐

　　（3）特点及使用注意事项　　本机组适合大规格安瓿的洗涤，洗涤效果较好，但生产率不是很高，是目前生产中采用的洗瓶方法之一。水、压缩空气要经过严格过滤及净化后才能使

用，并保持一定的压力及流量，压缩空气的压强约为 0.3MPa，水温一般控制在 50～60℃，操作中要保持喷针与安瓿动作协调，安瓿的进出应畅通无阻，传动部位要定期及时加油，如发现位置移动，应及时调整。

（三）超声波安瓿洗瓶机

1. 超声波洗瓶工作原理

超声波安瓿洗瓶机是目前制药行业较为先进的安瓿洗瓶设备，超声波洗瓶工作原理为将安瓿浸没在清洗液中，安瓿与水溶液接触的界面处于超声波振动状态下，产生一种超声的空化现象。空化是在超声波作用下，液体中产生微气泡，微气泡在超声波作用下逐渐涨大，当尺寸适当时产生共振而闭合。在小泡湮没时自中心向外产生微驻波，随之产生高压、高温，小泡涨大时摩擦生电，湮没时又中和，伴随有放电和发光现象，气泡附近的微冲流增强了流体搅拌和冲刷作用。安瓿清洗时浸没在超声波清洗槽中，不仅保证外壁洁净，也能保证安瓿内部无尘、无菌。因此，使用超声波清洗能保证安瓿符合 GMP 中提出的卫生洁净技术要求。

2. 18 工位超声波安瓿洗瓶机

18 工位超声波安瓿洗瓶机是将针头单支清洗技术与超声波技术相结合构成的间歇回转式超声波清洗机。本机适合各种规格安瓿的洗涤，洗涤效果好，生产率高，是目前生产中采用较多的洗瓶机。

（1）结构组成　如图 10-5 所示，由清洗部分、供水系统、压缩空气系统、动力装置等部分组成。清洗部分由超声波发生器、上下瞄准器、安瓿斗、推瓶器、出瓶器、水箱、转盘等组成。中间有一水平轴，沿轴向有 18 列针毂，每排针毂构成可间歇绕水平轴回转的转盘。

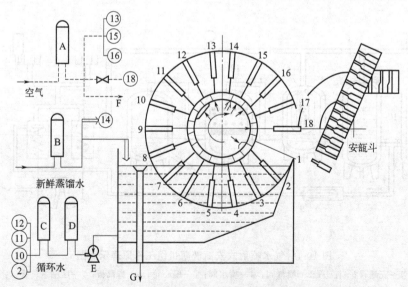

图 10-5　18 工位连续回转超声波清洗机原理示意图

1—上瓶；2—注循环水；3，4，5，6，7—超声波清洗；8，9—空位；10，11，12—循环水冲洗；

13—吹气排水；14—新鲜注射用水冲洗；15，16—吹气；17—空位；18—吹气送瓶

A～D—过滤器；E—循环泵；F—吹除玻璃屑；G—溢流回收

与转盘相对的固定盘上，于不同工位上配置有不同的水。动力装置由电机、蜗轮蜗杆减速器、分度盘、齿轮、凸轮等组成。

（2）工作过程 进入安瓿斗的安瓿，随即进行喷淋灌水及外表清洗，并缓慢进入水槽中进行超声波清洗，使粘于表面的污垢疏松。约 1 分钟后密集安瓿分散进入栅门通道，然后被分离并逐个定位，借助于推瓶器和卧式针毂进行，与针毂转盘相对的固定转盘上有冲洗工位。第 10、11、12 工位进行循环水倒置冲洗；第 13 工位为吹气排出循环水；第 14 工位用新鲜注射水倒置冲洗，由电磁阀控制，冲洗后的水流入水槽作循环水，经泵输送和过滤，作循环水冲洗水源。水槽水位恒定，多余的水由溢流口排出；第 15、16 工位为吹气工位，排出瓶内残留水，为干燥创造有利条件；第 18 工位为出瓶工位，由电磁阀控制，使安瓿脱离针管进入翻瓶器，再推出清洗机。安瓿清洗所用注射用水温度越高，越可加速溶解污物，同时注射水的黏度越小，振荡空化效果也越好。但温度增高会影响压电陶瓷及振子的正常工作，易将超声能转化为热能，即做无用功，所以通常将温度控制在 50～60℃为宜。

二、安瓿灌封设备

将规定剂量的药液灌入经清洗、干燥及灭菌后的安瓿，并加以封口的过程称为灌封。药液灌封机是注射剂生产的主要设备之一。目前国内生产的灌封机有多种型号，如 DGA8/1-20、AGF8/1-20、LAG 系列灌封机分为 1～2ml、5～10ml 和 20ml 三种机型。它们结构特点和原理差别不大。现以 LAG 系列 1～2ml 安瓿灌封机为例予以介绍。

（一）设备结构

安瓿灌封过程一般应包括安瓿的排整、灌注、冲氮、封口等工序。安瓿灌封机结构见图 10-6。安瓿灌封机按其功能结构分解为三个基本部分：传送部分、灌注部分和封口部分。传送部分主要负责进出和输送安瓿；灌注部分主要负责将一定容量的注射液注入空安瓿内；封口部分负责将装有注射液的安瓿瓶实施封闭。

1. 传送部分的结构与工作过程

安瓿灌封机的传送部分的结构如图 10-7 所示。其主要部件是固定齿板与移动齿板，各有两条且平行安装；两条固定齿板分别在最上和最下，两条移动齿板等距离地安装在中间。固定齿板为三角形齿槽，使安瓿上下两端卡在槽中固定。移动齿板的齿形为椭圆形，以防在送瓶过程中将安瓿撞碎，并有托瓶、移瓶及放瓶的作用。

洗净的安瓿由人工放入进瓶斗里，进瓶斗下拨瓶盘由链条带动，每转 1/3 周，可将两只安瓿推入固定齿板上，安瓿与水平成 45°角。此时偏心轴作圆周旋转，带动与之相连的移动齿板动作。当随偏心轴作圆周运动的移动齿板动作到上半部，先将安瓿从固定齿板上托起，然后越过固定齿板，安瓿向前移两格，这样安瓿不断前移通过灌药和封口区域。偏心轴带动移动齿板运送安瓿的时间大约为偏心轴 1/3 周，余下 2/3 周时间供安瓿在固定齿板上停留，这段时间将用来灌药和封口。

偏心轴的转动使安瓿经过灌药和封口区域，完成灌药和封口的安瓿在进入出瓶斗前仍与水平成 45°角，在出瓶斗前安装一块有角度的"舌头"，移动齿板的运动可推动安瓿在此转动 40°角并进入出瓶斗。

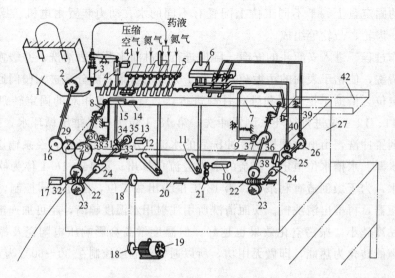

图 10-6　安瓿灌封机结构示意图

1—进瓶斗；2—拨瓶盘；3—针筒；4—顶杆套筒；5—针头架；6—拉丝钳架；7—移动齿板；8—曲轴；9—封口
压瓶机构；10—转瓶盘齿轮箱；11—拉丝钳上下拨叉；12—针头架上下拨叉；13—氮气阀；14—止灌行程
开关；15—灌装压瓶装置；16，21，28，29—圆柱齿轮；17—压缩气阀；18—主、从动带轮；19—电动机；
20—主轴；22—蜗杆；23—蜗轮；24，25，26，30，32，33，35，36—凸轮；27—机架；
31，34，37，39，40—压轮；38—拨叉轴压轮；41—止灌电磁阀；42—出瓶斗

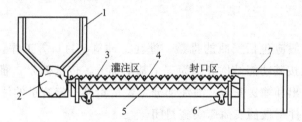

图 10-7　安瓿灌装机传送部分

1—进瓶斗；2—拨瓶盘；3—安瓿；4—固定齿板；5—移动齿板；6—曲轴；7—出瓶斗

2. 灌注部分的结构与工作过程

安瓿灌封机灌注部分的结构如图 10-8 所示。安瓿灌装机按功能可分为三组部件：①灌药部件使针头进出安瓿，注入药液完成灌装；②凸轮-压杆部件将药液从储液罐中吸入针筒内，并定量推入安瓿内；③摆杆-电磁阀部件，当缺瓶现象发生时阻止凸轮-压杆部件将药液推出。凸轮转到图示位置时，开始压扇形板摆动，使顶杆上顶，在有安瓿情况下，顶杆顶在电磁阀伸在顶杆座内的部分，与电磁阀连在一起的顶杆座上升，使压杆摆动，压杆另一端即下压，推动针筒的活塞向下运动，此时，上单向玻璃阀开启，下单向玻璃阀关闭，药液经管道进针筒而注入安瓿内直到规定容量。当凸轮不再压扇形板时，针筒的活塞靠压簧复位，此时下单向玻璃阀打开，上单向玻璃阀关闭，药液又被吸入针筒。顶杆和扇形板依靠自重下落，扇形板滚轮与凸轮圆弧处接触后即开始重复下一个灌药周期。

有时因送料斗内安瓿堵塞或缺瓶而使输送轨道上暂无安瓿输送，此时注射器若仍然继续灌注，不仅浪费药液，污染设备，还会影响灌药工序的正常运行，因此灌注部分还必须装配

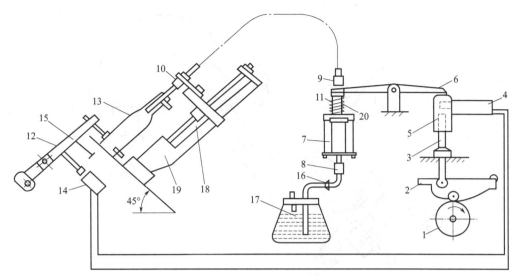

图 10-8 安瓿灌封机灌装机构

1—凸轮；2—扇形板；3—顶杆；4—止灌电磁阀；5—顶杆套筒；6—压杆；7—针筒；8，9—单向阀；
10—针头；11—针筒弹簧；12—压瓶板杠杆组合；13—安瓿；14—止灌行程开关；15—拉簧；
16—螺丝夹；17—储液罐；18—针头架；19—针头托架座；20—针筒芯

有自动止灌装置。当灌注针头处齿形板上无安瓿时，摆杆与安瓿接触的触头脱空，拉簧使摆杆继续转动，并使其压在行程开关上，此时接触电磁阀的电流可打开电磁阀，并用电磁力将其伸入顶杆座内部分拉掉，顶杆不能使压杆动作而控制注射器部件，从而达到止灌的目的。

3. 封口部分的结构与原理

安瓿封口形式有熔封和拉丝封口。熔封是指旋转安瓿瓶颈在火焰的加热下熔封，借助表面张力作用而闭合的一种封口形式。拉丝封口是指当旋转安瓿瓶颈在火焰加热下熔融时，采用机械方法将瓶颈闭合。国内熔封技术不过关，易发生漏气现象，现一律采用拉丝封口。

拉丝封口机构主要由拉丝、加热、压瓶三部分组成，如图 10-9 所示。拉丝机构包括拉丝钳、控制钳口开闭部分及钳子上下运动部分。

灌好药液并充入惰性气体的安瓿经移瓶齿板作用进入图位置所示时，安瓿颈部靠在上固定齿板的齿槽上，安瓿下部入在蜗轮箱的滚轮上，底部则入在半圆形的支头上，安瓿上部由压瓶滚轮压住。此时由于蜗轮转动带动滚轮旋转，从而使安瓿旋转，同时压瓶滚轮也旋转。加热火焰由燃气、压缩空气和氧气混合组成，火焰温度为 1400℃左右，对安瓿颈部需加热部位圆周加热，为保证封口质量应调节火焰头部与安瓿颈间的最佳距离为 10mm，到一定火候，拉丝钳张开向下，当达到最低位置时，拉丝钳收口，将安瓿头部拉住，并向上将安瓿熔化丝头抽断而使安瓿闭合；当拉丝钳到达最高位置时，拉丝钳张开，闭合两次，将拉出的废丝头甩掉，这样整个拉丝动作完成。拉丝过程中拉丝钳的张合由气阀凸轮控制压缩空气完成。安瓿封口后，压瓶凸轮和摆杆使压瓶滚轮松开，移瓶齿板将安瓿送出。

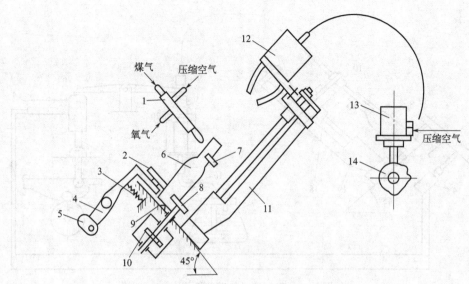

图 10-9　安瓿灌封机气动拉丝封口机构

1—燃气喷嘴；2—压瓶滚轮；3—拉簧；4—摆杆；5—压瓶凸轮；6—安瓿；7—固定齿板；8—滚轮；
9—半球形支头；10—蜗轮蜗杆箱；11—钳座；12—拉丝钳；13—气阀；14—凸轮

（二）安瓿灌封过程中的常见问题及解决方法

（1）冲液现象　冲液是指在灌注过程中，药液从安瓿内冲起溅到瓶颈上方或冲出瓶外的现象。冲液的发生会造成注射液容量不准、封口焦头、封口不严、药液浪费、污染设备及瓶口破裂等问题。

解决冲液现象的措施有：①将注射液针头端制成三角形开口、中间拼拢的"梅花形"，使药液注入时，沿瓶身下流，而不直冲瓶底，减少反冲力；②调节注液针头进入安瓿的最佳位置；③改变针头托架运动的凸轮轮廓，从而加长针头吸液的行程，缩短不给药时的行程，保证针头出液先急后缓。

（2）束液不好　束液是指注液结束时，针头上不得有液滴沾留挂在针尖上。若束液不好，则液滴容易弄湿安瓿颈部，既影响注射剂容量，又会出现焦头或封口时瓶颈破裂等问题。

解决束液不好现象的主要方法有：①改进灌药凸轮的轮廓，使其在注液结束时返回行程缩短，速度快；②使用有毛细孔的单向玻璃阀，使针筒在注液完成后对针筒内的药液有倒吸作用；③在贮液瓶和针筒连接的导管上夹一只螺丝夹，以控制束液。

（3）封口质量　安瓿封口应严密、不漏气，顶端应圆整光滑，无尖头和小气泡。封口如不好，则易产生"焦头""泡头""瘪头""尖头"等问题。其产生原因及解决方法如下：

① 焦头：产生冲液和束液不好，针头不正、碰到安瓿瓶口内壁，需更换针筒或针头；瓶口粗细不匀，碰到针头，需选用合格的安瓿；灌注与针头行程未配合好，针头升降不灵，需调整修理针头升降机构。

② 泡头：燃气太大、火力太旺，需调小燃气；预热火头太高，可适当降低火头位置；主火头摆动角度不当，一般摆1°～2°角；压脚没压好，使瓶子上爬，应调整上下角度位置；

钳子太低，造成钳去玻璃太多，玻璃瓶内药液挥发，压力增加而成泡头，需将钳子调高。

③ 瘪头：瓶口有水迹或药迹，拉丝后因瓶口液体挥发，压力减少，外界压力大而瓶口倒吸形成瘪头，可调节灌装针头位置和大小，不使药液外冲；回火火焰不能太大，否则使已圆好口的瓶口重熔。

④ 尖头：预热火焰太大，加热火焰过大，使拉丝时丝头过长，可把燃气调小些；火焰喷嘴离瓶口过远，加热温度过低，应调节中层火头，对准瓶口，离瓶 3～4mm；压缩气压力过大，造成火力太急，温度低于软化点，可将压缩空气量调小一点。

三、安瓿洗、烘、灌封联动机

安瓿洗、烘、灌封联动机是目前针剂生产较为先进的生产设备，将安瓿洗涤、烘干灭菌以及药液灌封三个步骤联合起来的生产线，减少了半成品的中间周转，将药物受污染的可能降低到最低限度。联动机由安瓿超声波清洗机、安瓿隧道灭菌机和安瓿多针拉丝灌封机三部分组成，外形及结构如图 10-10 所示。安瓿洗、烘、灌封联动机特点：

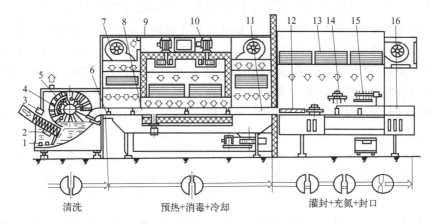

图 10-10 安瓿洗、烘、灌封联动机

1—水加热器；2—超声波换能器；3—喷淋水；4—冲水，气喷嘴；5—转鼓；6—预热区；7，10—风机；
8—高温灭菌区；9—高温高效过滤器；11—冷却区；12—不等距螺杆分离；
13—洁净层流罩；14—充气灌药；15—拉丝封口；16—成品出口

① 采用了先进的超声波清洗、多针水气交替冲洗、热空气单向流灭菌、单向流净化、多针灌封和拉丝封口等先进的生产工艺和技术。

② 生产过程是在密闭或层流条件下工作的，符合 GMP 要求。

③ 设备紧凑，节省场地，生产能力高；减少中间环节，避免交叉污染，提高了注射剂的质量。

④ 采用了先进的电子技术和微机控制，实现机电一体化，使整个生产过程自动平衡，监控维护，自动控温、自动记录、自动报警和故障显示，减轻了劳动强度，减少了操作人员。

⑤ 适合于 1ml、2ml、5ml、10ml、20ml 等五种安瓿规格，通用性强，规格更换件少。

⑥ 安瓿洗、烘、灌封联动机价格昂贵，部件结构复杂，对操作人员的管理知识和操作水平要求较高，设备维修也特别困难。

四、安瓿灭菌检漏设备

对于灭菌法生产的安瓿，经常在灌封后立即进行灭菌消毒，以杀死可能混入药液或附在安瓿内壁的细菌，而灭菌消毒与真空检漏可用同一个密闭容器。当利用湿热法的蒸汽高温灭菌未冷却降温之前，立即向密闭容器注入着色水，将安瓿全部浸没后，安瓿内的气体与药水速冷成负压。这时如遇有封口不严密的安瓿会出现着色水渗入安瓿的现象，故可同时实现灭菌和检漏工艺。国内一般常用双扉式灭菌柜，具有高温灭菌、色水检漏和冲洗色迹三个功能。

色水检漏的目的是检查安瓿封口的严密性，以保证安瓿灌封后的密封性。使用真空检漏技术的原理是将置于真空密闭容器中的安瓿于 0.09MPa 的真空度下保持 15min 以上时间，使封口不严密的安瓿内部也处于相应的真空状态，其后向容器中注入着色水（红色或蓝色水），将安瓿全部浸没于水中，着色水在压力作用下将渗入封口不严密的安瓿内部，使药液染色，从而与合格的、密封性好的安瓿得以区别。

传统检漏法操作烦琐且可靠性较差，因此国外的公司已开发研制出一些新型的检漏机。如高频高压电流检漏机、连续摄像成影灯检机等，凭借新型的自动化技术检测精度极高。高频高压电流检漏机其原理是运用高电压技术将一高频高压电流加于安瓿表面（如封口处、容器颈部、瓶体等），遇有微小针孔（0.85μm 以上）和微细裂缝（0.5μm 以上）时，高频高压电流的数值会发生改变，并通过电子传感装置显示，再通过剔除装置剔除不合格的产品，由电子分析统计装置统计出合格产品数与不合格产品数。连续摄像成影灯检机最具代表性的是德国 Seidenader 公司生产的 Seidenader Ⅵ 和 BFS（blow-fill-seal）灯检机。

以 Seidenader Ⅵ 灯检机为例，其检测原理是每一个待检品都要经过 3 个异物检测站，首先待测品通过每个检测位置上的伺服传动装置的作用，高速旋转；然后伺服传动装置停止转动，容器因此也停止转动，但容器中的液体由于惯性作用仍保持旋转，液体中的异物也跟着转动。整个过程中有一个中央检测镜同步跟踪待测品的运动，并且通过摄像头摄取待测品运动过程中的各个图像。图像再被传输到图像处理器中与标准品进行一个像素一个像素的比较。每一个待测品的图像数据都被保存在处理器中，以确保检测的真实性和可靠性。

五、异物检查设备

注射剂的澄明度检查是保证注射剂质量的关键。因为注射剂生产过程中难免会带入一些异物，如未滤去的不溶物、容器或滤器的剥落物以及空气中的尘埃等，这些异物在体内会引起肉芽肿、微血管阻塞及肿块等不同的损坏。带有异物的注射剂通过澄明度检查剔除。经灭菌检漏后的安瓿通过一定照度的光线照射，用人工或光电设备可进一步判别是否存在破裂、漏气、装量过满或不足等问题。空瓶、焦头、泡头或有色点、混浊、结晶、沉淀以及其他异物等不合格的安瓿可得到剔除。

1. 人工灯检

人工目测检查主要依靠待测安瓿被振摇后药液中微粒的运动从而达到检测目的。按照我国 GMP 的有关规定，一个灯检室只能检查一个品种的安瓿。检查时一般采用 40W 青光的日光灯作光源，并用挡板遮挡以避免光线直射入人眼内，背景应为黑色或白色（检查有色异物时用白色），使其有明显的对比度，提高检测效率。检测时将待测安瓿置于检查灯下距光源约 200mm 处轻轻转动安瓿，目测药液内有无异物微粒。

2. 安瓿异物光电自动检查仪

安瓿异物自动检查仪的原理是采用将待测安瓿高速旋转随后突然停止的方法，通过光电系统将动态的异物和静止的干扰物加以区别，从而达到检出异物的目的。利用旋转的安瓿带动药液一起旋转，当安瓿突然停止转动时，药液由于惯性会继续旋转一段时间。在安瓿停转的瞬间，以光束照射安瓿，在光束照射下产生变动的散射光或投影，背后的荧光屏上即同时出现安瓿及药液的图像。利用光电系统采集运动图像中（此时只有药液是运动的）微粒的大小和数量的信号，并排除静止的干扰物，再经电路处理可直接得到不溶物的大小及多少的显示结果。再通过机械动作及时准确地将不合格安瓿剔除。光电检出系统有两种方法：散射光法和透射光法。前者利用安瓿内动态异物产生散射光线的原理检出异物；后者利用动态异物遮掩光线产生投影的原理检出异物。图 10-11 所示为安瓿澄明度光电自动检查仪的主要工位。待检安瓿放入不锈钢履带上输送进拨瓶盘，拨瓶盘和回转工作台同步作间歇运动，安瓿 4 支一组间歇地进入回转工作转盘，各工位同步进行检测。第一工位是顶瓶夹紧。第二工位高速旋转安瓿带动瓶内药液高速旋转。第三工位异物检查，安瓿停止转动，瓶内药液仍高速运动，光源从瓶底部透射药液，检测头接收其中异物产生的散射光或投影，然后向微机输出检测信号。异物检查原理如图 10-12 所示。第四工位是空瓶、药液过少检查，光源从瓶侧面透射，检测头接收信号整理后输入微机程序处理，如图 10-13 所示。第五工位是对合格品和不合格品由电磁阀动作，不合格品从废品出料轨道予以剔除，合格品则由正品轨道输出。

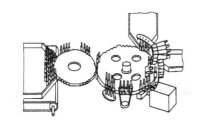
图 10-11　安瓿澄明度光电自动检查仪

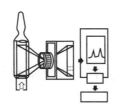
图 10-12　异物检查原理

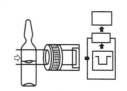
图 10-13　空瓶、药量过少检查

3. X 射线检测机

X 射线检测机的原理是：X 射线发射器（安装在特定导向系统的固定位置）发射 X 射线，穿透粉末或高密度待测物后，X 射线的信号接收器接收信号，并将之转换成数字图像。数字图像再通过图像处理工具进行分析。待测品被送往可编程控制器 PLC，由 PLC 激活废品剔除系统，从而剔除不合格的产品。该设备的优点在于可以检测不透明的溶液、粉末和冻干产品。通过计算机文档处理系统将不合格产品成像显示。检测线装配有智能的电脑控制系统，不需人工操作。

4. 连续摄像成影灯检机

连续摄像成影灯检机可装载在注射剂生产线上，对容器进行全程在线检测。当注射容器通过传输带传送到检测器中时，当检测出有形状不合格、容器表面有裂纹时，剔除系统将不合格容器剔除。当药液灌装完毕并且封口后，检测器也会检测其中是否含有不溶性的微粒或杂质。

六、预灌封注射器

预灌封注射器是指事先在消毒过的注射器里灌注进药液，以方便医护人员或病人随时可注射药物的一种"药械合一"的新产品。预灌封注射器将"储存药物"和"注射功能"融为一体，是一种技术含量较高的、实用的、新型的注射剂新剂型，目前主要用于疫苗和非最终灭菌的生物制剂。

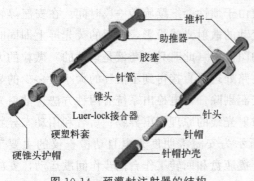

图 10-14　预灌封注射器的结构

目前使用较多的注射器主要由护帽、针帽、注射针头、针管、胶塞、推杆等组成，如图 10-14 所示。

预灌封注射器具有以下特点。

① 预充针使用起来更安全、简便、快捷、节约时间。

② 临床中比使用安瓿节省一半的时间，特别适合急诊患者。

③ 由灌装机定量灌装药液，比医护人员手工抽吸药液更精确。

④ 避免使用稀释液后反复抽吸，减少二次污染机会。

⑤ 减少药物因储存及转移过程的吸附造成的浪费。

随着预灌封注射器不断发展和成本的下降，将是未来小容量注射剂包装的发展趋势，也将逐步替代安瓿瓶、西林瓶等包装形式。

第二节　输液剂生产设备

一、输液剂生产流程

输液剂是指由静脉以及胃肠道以外的其他途径滴注输入体内的大剂量注射液。按照国家标准，输液剂有 50ml、100ml、250ml、500ml、1000ml 五种规格。输液剂的包装容器目前常用的是玻璃瓶、塑料瓶和塑料袋三种。输液剂的制备主要采用可灭菌生产工艺，即先将配制好的药液灌封于包装容器内，再用蒸汽热压灭菌。玻璃瓶输液剂工艺流程如图 10-15 所示。

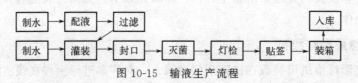

图 10-15　输液生产流程

配液是保证药品质量的首要环节。配液工序应具备空气净化条件，防止外界空气污染。配液设备的材料应无毒、防腐蚀，接触药液的零件表面光洁，无积液死角，清洗方便。我国输液剂配液工艺用得最普遍的是采用先浓配，再稀配。配液容器多采用优质不锈钢制作。稀配的设备容积按每批产量确定，然后再按浓度计算出浓配罐的容积。配液后采用与灌装产量相匹配的不锈钢管道及输送泵和粗、精两道过滤，将输液药品送入灌装工序的储液槽。粗过滤是除去药液中的活性炭和粗颗粒，精过滤是除尽药液中的不溶性物质，一般采用 $0.22\mu m$ 除菌级滤芯，保证药液质量。配料罐是带有搅拌的密闭的不锈钢罐体，内壁抛光。适合各种物料的溶解，充分混合。外带夹套，可分别通入冷热介质，有利于罐内物料的混合。先进的高效配液设备还包括自动配料控制器。自动控制器能迅速准确地控制配料过程。它的工作原理是采用称重法，由置于配料罐支座的感应器将物料重量转换成应变信号迅速送入控制器内，控制器按预先输入的配方与料斗连接的加料阀门，精确加料至设定值，保证可靠连续的配料顺序。出现故障自动报警。一次配料完成后自动打印配料操作记录、物料和配方文件、生产日期和批号、物料使用情况和系统状态分析。整个配料过程准确无误、卫生、安全。

二、清洗设备

国内大容量注射剂容器大多数采用平口玻瓶内衬涤纶薄膜，翻口橡胶塞、铝盖加封的包装形式，为第一代大容量注射剂产品。大容量注射剂生产联动线流程为：玻璃大容量注射剂瓶同理瓶机以转盘送入外洗瓶机，刷洗瓶外表面，然后由输送带进入玻璃瓶清洗机，洗净的玻璃瓶直接进入灌装机，灌满药液立即封口（经盖膜、胶塞机、翻胶塞机、轧盖机）和灭菌。

（一）胶塞清洗设备

随着 GMP 的实施，我国原先采用的开口夹层搪玻璃蒸煮罐已经逐渐被市场淘汰，目前常用的胶塞清洗机有两种基本型式，一种是容器型机组，另一种是水平多室圆筒型机组。具有对胶塞进行清洗、硅化、灭菌、干燥、冷却、自动出料，能自动记录各步骤状态及自动打印状态参数，并能对设备自身进行在线清洗和在线灭菌。由可编程控制器程序控制，主要用于丁基橡胶塞和西林瓶橡胶塞的清洗。

1. 圆筒形清洗器

上端为圆筒形，下端为椭圆形封头，封头与圆筒连接处有筛网分布板，清洗器通过水平悬臂轴支撑于机身上，器身可以摆动或旋转180°。胶塞、洁净水、蒸汽、热空气均可通过悬臂轴进入清洗器内。操作时，用真空吸入橡胶塞、注入洁净水，同时间断地从下方通入适量无菌空气，对胶塞进行沸腾流化状清洗，器身也左右作90°的摆动，使附着于胶塞上的杂质迅速洗涤排除；灭菌时，采用纯蒸汽湿热灭菌30min，温度121℃；干燥时，采用无菌热空气由上往下吹，为防止胶塞凹处积水并使传热均匀，器身也进行摆动。最后器身旋转180°，使经处理的胶塞排出。卸塞处有高效平行流洁净空气保护。

2. 水平多室圆筒形清洗机

洗涤桶内有8等分分布的料仓，料仓表面布满筛孔，中心轴可带动料仓旋转。洗涤时，洁净水分成两路，一路从设置在洗涤桶顶部喷淋管向下喷淋，另一路通过主传动轴上的喷嘴由下向上喷射，下部料仓浸于水中，杂质通过桶侧的溢流管溢出，完成清洗后将水排干。灭菌时，洗涤桶夹层通蒸汽，桶内逐次通入蒸汽，使桶内温度升至120℃，胶塞干燥后，常温无菌空气进入桶内，待胶塞冷却后出料。

（二）理瓶机

需要在使用之前对大容量瓶进行认真的清洗，以消除各种可能存在的危害到产品质量及使用安全的因素。由玻璃厂来的瓶子，通常由人工拆除外包装，送入理瓶机，也有用真空或压缩空气拎取瓶子送至理瓶机，由洗瓶机完成清洗工作。

理瓶机的作用是将拆包取出的瓶子按顺序排列起来，并逐个送至洗瓶机。常见的理瓶机为圆盘式理瓶机及等差式理瓶机。

圆盘式理瓶机如图 10-16 所示。当低速旋转的圆盘上装置有待洗的大容量注射剂瓶时，圆盘中的固定拨杆将运动着的瓶子拨向转盘周边，并沿圆盘壁进入输送带至洗瓶机上，即靠离心力进行理瓶送瓶。

等差式理瓶机由等速和差速两台单机组成，如图 10-17 所示。其原理为等速机 7 条平行等速传送带同一动力的链轮带动，传送带将玻瓶送至与其相垂直的差速机输送带上。差速机的 5 条输送带是利用不同齿数的链轮变速达到不同速度要求；第 I、II 条以较低等速运行，第 III 速度加快，第 IV 条速度更快，并且玻瓶在各输送带和挡板的作用下，成单列顺序输出；第 V 条速度较慢且方向相反，其目的是将卡在出瓶口的瓶子迅速带走。差速是为了在输液瓶传送时，不形成堆积而保持逐个输送的目的。

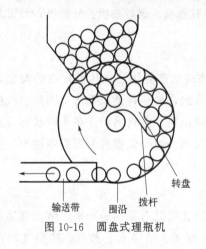

图 10-16　圆盘式理瓶机

输送带　围沿　拨杆　转盘

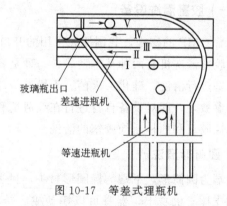

图 10-17　等差式理瓶机

玻璃瓶出口　差速进瓶机　等速进瓶机

（三）外洗瓶机

外洗瓶机是清洗大容量注射剂瓶外表面的设备，如图 10-18 所示，清洗方法为：毛刷固定两边，瓶子在输送带的带动下从毛刷中间通过，达到清洗的目的。也有毛刷旋转运动，当瓶子通过时产生相对运动，使毛刷能全部洗净瓶子表面，毛刷上部安有喷淋水管，可及时冲走刷洗的污物。

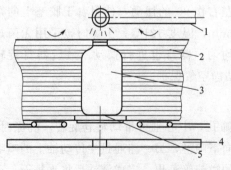

图 10-18　毛刷固定外洗瓶机

1—淋水管；2—毛刷；3—瓶子；
4—传动装置；5—输送带

（四）滚筒式洗瓶机

滚筒式洗瓶机是一种带毛刷刷洗玻璃内腔的

清洗机,该机的主要特点是结构简单、易于操作、维修方便、占地面积小,粗洗、精洗在不同洁净区,无交叉污染。该机有一组粗洗滚筒和一组精洗滚筒,每组均由前后滚筒组成;两组中间用输送带连接。

滚筒式洗瓶机的外形图如图 10-19 所示,工位示意图如图 10-20 所示,当设置在滚筒前端的拨瓶盘使玻瓶进入粗洗段中的前滚筒,并转动到设定的工位 1 时,碱液注入瓶中;带有碱液的玻瓶转到水平位置时,毛刷进入瓶内,待毛刷洗涤瓶内壁之后,毛刷退出;瓶继续转到下两个工位逐一由喷射管对刷洗后的玻瓶内腔冲去碱液。当滚筒载着玻瓶处于进瓶通道停歇位置时,拨瓶轮将冲洗后的玻瓶推入后滚筒,继续用加热后的饮用水对玻瓶进行外淋、内刷、冲洗。粗洗后的玻瓶由输送带送入精洗滚筒。精洗滚筒取消了毛刷,在滚筒下部设置了注射用水喷嘴和回收注射用水装置;前滚筒利用回收的注射用水作外淋内冲洗,后滚筒利用新鲜注射用水作内冲洗并沥水,从而保证了洗瓶质量。精洗滚筒设置在洁净区,洁净的玻瓶经检查合格后,进入灌装工序。

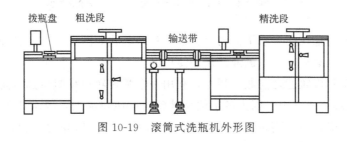

图 10-19　滚筒式洗瓶机外形图

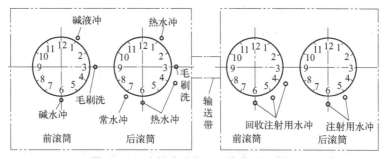

图 10-20　滚筒式洗瓶机工位位置示意图

(五)箱式洗瓶机

箱式洗瓶机整机是个密闭系统,是由不锈钢皮或有机玻璃罩子罩着工作的。箱式洗瓶机工位如图 10-21 所示,玻璃瓶在机内被洗涤的流程为:热水喷淋(两道)—碱液喷淋(两道)—热水喷淋(两道)—冷水喷淋(两道)—喷水毛刷清洗(两道)—冷水喷淋(两道)—蒸馏水喷淋(三喷两淋)—沥干。

其中"喷"是指用直径 1mm 的喷嘴由下向上往瓶内喷射具有一定压力的流体,可产生强大的冲刷力。"淋"是指用直径 1.5mm 淋头,提供较多的洗水从上向下淋洗瓶外,以达到将脏物带走的目的。

洗瓶机上部装有引风机,将热水蒸气、碱蒸汽强制排除,并保证机内空气是由净化段流

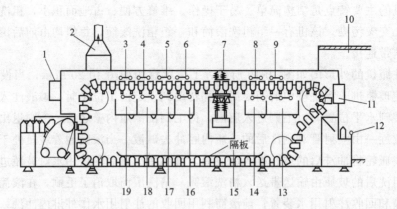

图 10-21　箱式洗瓶机工位示意图

1，11—控制箱；2—排风管；3，5—热水喷淋；4—碱水喷淋；6，8—冷水喷淋；7—喷水毛刷清洗；
9—蒸馏水喷淋；10—出瓶净化室；12—手动操作杆；13—蒸馏水收集器；14，16—冷水收集器；
15—残液收集器；17，19—热水收集器；18—碱水收集器

进箱内。各工位装置都在同一水平面内呈直线排列，其状如图所示。在各种淋液装置的下部均设有单独的液体收集槽，其中碱液是循环使用的。

玻璃瓶进入洗瓶机轨道之前瓶口朝上，利用一个翻转轨道将瓶口翻转向下，并使瓶子成排（一排 10 个）落入瓶盒中。因为各工位喷嘴要对准瓶口喷射，要求瓶子相对喷嘴有一定的停留时间，同时旋转的毛刷也要探入、伸出瓶口和在瓶内做相对停留，时间为 3.5s，所以瓶盒在传送带上是呈间歇移动状态前行。玻璃瓶内沥干后，利用翻转轨道脱开瓶盒再次落入局部层流的输送带上，进入灌装工序。

使用洗瓶机应注意内外刷机上毛刷的清洁及损耗情况，以使洗刷机处于正常的运转状态，保证洗瓶质量。工作结束时应清除机内所有玻瓶，使机器免受负载。此外，应经常检查各送液泵及喷淋头的过滤装置，发现不清洁物应及时清除，以免因喷淋压力或流量变化而影响洗涤效果。

三、灌装与封口设备

灌装机有许多形式，按灌装方式分为常压灌装、负压灌装、正压灌装和恒压灌装 4 种；按计量方式分为流量定时式、量杯式、计量泵注射式 3 种。下面介绍两种常用的灌装机。

（一）量杯式负压灌装机（图 10-22）

盛料桶中有 10 个计量杯，量杯与灌装套用硅橡胶管连接，玻瓶由螺杆式输瓶器经拨瓶星轮送入转盘的托瓶装置，托瓶装置由圆柱凸轮控制升降，灌装头套住瓶肩形成密封空间，通过真空管路抽真空，药液负压流进瓶内。量杯式计量原理：量杯计量是采用计量杯以容积定量，药液超过量杯缺口，则药液自动从缺口流入盛料桶内，即为计量粗定位；精确的调节是通过计量调节块在计量杯中所占的体积而定，旋动调节螺母使计量块上升或下降，而达到装量准确。吸液管与真空管路接通，使计量杯的药液负压流入玻瓶中。计量杯下的凹坑使药液吸净。

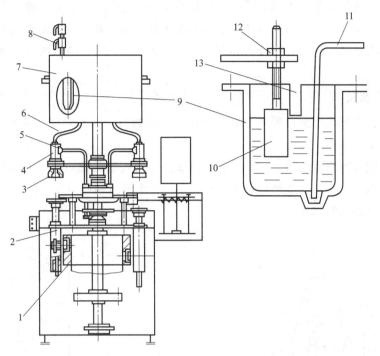

图 10-22　量杯式负压灌装机

1—升降凸轮；2—瓶托；3—橡胶喇叭口；4—瓶肩定位套；5—真空吸管；6—硅橡胶管；7—盛料桶；
8—进液调节阀；9—计量杯；10—计量调节块；11—吸液管；12—调节螺母；13—量杯缺口

（二）计量泵注射式灌装机

该机是通过注射泵对药液进行计量并在活塞压力下将药液充填于容器中。计量泵计量如图 10-23 所示，计量泵以活塞的往复运动进行充填，常压灌装，计量原理同样是以容积计量。计量调节首先粗调活塞行程，达到灌装量，装量精度由下部的微调螺母来调定，它可以达到很高的计量精度。

（三）封口设备

药液灌装后必须在区内立即封口，故封口设备应与灌装机配套使用，免除药品的污染和氧化。目前我国使用的封口形式有翻边形橡胶胶塞和 T 形橡胶塞，胶塞的外面再盖铝盖并轧紧，封口完毕。封口机械有塞胶塞机、压塞翻塞机、轧盖机等。

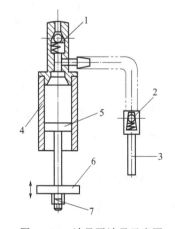

图 10-23　计量泵计量示意图

1，2—单向阀；3—灌装管；4—计量缸；
5—活塞；6—活塞升降板；7—微调螺母

1. 塞胶塞机

塞胶塞机主要用于 T 形橡胶塞对 A 型玻瓶封口，可自动完成输瓶、螺杆同步送瓶、理瓶、送塞、塞塞等工序。

T形胶塞塞塞机构如图10-24所示。当夹塞爪（机械手）抓住T形橡胶塞，玻璃瓶瓶托由凸轮作用，托起上升，密封圈套住瓶肩部形成密封区间，真空吸孔充满负压，玻璃瓶继续上升，夹塞爪对准瓶口中心，在外力和瓶内真空的作用下，将塞插入瓶口，弹簧压住密封圈接触瓶肩部。

2. 压塞翻塞机

压塞翻塞机主要用于翻边形胶塞对B型玻璃瓶的封口，可自动完成输瓶、理瓶、送塞、塞塞、翻塞等工序工作。

翻边胶塞的塞塞原理如图10-25所示，加塞头插入胶塞的翻口时，真空吸孔吸住胶塞，对准瓶口，加塞头下压，杆上销钉沿螺旋槽运动，塞头既有向瓶口压塞的功能，又有模拟人手旋转胶塞向下施压的动作。

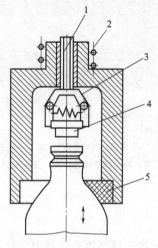

图 10-24　T形胶塞塞塞原理

1—真空吸孔；2—弹簧；3—夹塞爪；

4—T形胶塞；5—密封圈

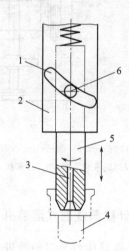

图 10-25　翻边胶塞塞塞原理

1—螺旋槽；2—轴套；3—真空吸孔；

4—翻边胶塞；5—加塞头；6—销

翻塞机构如图10-26所示，它要求翻塞效果好，且不损坏胶塞，普遍设计为五爪式翻塞机，爪子平时靠弹簧收拢，整个翻塞机构随主轴作回转运动，翻塞头顶杆在平面凸轮槽下降，瓶颈由V形块或花盘定位，瓶口对准胶塞。翻塞爪插入橡胶塞，由于下降距离的限制，翻塞芯杆抵住胶塞大头内径平面，而翻塞爪张开并继续向下运动，起张开塞子翻口的作用。

3. 玻璃瓶轧盖机

该机由振动螺旋装置、掀盖头、轧盖头等组成。轧盖时瓶子不转动，而轧刀绕瓶旋转，轧刀，呈正三角形布置，轧刀收紧由凸轮控制，轧刀的旋转由专门的一组皮带变速机构来实现的，且转速和轧刀的位置可调。

轧刀机构如图10-27所示，整个轧刀机构上主轴旋转，又在凸轮作用下作上下运动，三把轧刀均能自行以转销为轴自行旋转。轧盖时，压瓶头抵住铝盖平面，凸轮收口座继续下降，滚轮沿斜面运动。而三把轧刀向铝盖沿收紧并滚压，即起到轧紧铝盖作用。

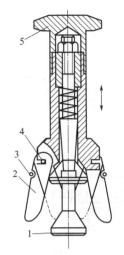

图 10-26　翻塞机构示意图

1—芯杆；2—爪子；3—弹簧；

4—铰链；5—顶杆

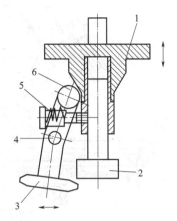

图 10-27　轧刀机构示意图

1—凸轮收口座；2—压瓶头；3—轧刀；

4—转销；5—弹簧；6—滚轮

四、塑料袋装大容量注射剂生产设备

塑料袋装大容量注射剂有 PVC 软袋装和非 PVC 软袋装两种。PVC 软袋装采用高频焊、焊缝牢固可靠、强度高、渗漏少。PVC 膜材透气、透水性强，可保存和输送血液，因此多用于血袋。因为气水透过率高，不宜包装小容量注射剂和氧敏感性药品的大容量注射剂。

非 PVC 多层共挤膜是由 PP、PE 等原料以物理兼容组合而成。20 世纪 80 年代末 90 年代初得到迅速发展，并形成第三代大容量注射剂。世界上知名的大容量注射剂厂家（如贝朗、百特、大冢、武田等），均有此包装形式的大容量注射剂产品。非 PVC 软袋大容量注射剂包装材料柔软、透明、薄膜厚度小，因而软包装可通过自身的收缩，在不引进空气的情况下，完成药液的人体输入，使药液避免了外界空气的污染，保证大容量注射剂的安全使用，实现封闭式输液。

非 PVC 软袋大容量注射剂生产设备外形和结构如图 10-28 所示。

（1）送膜工位　由一个开卷架完成自动送膜工作，在电机驱动下将膜分段送入印刷工位。

（2）印刷工位　热箔印刷装置用于完成整面印刷。可变更生产数据（如批号和有效日期、生产日期）并打印。印刷温度、时间、和压力可调。

（3）袋口送入和开膜工位　薄膜片由一个专用装置在顶部开膜。袋口从不锈钢槽自动送入传送系统，每个袋口从振荡槽排出位置通过夹具顺序排出，并放在送料链上的支柱上，放置在打开的薄膜片之间。

（4）袋口预热工作　在把袋口插入薄膜之前，在热合区域进行袋口外缘的预热，以减少以后的热合时间。热合时间、压力、温度可调，此工位装有最小/最大热合温度控制，如果温度超出允许范围则停机。

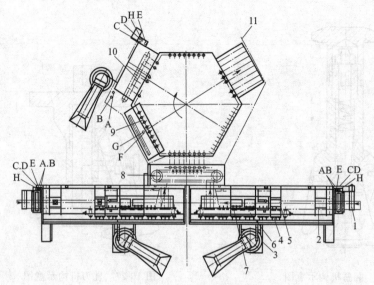

图 10-28　非 PVC 软袋大容量注射剂设备外形和结构示意图

A—压缩空气进口；B—压缩空气排气口；C—冷却水入口；D—冷却水出口；E—电源接线口；F—药液进入口；

G—CIP/SIP 管道；H—洁净空气进入口；1—送膜工位；2—印刷工位；3—袋膜送入和开膜工位；

4—袋口预热工位；5—袋身/袋口焊接和周边切割工位；6—袋口热合工位；7—袋口最终热合工位；

8—传送工位；9—灌装工位；10—封口工位；11—送出工位

（5）袋身/袋口焊接和周边切割工位　此工位将袋周边热合，将袋口焊接并进行周边切割。热合时由一个可移动的热合模利用热合装置完成热合操作，热合时间、压力、温度可调。此工位装有最小/最大热合温度控制，温度超出允许范围则停机。

（6）袋口热合工位　通过一个接触热合系统热合袋口，此工位装有最小/最大热合温度控制，温度超出允许范围则停机。

（7）袋口最终热合工位　通过一个焊接装置热合袋口，此工位装有最小/最大热合温度控制，温度超出允许范围则停机。

（8）传送工位　已制成的空袋由一套夹具送入机器灌封组的袋夹具中。

（9）灌装工位　灌装工位由一组并列的灌装系统完成，每个系统包括一个阀和带有微处理器控制的流量控制器，微处理器位于主控制柜中，该工位可实现无袋不灌装。灌装工位可实现在线清洗（CIP）和在线消毒（SIP）。

（10）封口工位　此工位包括一个自动上盖传送系统、袋口和盖加热装置及一个袋内残余空气排出系统。该工位可实现无袋不取盖，袋内残余空气可排出。

（11）送出工位　袋夹具打开，将已灌装、密封好的袋放在传送带上。

第三节　粉针剂生产设备

一、粉针剂概述

盛装注射用无菌粉末的注射剂简称粉针剂，是用无菌操作法生产的非最终注射剂。对于一些遇热或遇水不稳定的注射剂药物，如某些抗生素、一些酶制剂及血浆等生物制剂，为了便于储存、运输和保证药品质量，均需先制成粉针剂，在临床应用时再以适宜的溶媒溶解后供注射用。根据药物的性质与生产工艺条件不同，粉针剂可分为两种，一种是无菌分装粉针剂，另一种是冷冻干燥粉针剂。无菌分装粉针剂系用无菌操作法将经过精制的药物粉末分装于洁净灭菌小瓶或安瓿中密封制成；冷冻干燥粉针剂系将药物制成无菌水溶液，以无菌操作法灌装，冷冻干燥后，在无菌条件下密封制成。无菌分装粉针剂的生产过程及主要设备如图 10-29 所示。

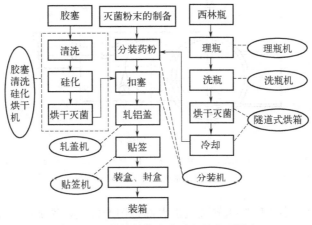

图 10-29　粉针剂的生产过程及主要设备

洗瓶机作用就是用于抗生素玻璃瓶（西林瓶）的清洗。目前中国正在使用的洗瓶机，根据其清洗原理可分为两种类型：一是毛刷洗瓶机，二是超声波洗瓶机。

二、洗瓶设备

（一）毛刷洗瓶机

毛刷洗瓶机是粉针剂生产应用较早的一种洗瓶设备，通过设备上设置的毛刷，去除瓶壁上的杂物，实现清洗目的。

1. 毛刷洗瓶机主要结构

毛刷洗瓶机主要由输瓶转盘、旋转主盘、刷瓶机构、翻瓶轨道、机架、水气系统、机械传动系统以及电气控制系统等组成。其外形见图 10-30。

2. 毛刷洗瓶机工作过程

通过人工或机械方法将需清洗的玻璃瓶成组，瓶口向上送入输瓶转盘中，经过输瓶转盘整理排列成行输送到旋转主盘的齿槽中，经过淋水管时瓶内灌入洗瓶水，圆毛刷在上轨道斜面的作用下伸入瓶内以 450r/min 的转速刷洗瓶内壁，此时瓶子在压瓶橡胶压力下自身不能转动，待瓶子随主盘旋转脱离压瓶橡胶，瓶子在圆毛刷张力作用下开始旋转，经过固定的长毛刷与底部的月牙刷时，瓶外壁与瓶底得到刷洗，圆毛刷与旋转主盘同步旋转一段距离后，毛刷上升脱离玻璃瓶，玻璃瓶被旋转主盘推入螺旋翻瓶轨道，在推进过程中瓶口翻转向下，进行去离子水和注射用水两次冲洗，再经洁净压缩空气吹净水分，而后，翻瓶轨道将玻璃瓶再翻转使瓶口向上，送入下道工序。

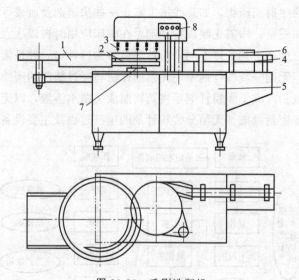

图 10-30　毛刷洗瓶机

1—输瓶转盘；2—旋转主盘；3—刷瓶机构；4—翻瓶轨道；5—机架；6—水气系统；

7—机械传动系统；8—电气控制系统

目前国内多数中、小药厂使用的洗瓶机大都是国产的毛刷洗瓶机，主要由哈尔滨、蓬莱等地的药机厂生产，生产能力约 280 瓶/min。

（二）超声波洗瓶机

超声波清洗是目前工业上应用较广、效果较好的一种清洗方法，具有效率高、质量好，特别能清洗盲孔狭缝中的污物，容易实现清洗过程自动化等优点，现已成为许多工业部门不可或缺的一种清洗方法。超声波洗瓶就是瓶壁上的污物在空化的侵蚀、乳化、搅拌作用下，加之以适宜的温度、时间及清洗用水的作用下被清除干净，达到清洗的目的。按清洗玻璃瓶传动装置传送方式分类，超声波洗瓶机又分为水平传动型和行列式传动型。

1. 水平传动型西林瓶超声波洗瓶机的结构组成

超声波洗瓶机型式虽有不同，其结构一般是由送瓶机构、清洗装置、冲洗机构、出瓶机构、主传动系统、水气系统、床身及电气控制系统等部分组成（图 10-31）。

（1）送瓶机构　一般单独设置动力，主要由电机、减速器、输瓶网带、过桥、喷淋头等组成，是玻璃瓶排列并输送到清洗装置的传递机构。

（2）清洗装置　由超声波换能器、送瓶螺杆、提升装置等机构组成，安装在床身水槽中。当玻璃瓶在过桥上充满清水后，经过超声波换能器上方时进行超声波清洗后，利用送瓶螺杆连续输送到提升装置，由提升块逐个送入冲洗转盘上的机械手中进行冲洗。

（3）冲洗机构　由带机械手的转盘、冲洗摆动圆盘、喷针装置等组成。主要完成对超声波清洗后的玻璃瓶进行冲洗、去除污垢并初步吹干。

（4）出瓶机构　由出瓶拨盘、导轨、传动装置等组成。将冲洗、吹干过的玻璃瓶从机械手上接下来，再逐个输出到下道工序。

（5）主传动系统　由主电机、减速器、传动轴、凸轮、链轮系组成，安装在床身内部，向机器提供动力和扭矩。

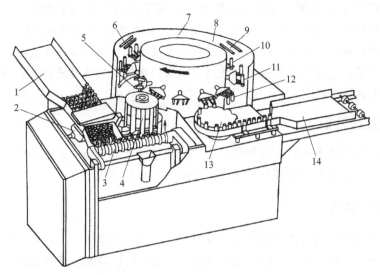

图 10-31　水平传动型西林瓶超声波洗瓶机

1—料槽；2—超声波换能头；3—送瓶螺杆；4—提升轮；5，12—瓶子翻转工位；6，7，9—喷水工位；
8，10，11—喷气工位；13—拨盘；14—出瓶盘

（6）水气系统　由过滤器、阀门、电磁换向阀、水泵、水箱、加热器、排水管及导管组成，向机器提供清洗、冲洗、吹干作用。

（7）床身包括水槽、立柱、底座、护板及保护罩。为整机安装各种机构零部件提供基础。通过底座下的调节螺杆可调整机器的水平和整机高度。

（8）电气控制系统由操作柜、驱动电路、调速电路、控制电路、超声波发生器、传感装置等组成，用以操作机器。

2. 水平传动型西林瓶超声波洗瓶机的工作过程

玻璃瓶送入料槽中，全部口朝上且相互靠紧，料槽1与水平面成30°夹角，料槽中的瓶子在重力作用下自动下滑，料槽上方置淋水器将玻璃瓶内淋满循环水（循环水由机内泵提供压力，经过滤后循环使用）。注满水的玻璃瓶下滑到水箱中水面以下时，利用超声波在液体中的空化作用对玻璃瓶进行清洗。超声波换能头2紧靠在料槽末端，也与水平面成30°夹角，故可确保瓶子通畅地通过。经过超声波初步洗涤的玻璃瓶，由送瓶螺杆3将瓶子理齐并逐个送入提升轮4的10个送瓶器中，送瓶器由旋转滑道带动做匀速回转的同时，受固定的凸轮控制作升降运动，旋转滑道运转一周，送瓶器完成接瓶、上升、交瓶和下降一个完整的运动周期。提升轮将西林瓶逐个交给大转盘上的机械手。大转盘周向均布13个机械手机架，每个机架上左右对称装两对机械手夹子，大转盘带动机械手匀速旋转，夹子在提升轮4和拨盘13的位置上由固定环上的凸轮控制开夹动作接送瓶子。机械手在位置5由翻转凸轮控制翻转180°，从而使瓶口向下便于接受下面各工位的水、气冲洗，在位置6～11，固定在摆环上的射针和喷管完成对瓶子的三次水和三次气的内外冲洗。射针插入瓶内，从射针顶端的五个小孔中喷出的激流冲洗瓶子内壁和瓶底，与此同时固定喷头架上的喷头则喷水冲洗瓶外壁，位置6、7、9喷的是压力循环水和压力净化水，位置8、10、11均喷压缩空气以便吹净残水。射针和喷管固定在摆环由摇摆凸轮和升降凸轮控制完成"上升—跟随大转盘转动—下降—

快速返回"这样的运动循环。洗净后的瓶子在机械手夹持下再经翻转凸轮作用翻转180°，使瓶口向上，然后送入拨盘13，拨盘拨动玻璃瓶由出瓶盘14送入灭菌干燥隧道。

行列式传动的超声波洗瓶机洗瓶工艺过程与上述水平传动的洗瓶工艺过程基本相同，但机械结构完全不同，主要区别是超声清洗后玻璃瓶传递是行列成排进行的，而水平传动型是依靠机械手单个连续进行。

三、粉针剂灌封设备

粉针剂分装机是将无菌的粉剂药品定量分装在经过灭菌干燥的玻璃瓶内，并盖紧胶塞密封。粉剂分装机按其结构型式可分为气流分装机和螺杆分装机。

（一）气流分装机

气流分装原理就是利用真空吸取定量容积粉剂，再通过净化干燥压缩空气将粉剂吹入玻璃瓶中，气流分装的特点是在粉腔中形成的粉末块直径幅度较大，装填速度亦快，一般可达到300～400瓶/min，装量精度高，自动化程度高，因此，这种分装原理得到广泛使用。

气流分装机主要由以下几部分组成：粉剂分装系统、盖胶塞机构、床身及主传动系统、玻璃瓶输送系统、拨瓶转盘机构、真空系统、压缩空气系统、电气控制系统、空气净化控制系统等。

1. 粉剂分装系统

粉剂分装系统是气流分装机的重要组成部分。其功用是盛装粉剂，通过搅拌和分装头进行粉剂定量，在真空和压缩空气辅助下周期性地将粉剂分装于瓶子里。主要由装粉筒、搅粉斗、粉剂分装头、传动装置、升降机构等组成。粉剂分装系统见图 10-32。

装粉筒的作用是盛装用于分装的粉剂，由不锈钢圆柱形筒体和内装单独驱动贴近筒体底部的双叶垂直搅拌器组成。筒上部有装粉口，筒底靠前部位开有方口与搅拌斗相连，筒体前方装有粉量观察窗。

搅粉斗位于装粉筒前下方，顶部通过方口与装粉筒相连，下部与粉剂分装头相连。主要由上连接板，前后挡板和活动密封块、左挡板和刮板、右挡板和活动密封块、水平放置的四片搅拌桨所组成。搅拌桨每吸粉一次旋转一转，其作用是将装粉筒落下的药粉保持疏松并压进粉剂分装头的定量分装孔中。

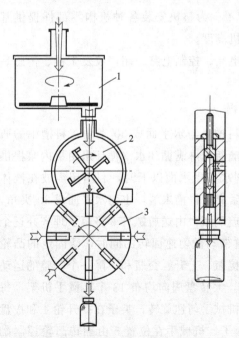

图 10-32　粉剂分装系统示意图

1—装粉筒；2—搅粉斗；3—粉剂分装头

粉剂分装头是气流分装机实现定量分装粉剂的主要构件。主体（分装盘）是由不锈钢制成的圆柱体，分装盘上有八等分分布单排（或两排）直径一定的光滑圆孔，即分装孔。圆孔中有可调节的粉剂吸附隔离塞，通过调节隔离塞顶部与分装盘圆柱面距离（即孔深）就可调节粉剂装量。分装盘后端面有与装粉孔数相同且和装粉孔相通的圆孔，靠分配盘与真空和压缩空气相连，实现分装头在间歇回转中的吸粉和卸粉。

　　粉剂吸附隔离塞有两种形式，一是活塞柱，二是吸粉柱；其头部滤粉部分可用烧结金属或细不锈钢纤维压制的隔离刷，外罩不锈钢丝网，如图 10-33 所示。装量的调节由粉剂隔离塞在分装孔的位置确定，可调节吸粉柱端部螺杆在螺母上的位置或旋转吸粉柱端部的装量调节盘的角度来实现装量的调节。

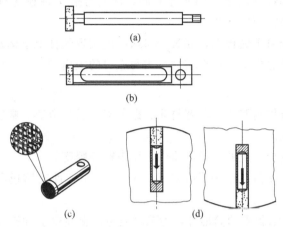

图 10-33　粉剂吸附隔离塞

（a）烧结金属活塞柱；（b）烧结金属吸粉柱；（c）隔离刷吸粉柱；（d）吸粉和出粉示意

　　图 10-34 为双排粉剂分装头的结构原理图。8 等分的分装头内有 16 个分装孔，分装头端部通过分配器使分装孔分别与真空或压缩空气相通。分装孔转动到装粉筒正下方开口向上，分装孔与真空接通，药粉被定量吸入分装孔内，粉剂被隔离塞阻挡，而空气逸出；当分装头回转 180°，至卸料工位呈开口朝下时，则与压缩空气相通，将药粉吹入西林瓶内。在卸粉后用压缩空气自孔内向外吹气，对隔离片进行一次疏通，防止细小粉末堵塞隔离片。

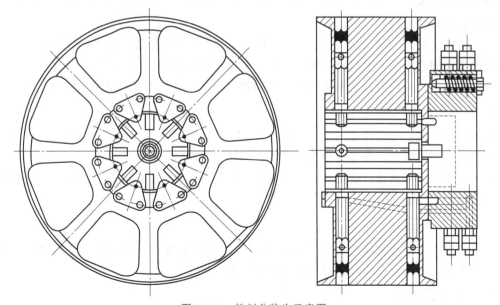

图 10-34　粉剂分装头示意图

传动装置是装粉系统实现装粉功能的构件。主要由有滑块电磁离合器、换向器、传动齿轮、水平传动间歇机构、链轮系组成。其运动关系是：从主传动系统传递过来的动力经在圆周 360°的相位上只有一个位置能啮合的有滑环电磁离合器（也称同步跟踪离合器，协调与盖胶塞机构的同步运动）传给换向器将垂直传动变为水平传动，再经过一对正齿轮（$i=1:2$）减速传到间歇机构，实现输出轴 8 个工位的间歇运动，分装头就安装在输出轴头上。分装头间停时间正是分装头下部玻璃瓶运动的间停时间，此时分装头装粉孔有一个垂直向下对准瓶口，利用这一间停时间往瓶中装粉。

升降机构安装在床身下底板上，通过一对蜗轮副实现丝杠上下运动，穿过床身面板，丝杠顶部连接在传动装置底板上，可调节分装头与瓶口的距离。

2. 盖胶塞机构

盖胶塞机构主要由供料漏斗、胶塞料斗、振荡器、垂直滑道、喂塞器、压胶塞头及其传动机构和升降机构组成。

供料漏斗是不锈钢板制成的倒锥形筒件，用来贮存胶塞。

胶塞料斗下部有振荡器。振荡器由盖板、底座、6 组弹性支撑板和 3 组电磁铁组成。为料斗提供振荡力和扭摆力矩。

胶塞料斗也是不锈钢制成的筒形件，为减轻质量，料斗壁上冲有减轻圆孔，底板呈矮锥形，上端开口。料斗内壁焊有两条平行的螺旋上升滑道，并一直延伸至外壁有三分之二周长的距离，与垂直滑道相接。在螺旋滑道上有胶塞鉴别，整理机构，使胶塞呈一致方向进入垂直滑道。

垂直滑道是由两组带有与胶塞尺寸相适应的沟槽构件和挡板组成，构成输送胶塞轨道，将从料斗输送来的胶塞送入滑道下边的喂塞器。

喂塞器主要功用是将垂直滑道送过来的胶塞通过移位推杆进行真空定位，吸掉胶塞内的污物后送到压胶塞头体上的爪扣中。

压胶塞头是压胶塞机构实现盖胶塞功能的重要部分。主体是个圆环体，其上装有 8 等分分布的盖塞头，盖塞头上有 3 个爪扣、2 个回位弹簧和 1 个压杆，在压头作用下将胶塞旋转地拧按在已装好药粉的瓶口上。

传动装置主要由传动箱、传动轴、8 工位间歇机构、传动齿轮、凸轮摆杆机构等组成，实现压胶塞头间歇传动、喂塞移位推杆进出、压头摆动运动。

升降机构组成与粉剂分装系统的升降机构相同，用于调整盖塞头爪扣与瓶口距离。

3. 床身及主传动系统

床身是由不锈钢方管焊成的框架、面板、底板、侧护板组成，下部有可调地脚，用于调整整机水平和使用高度。床身为整机安装各机构提供基础。

主传动系统主要由带有减速器、无极调速机构和电机组成的驱动装置、链轮、套筒滚子链、换向机构、间歇结构等组成，为装粉和盖塞系统提供动力。

4. 玻璃瓶输送系统

该系统由不锈钢丝制成的单排或双排输送网带及驱动装置，张紧轮、支撑梁、中心导轨、侧导轨组成，完成粉剂分装过程玻璃瓶的输送。

5. 拨瓶转盘机构

拨瓶转盘机构安装在装粉工位和盖塞工位。主要由拨瓶盘、传动轴、八个等分啮合的电磁离合器以及刹车盘组成的过载保护机构等组成。其作用是通过间歇机构的控制，准确地将输送网带送入的玻璃瓶送至分装头和盖塞头下进行装粉和盖胶塞。当这两个工位出现倒瓶或卡瓶时，会使整机停车并发出故障显示信号。

6. 真空系统

真空有两个系统，一个用于装粉，一个用于盖塞。装粉真空系统由水环真空泵、真空安全阀、真空调节阀、真空管路以及进水管、电磁阀、过滤器、排水管组成，为吸粉提供真空。盖塞真空系统由真空泵、调节阀、滤气器等组成，其作用是吸住胶塞定位和清除胶塞内腔上的污垢。

7. 压缩空气系统

该系统由油水分离器、调压阀、无菌过滤器、缓冲器、电磁阀、节流阀及管路组成。工作时，经过过滤，干燥的压缩空气再经无菌系统净化，分成三路：一路用于卸粉，另两路用于清理卸粉后的装粉孔。

8. 局部净化系统

气流分装机设置局部净化系统，以保证局部 A 级洁净度。主要由净化装置与平行流罩组成。净化装置为一长方形箱体，前、后面为可拆卸的箱板，底部固定有两块带孔板，箱体内有一隔板，后部装有小风机，风机出口在隔板上。箱体前部下方带孔板上装有高效过滤器，使经其过滤后空气洁净度达到百级；在风机进风口下部带孔板上装有粗效过滤器。平行流罩为铝合金型材并镶有机玻璃板构成围框，前后为对开门，坐落在分装机台面上，上部即为净化装置，这样就使分装部分形成一个循环空气流通的密封系统，见图 10-35。

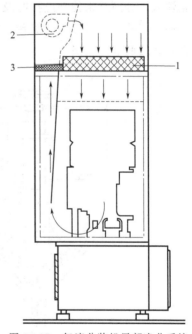

图 10-35　气流分装机局部净化系统
1—高效过滤器；2—风机；3—粗效过滤器

（二）螺杆分装机

螺杆分装机是通过控制螺杆转数，量取定量粉剂分装到玻璃瓶中。螺杆分装计量除了螺杆的结构形式外，关键是控制每次分装螺杆的转数就可实现精确的装置。螺杆分装机具有装量调整方便、结构简单、便于维修、使用中不会产生漏粉、喷粉等优点。

螺杆分装机一般由带搅拌的粉箱、螺杆计量分装头、胶塞振动料斗、输塞轨道、真空吸塞与盖塞机构、玻璃瓶输送装置、拨瓶盘及其传动系统、控制系统、床身等组成。目前国内在线使用的螺杆分装机的螺杆计量分装头国产的为多头。双头螺杆分装机简图见图 10-36。

螺杆计量分装头中螺杆旋转的传动过去多为机构传动，近年已将数控技术应用到螺杆分装机上，使螺杆转数控制更趋方便，提高了可靠性和稳定性。

1. 螺杆分装头与装量调节装置

图 10-37 表示一种螺杆分装头。粉剂置于粉斗中，在粉斗下部有送药嘴，其内部有单向间歇旋转的计量螺杆，当计量螺杆转动时，即可将粉剂通过送药嘴下部的开口定量地加到玻

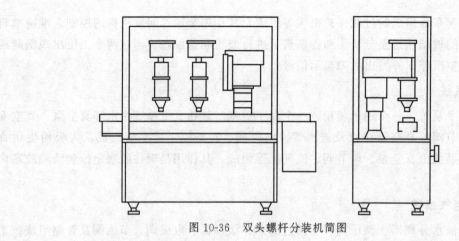

图 10-36　双头螺杆分装机简图

璃瓶中。为使粉剂加料均匀，料斗内还有一搅拌叶，连续反向旋转以疏松药粉。动力由主动链轮输入，分两路来传动搅拌叶及计量螺杆。其中一路，动力通过主动链轮由伞齿轮直接带动，使搅拌叶作逆时针连续旋转。另一路是由主动链轮通过从动链轮带动装量调节系统进行螺杆转数的调节，见图 10-38。

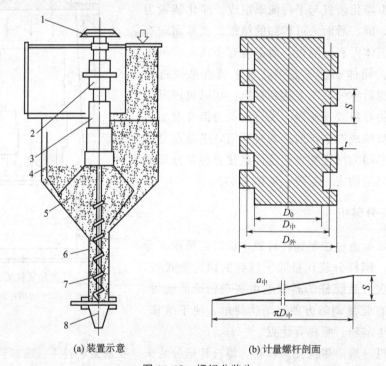

(a) 装置示意　　　　　　(b) 计量螺杆剖面

图 10-37　螺杆分装头

1—传动齿轮；2—单向离合器；3—支承座；4—搅拌叶；5—料斗；6—导料管；7—计量螺杆；8—送药嘴

由从动链轮传递的动力带动偏心轮旋转，经连杆使扇形齿轮往复摇摆运动。扇形齿轮经过齿轮并通过单向离合器和伞齿轮使定量螺杆单向间歇旋转。扇形齿轮向上回摆时，计量螺杆轴不转动，即螺杆只作单向转动。控制螺杆每一次转动的圈数，就控制了分装量。分装量的大小可由调节螺钉来改变偏心轮上的偏心距来达到。如将偏心距调节螺栓上的调节螺母顺时针旋转，偏心距变大，螺杆每次转动的圈数增加，则落粉量增加；如将调节螺母逆时针旋

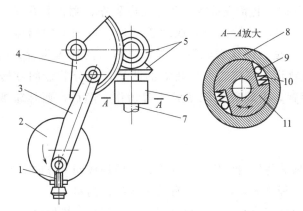

图 10-38　螺杆计量的控制与调节机构

1—调节螺丝；2—偏心轮；3—曲柄；4—扇形齿轮；5—中间齿轮；6—单向离合器；

7—螺杆轴；8—离合器套；9—制动滚珠；10—弹簧；11—离合器轴

转，偏心距变小，螺杆转动圈数减少，则落粉量减少。

为防止计量螺杆与送药嘴相接触而污染药品，除要求每次螺杆分装头拆卸后的安装正确外，一般均有保护装置，即将与机体绝缘的送药嘴与机体连在两个电极上，通过放大器与电源相接，如螺杆与送药嘴相接触，即可自动停机与显示。

2. 微机控制螺杆分装头

机械传动螺杆分装头结构比较复杂，调节烦琐。近年，由微机控制、步进电机驱动的螺杆分装头已取代了机械传动系统。其电气体积小、维修方便、温度低，具有良好的可靠性和稳定性。

用微机控制的螺杆分装机的分装头由微机控制系统、伺服电机、螺杆、送药嘴及搅拌器组成。微机控制螺杆分装机用单片计算机控制伺服电机，伺服电机驱动分装螺杆，装量的设定由计算机键盘输入。其原理是微机控制系统发出指令，使伺服电机的步进数改变，分装螺杆的转动圈数也随之发生改变，从而实现装量调节。

微机控制螺杆分装机具有装量调节范围宽、螺杆转速可调、生产能力可调等优点。此外，还具有以下特点：不停车调节装量和速度，两个分装头可单独设定，具有空瓶检测及螺杆碰壳检测、产量统计、单步电动、自动识别设定装量与设定速度合理配合等功能。

抗生素玻璃瓶充填粉剂、盖好胶塞，属于粉剂分装过程。要成为粉针剂成品，还要进一步密封和进行标识，即轧封铝盖和贴标签，以适应运输和使用的要求。

四、轧盖机

轧盖机就是用铝盖对装完粉剂、盖好胶塞的玻璃瓶进行再密封。铝盖型式：有中心孔铝盖、两接桥、三接桥、开花铝盖、撕开式铝盖和不开花铝盖，还有铝塑组合盖。

轧盖机根据铝盖收边成形的原理可分为卡口式（又称开合式）和滚压式。卡口式就是利用分瓣的卡口模具将铝盖收口包封在瓶口上。分瓣卡口模已由三瓣式发展成八瓣式。滚压式成形是利用旋转的滚刀通过横向进给将铝盖滚压在瓶口上。滚压式根据滚压刀的数量有单刀式和三刀式之分。另外，轧盖机根据操作方式可分为手动、半自动和全自动。

轧盖机一般由料斗、铝盖输送轨道、轧盖装置、玻璃瓶输送装置、传动系统、床身、电气控制系统组成。工作时，将铝盖放入料斗，在电磁振荡器的作用下，铝盖沿料斗内的螺旋轨道向上跳动，上升到轨道缺口处完成理盖动作，口朝上的铝盖继续上升到最高处后再落入料斗外的输盖轨道，沿输盖轨道下滑到西林瓶的挂盖位置；同时，西林瓶由玻璃瓶输送装置送入进瓶轨道，将瓶送入分装盘的凹槽，随分装盘间歇转到挂盖位置挂住铝盖，继续转到轧盖装置，由轧盖系统完成轧盖动作，随后，西林瓶被推入出瓶轨道，由输瓶装置送出。

1. 料斗

料斗的作用就是盛装待轧封的铝盖，并将铝盖整理成同一方向送入铝盖输送轨道。常见的料斗型式有两种，一种是振动料斗，一种是带选择器的料斗。

（1）振动料斗　由两部分组成，上部是料斗，下部是电磁振荡器。

料斗为不锈钢锥底圆筒，内壁焊有平板螺旋轨道，直到圆筒上部，与外壁上的矩形盒轨道（尺寸和铝盖相适应）相接。内壁轨道靠近出口处设有识别器，将铝盖整理成一个方向。料斗在振荡器的振动作用下，铝盖沿螺旋轨道爬行，经整理成一个方向后进入外壁轨道，再利用外轨道的斜坡滚动进入铝盖输送轨道。

（2）带选择器料斗　这种料斗是由不锈钢卧式半锥形料斗体和底部是垂直放置的选择器两部分组成。选择器是一个外缘周边平面上有一圈均匀分布的凸三角形牙的圆盘和一侧面上有凹三角形牙的板状圆环构成。相对的两三角形牙之间有一适当间隙，正好能使呈一定方向的铝盖通过。工作时，选择器转动将状态合适的铝盖送入输送轨道。

2. 轧盖装置

轧盖装置是轧盖机的核心部分，作用是铝盖扣在瓶口上后，将铝盖紧密牢固地包封在瓶口上。

轧盖装置的结构型式有三刀滚压式和卡口式两种。其中三刀滚压式有瓶子不动和瓶子随动两种型式。

（1）瓶子不动、三刀滚压型　该种型式轧盖装置由三组滚压刀头及连接刀头的旋转体、铝盖压边套、心杆和皮带轮组及电机组成。其轧盖过程是：电机通过皮带轮组带动滚压刀头高速旋转，转速约 2000r/min，在偏心轮带动下，轧盖装置整体向下运动，先是压边套盖住铝盖，只露出铝盖边沿待收边的部分，在继续下降过程中，滚压刀头在沿压边套外壁下滑的同时，在高速旋转离心力作用下向心收拢滚压铝盖边沿使其收口。

（2）瓶子随动、三刀滚压型　该型压盖装置由电机、传动齿轮组、七组滚压刀组件、中心固定轴、回转轴、控制滚压刀组件上下运动的平面凸轮和控制滚压刀离合的槽形凸轮等组成。轧盖过程：扣上铝盖小瓶在拨瓶盘带动下进入到一组正好转动过来并已下降的滚压刀下，滚压刀组件中的压边套先压住铝盖，在继续转动中，滚压刀通过槽形凸轮下降并借助自转在弹簧力作用下，在行进中将铝盖收边轧封在小瓶口上。

（3）卡口式（亦称开口式轧盖装置）　由分瓣卡口模、卡口套、连杆、偏心（曲轴）机构等组成。其轧盖过程是：扣上铝盖的小瓶由拨瓶盘送到轧盖装置下方间歇停止不动时，偏心（曲柄）轴带动连杆推动卡口模、卡口套向下运动（此时卡口模瓣呈张开状态），卡口模先行到达收口位置，卡口套继续向下，收拢卡口模瓣使其闭合，就将铝盖收边轧封在小瓶口上。目前在线使用的 SQ、DQ、KZG 型轧盖机上的轧盖装置都属于该类型。

五、贴签机

贴签机主要用于对粉针剂产品进行标识，在玻璃瓶的瓶身上粘贴产品标签。

圆盘型贴签机简图 10-39。传签形式在结构上设置了一个转动圆盘机构，上面安装 4 个型式和动作一样的摆动传签头，代替供签系统中的吸签机构和传签辊、打字辊、涂胶头。传签过程是：传签头先在涂胶辊上粘上胶，随着圆盘转到签盒部位粘上签，当转到打字工位，印字辊就将标记印在标签上，再转下去与贴签辊相接，贴签辊通过爪钩和真空吸附将标签接过送至与瓶接触，把标签贴在瓶上。整个传签过程从传签头将标签从签盒中粘出传给贴签辊，标签始终粘在传签头上，省去了从吸签头把签传给传签辊，传签辊再传给打字辊这两个交接环节，减少了传签失误率。

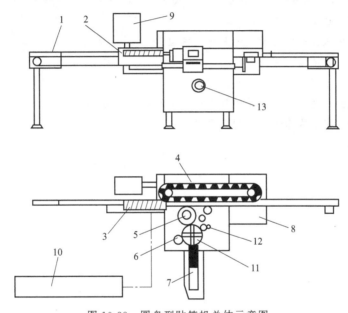

图 10-39　圆盘型贴签机总体示意图

1—玻璃瓶输送装置；2—挡瓶机构；3—送瓶螺杆；4—V形夹传动链；5—贴签辊；6—涂胶机构；7—签盒；
8—床身；9—操纵箱；10—电气控制箱；11—转动圆盘机构；12—打印机构；13—主传动系统

取消长固定按摩板和大按摩带，以带 V 形夹的传动链和小固定按摩板代替，使其结构紧凑。无瓶不粘签、无签不打字的功能是通过气缸带动签盒和打字机构退让来实现的，动作平稳。

该机主要适用 7mL 抗生素玻璃瓶，经简单改装也可适用其他规格玻璃瓶但范围不大，所以整机和装置的结构尺寸更为紧凑。

不干胶贴签机与涂胶贴签机整体结构基本相似，不同之处就是不干胶标签贴签机不设涂胶机构，取而代之的是设置了不干胶标签纸带与隔离塑料薄膜分开装置和定尺剪切机构。

 目标检测

1. 在超声波洗瓶时出现很多碎瓶，请分析原因并解决。

2. 某药厂在使用安瓿灌封机生产水针剂过程中，出现了焦头和泡头现象。请根据本章所学内容，分析产生焦头和泡头的原因，找出解决方法。

3. 某药厂在使用安瓿灌封机生产水针剂灌封过程中，发现装量差异大，造成装量不准确，如何调节？

4. 你所实践的注射剂车间布局有何特点？有哪些注射剂生产设备？

5. 根据实践观察，叙述你所见到的主要注射剂生产设备的基本结构、工作原理、主要操作步骤及操作注意事项。

6. 大容量注射剂灌装有哪几种计量方法？说明其工作原理。

7. 简述计量泵注射式灌装机的工作原理和注意事项。

8. 简述塞塞机的塞塞原理和翻塞机的翻塞原理。

9. 分析产生量杯负压灌装机和计量泵注射式灌装机的装量误差的原因。

10. 简述大输液剂生产的工艺流程。

11. 如何调节机械控制的螺杆式分装机的装量？

12. 气流分装机的装量如何调节？

13. 简述螺杆式分装机与气流分装机的特点。

14. 气流分装机的装量差异大是由什么引起的？如何解决？

15. 简述粉针剂真空冷冻干燥机的操作过程。

第十一章

制药车间设计

 学习目标

　　学习工艺流程设计、物料计算、能量计算、主要设备选型和车间布置的有关知识，掌握车间设计的流程和方法，为具体项目的车间设计奠定基础。

　　思政与职业素养目标

　　通过具体项目的车间设计实践，培养安全环保绿色经济意识、合规和质量意识、创新发展与勇于钻研的职业精神。

第一节　制药工程设计

　　制药工程设计是一项涉及工程学、药学、药剂学以及药品生产质量管理规范等的综合性技术工作，主要是指由获得国家主管部门认可的从事专业设计的单位和技术人员根据业主和建设单位要求，设计药品生产厂区或生产车间的一系列工程技术活动。它是实现药物由实验室研究向工业化生产转化的必经阶段，是把一项医药工程从设想变成现实的重要建设环节，其最终目的是建设一个生产高效、运行安全、绿色环保、能够稳定生产优质药品的生产企业。

　　设计质量的好坏关系到项目的整体投资、建设速度、经济效益以及能否连续生产出质量稳定的药品。因此一项高质量的设计对于一个药厂的成功建设起到决定性的作用。

　　药品生产按照产品的形态可以分为：原料药生产和药物制剂生产。所以，制药工程设计项目可分为原料药生产设计和制剂生产设计。其中原料药生产车间设计又可以分为：化学原料药车间设计、生物发酵车间设计、中药提取车间设计等。制剂车间设计可分为：固体制剂车间设计、液体制剂车间设计等。

一、制药工程设计的基本要求

　　制药工程是应用化学合成、生物发酵、中药提取以及药物制剂技术结合各种单元操作，实现药物工业化生产的工程技术。制药工程设计就是对这些不同种类的药品的生产过程和单元操作，设计出满足各自产品特点的生产车间，包括新厂房的建设与已有厂房的改建、扩建等。尽管生产各类产品的车间设计细则不尽相同，但均应该遵循下列基本要求：

（1）严格执行国家相关的规范和规定以及国家《药品生产质量管理规范》（GMP）的各项规范和要求。使药品生产的环境、设备、车间布局等符合 GMP 的要求。

（2）环境保护、消防安全、职业安全卫生、节能设计与制药工程设计同步。严格执行国家及地方有关的法规、法令。

（3）工艺路线选择要与工程设计同步，要求做到生产工艺流程环保，消防隐患低，职业危害小、资源高效利用、工艺流程与车间设备融合完美。

（4）设备选型要选择技术先进、成熟、自动化程度较高的设备，尽量选用成套设备。其中关键设备要进行验证。

（5）对整个工程统一规划，合理使用工程用地，并结合制药生产特点，尽可能采用联片生产厂房一次设计，一期或分期建设。

（6）公用工程的配套和辅助生产的配备均应以满足项目生产需要为原则，并考虑与预留设施及发展规划的衔接。

（7）为方便对生产车间进行成本核算和生产管理，各车间的水、电、气（汽）、冷量均应单独计算，仓库、公用工程设施、备料以及人员生活用室统一设置，按集中管理的模式考虑。

总之，制药工程设计的出发点和落脚点就是设计的安全性、可靠性和规范性。设计时必须要与时俱进，更新观念，要有绿色环保的设计理念。同时，制药工程设计也是一项政策性、技术性很强的工作，其目的是要保证所建或改扩建药厂（车间）的标准符合 GMP 规范以及其他技术法规，技术上可行，经济上合理，运行安全平稳，易于操作管理。

二、制药工程设计的基本程序

制药工程设计的基本程序一般可分为：设计前期、设计中期和设计后期三个主要阶段。其中设计前期工作内容包括：项目建议书、可行性研究报告和设计（任务书）委托书。设计中期工作内容主要包括：初步设计和施工图设计；设计后期工作内容包括：施工、试车、竣工验收和交付生产等。基本工作程序如图 11-1 所示。

设计前期工作的目的主要是供政府部门对项目进行立项审批和开工审批提供参考依据，同时也为药厂建设单位或业主提供决策建议。初步设计的重点是方案的制定，供政府职能部门和业主进行审查与决策用，施工图设计才真正进入具体的工程设计阶段。工程设计人员应按照设计工作基本程序开展工作。根据工程项目的生产规模、技术的复杂程度、建设资金和设计水平的差异，设计工作程序可能会有所调整。

制药车间工艺设计的主要内容有：①确定车间生产工艺流程；②进行物料衡算；③工艺设备计算和选型；④车间工艺设备布置；⑤确定劳动定员及生产班制；⑥能量衡算［车间水电气（汽）冷公用工程用量的估算］；⑦管路计算和设计；⑧设计说明书的编写；⑨概预算的编写；⑩非工艺项目的设计。

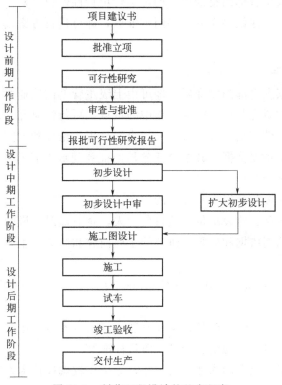

图 11-1　制药工程设计的基本程序

（一）制药工程设计的前期工作

制药工程设计前期工作的目的和任务是对拟建项目建设进行全面分析，研究产品的社会需求和市场、项目建设的外部条件、产品技术成熟程度、投资估算和资金筹措、经济效益评价等，为项目建设提供工程技术、工程经济、产品销售等方面的依据，以及为拟建项目在建设期间能最大限度地节省时间和投资，在生产经营时能获得最大的投资效果奠定良好的基础，设计前期的两项内容项目建议书和可行性研究报告的目标是一致的，基本任务也相近，只是深度不同。

1. 项目建议书

项目建议书是法人单位向国家、省、市有关主管部门推荐项目时提出的报告书。建议书主要说明项目建设的必要性和初步可能性，并对项目建设的可行性进行初步分析，为可行性研究提供依据。项目建议书是设计前期各项工作的依据，是决定投资命运的关键环节。

项目建议书主要包括以下主要内容：①项目名称、背景和建设依据；②企业的基本情况、项目投资的必要性和经济意义；③产品名称及质量标准、产品方案、市场预测、项目投资估算及资金来源及拟建生产规模；④工艺技术初步方案，包括工艺技术来源，先进性介绍，主要设备设施的选择与来源；⑤主要原材料的规格和来源、燃料和动力供应情况；⑥建设条件和厂址选择初步方案。包括建设地点、电力、交通、供水等条件及配套条件等；⑦环境保护与三废的处理方案；⑧工厂组织和劳动定员估算；⑨项目实施初步规划，建设工期和建设进度计划；⑩经济与社会效益的初步估算；⑪结论。

项目建议书经上级主管部门批准后，即可进行可行性研究。对于一些技术成熟又较为简单的小型工程项目，项目建议书经主管部门批准后，即可进行方案设计，直接进入施工图设计阶段。

2. 可行性研究报告

项目建议书经国家主管部门批准后，即可由上级主管部门或业主委托设计、咨询单位进行可行性研究。可行性研究是设计前期工作中的重点，可行性研究是对拟建项目在技术、工程、经济和外部协作条件上是否合理可行进行全面分析、论证和方案比较，是主管部门对工程项目进行评估决策的主要依据。其主要任务是论证新建或改扩建项目在技术上是否先进、成熟、适用，经济上是否合理。

可行性研究报告一般包括以下几方面的内容：

（1）总论　项目名称、建设单位、项目负责人，企业概况，说明项目提出的背景、投资的必要性和经济性；编制依据和原则，研究的主要内容和结论，主要技术经济指标；存在的主要问题和建议。

（2）市场预测　产品概况，在国内外市场需求情况预测，市场营销策略，价格走向预测。

（3）产品方案及生产规模　产品方案和发展远景的技术经济比较分析，提出产品方案和建设规模；主副产品的名称、规格、产量、质量标准等。

（4）工艺技术方案　综合国内外相关工艺，分析比较选择技术方案；绘制生产工艺流程图，通过计算对比选择先进技术和先进的制药设备，制定严格的质量、生产管理标准操作规程；说明生产车间的布置、自控情况；原辅料、包装材料消耗指标。

（5）原材料及公用系统供应　主要原辅料、包装材料的品种、规格、年需用量、来源；水、电、气（汽）、冷公用系统的用量及来源。

（6）建厂条件及厂址方案　厂址的地理位置、自然条件、交通运输、当地施工协作条件；厂址方案的技术经济比较和选择意见。

（7）公用工程和辅助设施方案　确定全厂初步布置方案，阐明厂区各车间的分布、车间布置原则及方案，厂房的建筑设计和结构方案；全厂运输总量和厂内外交通运输方案；水、电、气（汽）的供应方案；采暖通风和空气净化方案；土建方案及土建工程量的估算；其他公用工程和辅助设施的建设规模。

（8）环境保护　阐述项目建设地区的环境现状；厂区绿化规划，工程项目的主要污染源、污染物及治理的初步方案和可行性，综合利用与环境检测设施方案；环境保护的综合评价；环保投资估算。

（9）消防　生产工艺特点及安全措施；消防的基本情况；消防设施的整体规划。

（10）劳动保护和安全卫生　工程建设的安全卫生要求，生产过程危险、危害因素分析；劳动安全的防护措施；劳动保护机构的设置及人员配备；综合评价。

（11）节能　能耗指标及分析；节能措施综述；单项节能工程。

（12）工厂组织、劳动定员和人员培训　工厂体制及管理机构；生产班制及定员；人员来源及素质要求，人员培训计划和要求。确立有关GMP培训的培训对象、目标、步骤，制定详细的培训内容，建立一套完整的GMP管理系统。

（13）项目实施规划　对项目建设周期规划编制依据和原则；各阶段实施进度规划及正

式投产时间的建议；编制项目实施规划进度或实施规划。

（14）投资估算与资金筹措 项目总投资（包括固定资产、建设期间贷款利息和流动资金等投资）的估算；项目建设工程、设备购置、安装工程及其他投资费用的估算；资金来源；项目资金的筹措方式和资金使用计划；项目资金如有贷款，需要说明贷款偿还方式。

（15）社会及经济效果评价 产品成本和销售收入的估算；财务评价、国民经济评价和社会效益评价。

（16）项目风险分析 综合分析政策与市场风险；技术创新与人力资源的风险；财务风险。

（17）结论与建议

综合以上信息，从技术、经济等方面论述工程项目的可行性，从技术创新性、可靠性、经济效益、社会效益、市场销售等方面做出分析，列出项目建设存在的主要问题，得出可行性研究结论。可行性研究报告编制完成后，由项目委托单位上报审批，审批程序包括预审和复审。通常根据工程项目的大小不同，分别报请国务院或国家主管部门或各省、自治区、直辖市等主管部门审批立项。对于一些较小项目，常将项目建议书与可行性研究报告合并上报审批立项。

3. 设计委托书

设计委托书是项目业主以委托书或合同的形式委托工程公司或设计单位进行某项工程的设计工作，是建设项目必不可少的重要设计依据。设计委托书内容包括项目建设主要内容、项目建设基本要求和项目业主的特殊需求（并提供工艺资料），是工程设计公司进行工程设计的依据。

（二）制药工程设计的中期工作

制药工程设计就是根据已批准的可行性研究报告开展设计工作，即通过技术手段把可行性研究报告的构思变成工程现实。其中设计文件是工程建设的依据，所有工程建设都必须经过设计。

根据工程的重要性、技术的复杂性以及设计任务的规定，工程设计阶段一般划分为三个阶段、两个阶段、一次完成设计三种情况。凡是重大的工程项目，技术要求严格、工艺流程复杂、设计往往缺乏经验的情况下，为了保证设计质量，设计过程一般分为三个阶段来完成，即：初步设计、技术设计和施工图设计三个阶段。技术成熟的中小型工程，为了简化设计步骤，缩短设计时间，可以分为两个阶段进行，两阶段设计又分为两种情况。一种情况是分为技术设计和施工图设计两个阶段；另一种情况是将初步设计和技术设计合并为扩大初步设计和施工图设计两个阶段。技术简单、成熟的小型工程或个别生产车间可以一次设计完成。目前，我国的制药工程项目多采用两阶段设计。

1. 初步设计

根据已批准的可行性研究报告及基础设计资料，对设计对象进行全面的研究，寻求技术上可能、经济上合理、最符合要求的设计方案。从而确定总体工程设计原则、设计标准、设计方案和重大技术问题。如：总工艺流程、总图布置、全厂组成、生产组织方式、水电气

（汽）冷供给方式及用量、工艺设备选型、全厂运输方案、车间单体工程工艺流程、消防、职业安全卫生、环境保护、综合利用等。初步设计的文件成果主要有初步设计说明书、初步设计图纸（带控制点工艺流程图、车间布置图、重要设备的装配图）、设计表格、计算书和设计技术条件等。

初步设计说明书的内容包括：项目概况；设计依据和设计范围；设计指导思想和设计原则；产品方案及建设规模；生产方法和工艺流程；车间组成和生产制度；物料衡算和热量衡算；主要工艺设备计算与选型；工艺主要原材料、动力消耗定额及公用系统消耗；车间工艺布置设计；生产过程分析控制；仪表及自动化控制方案；土建、采暖通风与空调公用工程；原辅材料及成品储运；车间维修；职业安全卫生；环境保护，消防，节能；项目行政编制及车间定员；工程概算及财务评价；存在的问题及建议等。

初步设计文件的深度需要达到下列要求：①设计方案比较选择和确定；②主要工艺设备选型、订货；③土地征用范围确定；④基建投资控制；⑤施工图设计编制；⑥施工组织设计编制；⑦施工准备等。

2. 施工图设计

施工图设计是根据初步设计内容以及审批的意见，结合实际建筑安装工程或主要工艺设备安装需要，进一步完成各类施工图纸、施工方法说明和工程概算书的内容，使初步设计的内容更加完善、具体和详尽，以便施工。施工图设计阶段的设计文件由设计单位直接负责，不再上报审批。

施工图设计的内容主要包括设计图纸和设计说明书（文字说明、表格），具体内容主要包括：图纸目录、设计说明、管道及仪表流程图（带控制点工艺流程图）、设备布置及安装图、非标设备制造及安装图、管道布置及安装图、非工艺工程设计项目施工图、设备一览表、管道及管道特征表、管架表、隔热材料表、防腐材料表、综合材料表、设备管口方位表等。

设计说明的内容除初步设计说明书的内容外，还包括以下内容：

对初步设计内容及进行修改的原因说明，设备安装、试压、保温、油漆等要求，管道安装依据、验收标准和注意事项等。

施工图设计的深度必须达到下列要求：

各种设备及材料的安排和订货；各种非标设备的设计和制作；工程预算的编制；土建、安装工程的具体要求等。

（三）制药工程设计的后期工作

设计后期工作主要是施工设计图纸交付建设单位后，设计人员依据工程概算或施工图预算协助建设单位完成单位工程招标，项目设计单位、建设单位、施工单位和监理单位对施工图进行会审，设计单位对项目建设单位和施工单位进行施工交底，对设计中的一些问题进行解释和处理。必要时设计单位派人参观施工现场并进行指导和解决存在的问题。施工中凡涉及方案问题、标准问题、安全问题等的变动，必须及时与设计部门协商，达成一致意见后方可改动。

制药工程项目完成施工后，进行设备的调试和试车生产。设计人员参加试车前的准备及试车工作，向业主说明设计意图并及时处理试车过程出现的设计问题。设备调试的总原则是从单机到联机再到整条生产线；从空车到以水代替物料再到实际物料；以实际物料试车并生产出合格产品。设备运行达到设计要求后，设计单位、建设单位、监理单位按照工程承建合同、施工技术文件及工程验收规范组织验收，并向主管部门提出竣工验收报告。竣工验收达到合格后，交付使用方，开展正常生产，并达到稳定生产合格产品的能力。设计部门还要注意收集资料、进行总结，为以后的设计工作以及该厂的后期改扩建提供经验。

第二节　厂址选择与厂区布局

药品是一种特殊的商品，其质量的好坏关系到人的生命安危。药品生产企业必须严格遵守国家《药品生产质量管理规范》（GMP）标准要求，以确保药品的质量符合要求。国家为强化对药品生产过程的监督管理，确保药品安全有效，药品生产企业除必须按照国家关于开办生产企业的法律法规规定，履行报批程序外，还必须具备开办药品生产企业的相关要求条件。2019新修订的《中华人民共和国药品管理法》第四十二条规定：从事药品生产活动要有与药品生产相适应的厂房、设施和卫生环境；2010版《药品生产质量管理规范》（GMP）第三十八条规定：厂房的选址、设计、布局、建造、改造和维护必须符合药品生产要求，应能最大限度避免污染、交叉污染、混淆和差错，便于清洁、操作和维护。因此药厂厂址的选择，整个厂区车间的布置必须综合考虑区域因素、经济因素、拟申请生产药品的品种、种类等因素。

一、厂址选择

（一）厂址选择概述

厂址选择是指在拟建地区的一定范围内，根据拟建工程项目所必须具备的条件和区域规划要求，结合制药项目所必须具备的条件与制药工业的特点，选定建设项目坐落的具体位置，是制药企业筹建的前提，是基本建设前期工作的一个重要环节。厂址选择的好坏对工厂的设计建设进度、建设质量、投资金额、产品质量、经济效益、可持续发展、环境保护等方面具有重大意义。厂址选择涉及多个部门，是一项政策性和科学性很强的综合性工作。在厂址选择时，必须采取科学、慎重的态度，进行调查、比较、分析、论证，考虑周全，力求经济合理、节约用地和减少工程投资，更应严格按照国家的相关规定、规范执行，提出方案，编制厂址选择报告，经上级主管部门批准后，即可确定厂址的具体位置。

（二）厂址选择的基本原则

厂址选择要根据当地的长远发展规划方案进行。从综合方面看，应考虑到国家的方针政策、地理位置、地质状况、环境保护、供排水、能源供给、电能输送、水源及清洁污染情况、常年的主导风向、通信设施、交通运输等因素。

（1）贯彻执行国家的方针政策　选择厂址时，必须贯彻执行国家的方针、政策，遵守国家的法律、法规，在国家法律法规允许范围内进行厂址的选择。要符合国家的长远发展规划及工业布局、国土开发整治规划和地区经济发展整体规划，同时药品生产也必须符合GMP的要求。

(2) 充分考虑环境保护和综合利用　药品质量好坏直接关系到人体健康和安全，药品的特殊性决定其生产环境必须达到一定的要求。GMP规定药品生产厂房所处的环境应能最大限度降低物料或药品遭受污染的风险。2010版GMP第三十九条规定：应根据厂房及生产防护措施综合考虑选址，厂房所处的环境应能最大限度降低物料或药品遭受污染的风险。

制药企业宜选址在大气条件良好、空气污染少的地区，周围环境较洁净且绿化较好，大气中含尘、含菌浓度低，无有害气体、粉尘、放射物等污染源；周围人口密度较小为宜，这样可以克服人为造成的各种污染；应远离码头、铁路、机场、交通要道以及散发大量粉尘和有害气体的工厂、贮仓、堆场等严重空气污染、水质污染、振动或噪声干扰的区域，不宜选在多风沙的地区和严重灰尘、烟气、腐蚀性气体污染的工业区。通常选在空气质量为二级的地区。空气质量分级见表11-1。

表 11-1　空气质量指数相关信息

空气质量指数	空气质量指数级别	空气质量指数类别	空气质量指数表示颜色
0～50	一级	优	绿色
51～100	二级	良	黄色
101～150	三级	轻度污染	橙色
151～200	四级	中度污染	红色
201～300	五级	中度污染	紫色
>300	六级	严重污染	褐红色

如不能远离严重空气污染区时，要求掌握该地区全年主导风向和夏季主导风向的资料，厂址应位于整个工业园区最大风向频率的上风侧，或全年最小风向频率的下风侧。部分地区的全年风向频率玫瑰图见图11-2。

风向频率表示某一地区在一定时间内各种风向出现的次数占所有观察次数的百分比。图中线段最长者，即外面到中心的距离越大，表示风频越大，其为该地区主导风向；外面到中心的距离越小，表示风频越小，其为该地区最小风频。玫瑰图上所表示的风向，是指从外部吹向地区中心的方向即来风方向，各方向上按统计数值画出的线段，表示此方向风频率的大小，线段越长表示该风向出现的次数越多。同时，企业必须对所产生的污染物进行综合治理，不得造成环境污染。制药生产中的废弃物很多，从排放的废弃物中回

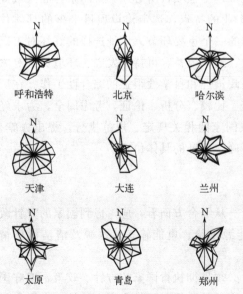

图 11-2　部分地区全年风向频率玫瑰图

呼和浩特　北京　哈尔滨
天津　大连　兰州
太原　青岛　郑州

收有价值的资源，开展综合利用，是保护环境的一个积极措施。

（3）具备良好的自然条件和基本的生产条件　主要考虑拟建项目所在地的气候特征（四季气候特点、日照情况、温湿度情况、降水量、汛期、雷暴雨、灾害天气等）是否有利于减少项目投资和日常运行费用；地质地貌应无地震断层和基本烈度为 9 度以上的地震，应符合建筑施工的要求，地耐力宜在 $150KN/m^2$ 以上，自然地形应整齐、平坦，这样既有利于工厂的总平面布置，又有利于场地排水和厂内的交通运输；土壤的土质及植被好，无泥石流、滑坡等隐患；地势利于防洪、防涝或厂区周围有积蓄、调节洪水和防洪等设施。当厂址靠近江河、湖泊、水库等地段时，厂区场地的最低设计标高应高于计算最高洪水位 0.5m 以上。总之，综合拟建项目所在地的综合条件，可以为整套设计必须考虑的全局性问题提供决策依据。

（4）公用设施满足生产需要　公用设施包括水、电、气（汽）、原材料、燃料的供应，交通运输以及通信设施等，要满足并方便药厂日常运行要求，同时也要满足排污及废水处理后的排放需求。

① 水源：水在药品生产中是保障药品质量的关键因素。通常选择药厂厂址的地下水位不能过高，水质要好，给排水设施、管网设施、距供水主管网距离等均应满足工业化生产的需要。

② 供电、供气（汽）能力：包括电压、电负荷容量，要满足整个厂区设计生产能力的要求，蒸汽的供应需要考虑煤炭、天然气等能源的运输、供给管线的要求。

③ 通信设施：包括光缆、电缆、信号基站等通信设备，是否与现代高科技技术接轨，以满足现代自动化车间技术要求。

④ 交通运输：制药厂的物流量比较大，为减少运输成本，厂址应选在交通比较发达的地区，能提供快捷方便的公路、铁路或水路运输条件，并配有消防通道。

（5）符合在建城市和地区的近远期发展规划　节约用地，但应留有发展余地。

（6）协作条件　厂址应选择在储运、机修、公用工程（电力、蒸汽、给水、排水、交通、通信）和其他生活设施等方面具有良好协作条件的地区。

（7）下列地区不宜建厂　有开采价值的矿藏区域；国家规定的历史文物古迹保护区；生物保护和风景游览地；地基允许承受力（地耐力）0.1MPa 以下的地区；对飞机起降、电台通信、电视转播、雷达导航和重要的天文、气象、地震观测以及军事设施等有影响的地区。

二、厂区布局

厂区布局设计是在主管部门批准的既定厂址上，需要根据制药工程项目的生产品种、生产工艺流程、生产规模、生产特点和相互关系及有关技术要求，缜密考虑和总体设计厂区内部所有建筑物和构筑物在平面和竖向上布置的相对位置，运输网、工程网、行政管理、福利及绿化设施的布置关系，即工厂的总图布置。

科学合理的总平面布置可以大大减少建筑工程量，节省建筑投资，加快建设速度，为企业创造良好的生产环境，提供良好的生产组织经营管理条件。因此，在厂区平面布局设计方面，应该把握住"合理、先进、经济"的原则，有效地防止污染和交叉污染；采用的药品生产技术要先进；投资费用要经济节约，以降低生产成本。

（一）厂区划分

根据 2010 版 GMP 第四十三条规定：企业应有整洁的生产环境；厂区的地面、路面及运输等不应对药品的生产造成污染；生产、行政、生活和辅助生产区的总体布局应合理，不得互相妨碍；厂区和厂房内的人、物流走向应合理。根据这条规定，药品生产企业应将厂区按建筑物的使用性质进行归类分区布置，老厂区规划改造时也应达到这个要求。

厂区划分就是根据生产、管理和生活的需要，结合安全、卫生、管线、运输和绿化的特点，将全厂的建筑物和构筑物划分为若干联系紧密，性质相近的单元，以便进行总体布置。

（1）生产区　厂内生产成品或半成品的主要工序部门称为生产车间，主要生产车间是生产区的主体，如原料药生产车间、制剂生产车间等。生产车间可以是多品种共用，也可以为生产某一产品而专门设置，如抗生素、激素等生产车间。生产车间通常由若干建（构）筑物（厂房）组成，是全厂的主体。通常根据工厂的生产情况可将其中的 1～2 个主体生产车间作为厂区布置的中心，其他辅助车间围绕生产车间进行就近布置。

（2）辅助生产区及公用系统　协助生产车间正常运行的辅助生产部门称为辅助车间，如机修、电工、仪表等辅助车间以及仓库、污水处理车间、动物房、质检中心等建（构）筑物（厂房）等组成。公用系统包括供水、供电、锅炉、冷冻、空气压缩等车间或设施，其作用是保证生产车间的顺利生产和全厂各部门的正常运转。

（3）行政管理区　由全厂性管理办公室、研发中心、中心化验室、培训中心、传达室等建（构）筑物组成。

（4）生活区　由职工宿舍、食堂、活动中心、医务室、绿化美化等建（构）筑物和设施组成，是体现企业文化的重要部分。

（5）其他消防设施、环保设施、车库、道路等　厂区划分一般以主体生产车间为中心，分别对生产、辅助生产、公用系统、行政管理及生活设施进行归类分区，然后进行总体布置。

（二）厂区总图布局设计要求

GMP 核心就是预防药品生产过程中的污染、交叉污染、混批、混杂。总平面设计原则就是依据药品 GMP 的规定设计合格的布局，预防污染和交叉污染。生产厂房包括一般厂房和有空气洁净度级别要求的洁净厂房。一般厂房按一般工业生产条件和工艺要求布置，洁净厂房按 GMP 的要求布置。制药企业的洁净厂房必须以微粒和微生物两者为主要控制对象，这是由药品及其生产的特殊性所决定的；设计与生产都要坚持控制污染的主要原则。

总平面布置应在总体规划的基础上，遵循国家发展方针政策，按照 GMP 的要求，根据工厂的性质、规模、生产流程、交通运输、环境保护、防火、安全、卫生、施工、检修、生产、经营管理、厂容厂貌及厂区发展等要求，结合场地自然条件进行布置，经方案比较后择优确定，做到整体布局满足生产、安全、发展规划三个方面的要求。

1. 生产要求

（1）合理的功能分区　根据厂区内功能区域的划分，整体上把握功能区布置合理，区域之间保证相互联系便利又不互相影响，人流、物流分开，运输管理方便高效。具体应考虑以下原则和要求：①一般主要生产区布置在厂区的中心，辅助车间布置在它的附近。②生产性质相类似或工艺流程相联系的车间要靠近或集中布置。③生产厂房布置时应考虑工艺特点和生产时的交叉感染。例如兼有原料药生产和制剂生产的药厂，原料药生产车间应布置在制剂生产区的下风侧；抗生素类生产厂房的设置应考虑防止与其他产品的交叉污染。④将卫生要求相似的车间靠近布置，将产生大量烟、粉尘、有害气体的车间和设备布置在厂区边沿地带以及生活区的全年主导风向的下风向。办公、质检、食堂、仓库等行政、生活辅助区布置在厂前区，并处于全年主导风向的上风侧或全年最小频率风向的下风侧。因此，在总图布置前，要掌握该地区的全年主导风向和夏季主导风向的资料。⑤车库、仓库、堆场等布置在邻近生产区的货运出入口及主干道附近，应避免人、物流交叉，并使厂区内外运输路线短、直。⑥锅炉房、冷冻站、机修、制水、配电等严重空气、噪声及电磁污染的布置在厂区主导风向的下风侧。⑦动物房应设置在僻静处，并设有专用的排污和空调设施。⑧危险品仓库应设于厂区安全位置，并有防冻、降温、消防等措施，麻醉药品、剧毒药品应设有专用仓库，并有防盗措施。⑨考虑工厂建筑群体的空间处理及绿化环境布置，符合当地城镇规划要求。⑩考虑企业发展需要，留有余地（发展预留生产区），使近期建设与远期的发展规划相结合，以近期为主。

目前国内不少中小型制剂厂都采用大块式、连廊组合式布置，这种布局方式能满足生产并缩短生产工序路线，方便管理和提高工效，节约用地并能将零星的间隙地合并成较大面积的绿化区。

（2）适当的建筑物和构筑物布置　药厂的建筑物及构筑物是指其车间、辅助生产设施及行政、生活用房等。进行建筑物及构筑物布置时，应考虑以下几方面：

① 提高建筑系数、土地利用系数及容积率，节约建筑用地。在进行厂区总体平面设计时，应面向城镇交通干道方向做企业的正面布置，正面的建（构）筑物应与城镇的建筑群保持协调。充分利用厂址的地形、地势、地质等自然条件，因地制宜，紧凑布置，提高土地利用率。若厂址位置地形坡度较大，可采用阶梯式布置，这样既能减少平整场地的土石方量，又能缩短车间之间的距离。当地形、地质受到限制时，应采取相应的施工措施，既不能降低总平面设计的质量，也不能留下隐患，否则会影响长期生产经营。

为满足卫生及防火要求，药厂的建筑系数及土地利用系数都较低。设计中，以保证药品生产工艺技术及质量为前提，合理地提高建筑系数、厂区利用系数和容积率，对节约建设用地、减少项目投资有很大意义。

建筑系数为厂区用地范围内各种建（构）筑物占（用）地面积的总和（包括露天生产装置和设施、露天堆场、操作场地的用地面积）与厂区建设用地面积的比率。厂区利用系数为厂区用地范围内各种建（构）筑物占（用）地面积、铁路和道路用地面积、工程管线用地面积的总和与厂区用地面积的比率。厂房集中布置或车间合并是提高建筑系数及厂区利用系数的有效措施之一。例如，生产性质相近的水针剂车间及大输液车间，对洁净、卫生、防火要求相近，可合并在一座楼房内分层（区）生产；片剂、胶囊剂、散剂等固体制剂加工有相近过程，可按中药、西药类别合并在一座楼房内分层（区）生产。总之，只要符合GMP规范要求和技术经济合理，尽可能将建筑物、构筑物加以合并。

容积率为计算容积率的总建筑面积与厂区建设用地面积的比值。设置多层建筑厂房是提高容积率的主要途径。一般可根据药品生产性质和使用功能，将生产车间组成综合制剂厂房，并按产品特性进行合理分区。例如，固体制剂生产车间中物料密闭转运系统的使用，使固体制剂生产由传统的水平布置向垂直布置转变，垂直布置可以减少车间占地面积，物料转运可实现重力下料，减少洁净区面积和体积，降低空调系统运行费用。常见为三层或四层垂直布置。三层布置中，主生产区通常位于二层，三层为物料称量、粉碎、配料等前处理区以及制粒、总混、压片、包衣等岗位下料区，一层为包装区及接料区，内包装物料在二层下料。根据生产中采用的物料密闭转运系统的密闭等级的不同，可将下料区、接料区、中间物料暂存区设置在受控的一般区内，可最大限度地减少洁净区面积。因此，在占地面积已经规定的条件下，需要根据生产规模考虑厂房的层数。现代化制剂厂房以单层大跨度、无窗厂房较为常见。

根据 GMP 对厂房设计的常规要求，确定药厂各部分建筑占地面积的分配比例：厂房占厂区总面积 15%；生产车间占建筑总面积 30%；库房占总建筑面积 30%；管理及服务部门占总建筑面积 15%；其他占总建筑面积 10%。

② 确保安全卫生，合理确定建筑物间距

决定建筑物间距的因素很多，对于药厂来说，主要有防火、防爆、防毒、防尘等以及通风、采光等卫生要求。另外，还有地形地质条件、交通运输、管线布置等要求。总图布置时，将卫生要求相近的车间集中布置，将产生粉尘和有害气体的车间布置在下风侧的边沿地带。因此，需要向当地气象部门了解全年主导风向和夏季主导风向的资料，对于可以在夏季开窗生产的车间，常以夏季主导风向来考虑车间的相互位置。但对质量要求严格以及防尘、防毒要求较高的产品，并且全年主导风向差别十分明显时，则应该以全年主导风向来考虑。同时要注意建筑物的方位，以保证车间有良好的自然采光和天然通风。

按照《工业企业设计卫生标准》规定，在厂区布置时应该注意：

建筑物之间的距离一般不得小于相对两个建筑物中较高建筑物的高度（由地面到屋檐）；产生有害因素的工业企业与生活区之间，应保持一定的卫生防护距离。卫生防护距离的宽度，应由建设主管部门协同卫生部门、环保部门共同研究确定。在卫生防护距离内，不得建设住房，且必须进行绿化。

（3）人流、物流协调　根据 GMP 规定：制药厂厂区和厂房内的人、物流走向应合理。

按照人流物流协调，工艺流程协调，洁净级别协调的原则，在厂区设置人流入口和物流入口，出入口的位置和数量，应根据工厂规模、厂区用地面积和当地规划要求等因素综合确定，数量不宜少于 2 个。

人流与货流的方向最好进行反向布置，并将货物出入口与工厂的主要出入口分开，以消除彼此的交叉。货运量较大的仓库，堆场应布置在靠近货运大门；车间货物出入口与门厅分开，避免与人流交叉。在防止污染的前提下，应使人流和物流的交通运输路线尽可能径直、短捷、通畅，避免交叉重叠。生产负荷中心应靠近水、电、气（汽）、冷的供应中心，有顺畅和便捷的生产作业线，使各种物料的输送距离小，减少介质输送距离和耗损；原材料、半成品存放区与生产区的距离也要尽量缩短，以减少途中污染。

洁净厂房宜布置在厂区内环境清洁、人流物流不穿越或少穿越的地段，与市政交通干道的间距宜大于 100m。车间、仓库等建（构）筑物应尽可能按照生产工艺流程的顺序进行布置，将人流和物流通道分开，并尽量缩短物料的传送路线，避免与人流路线的交叉。同时，应优先设计厂内的运输系统，努力创造优良的运输条件和效益。

对有洁净厂房的药厂进行总平面设计时，设计人员应对全厂的人流和物流分布情况进行全面分析和预测，合理规划和布置人流和物流通道，并尽可能避免不同物流之间以及物流与人流之间的交叉往返，无关人员或物料不穿越洁净生产区，以免影响洁净区域的整体环境。厂区与外部环境之间以及厂内不同区域之间，可以设置若干个大门。为人流设置的大门，主要用于生产和管理人员出入厂区或厂内的不同区域；为物流设置的大门，主要用于厂区与外部环境之间以及厂内不同区域之间的物流输送。

（4）工程管线综合布置　药厂涉及的工程管线，主要有生产和生活用的上下水管道、热力管道、压缩空气管道、冷冻管道以及生产用的动力管道、物料管道等，另外还有通信、广播、照明、动力等各种电线电缆，进行总图布置时要综合考虑。一般要求管线与管线之间，管线与建筑物、构筑物之间尽量相互协调，方便施工，安全生产，便于检修。药厂管线的铺设，有技术夹层、技术夹道或技术竖井布置法、地下埋入法、地下综合管沟法和架空法等几种方法，一般根据药厂实际情况选择具体铺设方法。

（5）厂区绿化　按照生产区、行政区、生活区和辅助生产区的功能要求，规划一定面积的绿化带，在各建筑物四周空地及预留地布置绿化，特别是洁净厂房的周围绿化设计更加重要。厂房周围应该土不见天，绿化面积最好达到 50% 以上。绿化以种植耐寒草坪为主，辅以不产生花絮的常绿灌木和乔木，这样可以减少土地裸露面积，利于保护生态环境，净化空气。厂区道路两旁种植常青的行道树，厂区内不应种植观赏花卉及高大乔木，不能绿化的道路应铺设成不起尘的水泥地面，杜绝尘土飞扬。

总之，药厂总图布置设计首先要遵守国家《建筑设计防火规范》和 GMP 的要求，结合业主要求和厂区实际情况，根据项目规划要求，充分考虑厂址周边环境，做到功能分区明确，人流、物流分开，合理用地，尽量增大绿化面积；其次，要满足生产工艺要求，做到功能区划分合理，方便生产与交通便捷，避免人物流折返、交叉。建筑立面设计简洁、大方。充分体现医药行业卫生、洁净的特点和现代化制药厂房的建筑风格。

2. 安全要求

药厂生产使用的有机溶剂、液化石油气等易燃易爆危险品，厂区布置时应充分考虑安全布局，严格遵守《建筑设计防火规范》等安全规范和标准的有关规定，重点防止火灾和爆炸事故的发生。根据生产使用物质的火灾危险性、建筑物的耐火等级、建筑面积、建筑层数等因素确定建筑物的防火间距。

油罐区、危险品仓库应布置在厂区的安全地带，生产车间污染及使用液化气、氮气、氧气和蒸馏回收有机溶剂时，则将它们布置在邻近生产区域的单层防火、防爆厂房内。

3. 合理规划厂区，留有发展余地

药厂的厂区布置要能较好地适应工厂的近、远期规划，留有一定的发展余地。在设计上既要适当考虑工厂的发展远景和标准提高的可能，又要注意未来扩建时不至于影响生产以及扩大生产规模的灵活性。图 11-3 为某制药厂的总平面布置示意图。

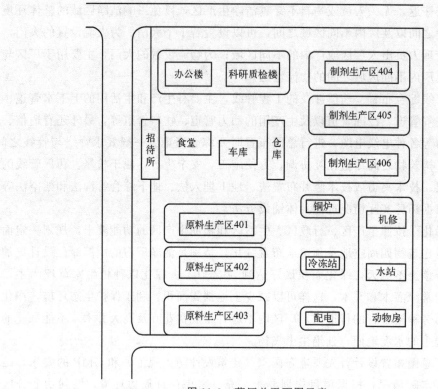

图 11-3 药厂总平面图示意

第三节 工艺流程设计

一、工艺流程设计概述

（一）制药工艺过程及制药工艺流程设计的任务

1. 制药工艺过程

所谓工艺过程就是选择切实可靠的生产技术路线，由原料-半成品-成品的加工过程。一个典型的制药工艺过程一般由六个阶段所组成，如图 11-4 所示，每一阶段的复杂性取决于工艺的特性。

图 11-4　制药工艺过程

2. 制药工艺流程设计的任务

制药工艺流程是表示由原料到成品过程中物料和能量发生的变化及其流向，制药工艺流程设计的任务一般包括以下几个内容。

（1）方案设计　其任务是确定生产方法及生产流程，这是全部工艺设计的基础。在通过技术经济评价确定生产方案之后，要经过一定量的化工计算、车间布置设计等工作设计出生产流程。目前，一般是先凭设计者的经验或借鉴有关设计，拟定流程方案，再进行一定计算，最后确定流程。

（2）物料和热量衡算　主要包括物料衡算、热量衡算以及设备计算、设备选型等。在上述计算基础上，绘制物料流程图、主要设备总图和必要部件图，以及带控制点工艺流程图等。

（3）车间布置设计　主要任务是确定整个工艺流程中的全部设备在平面和空间中的具体位置，相应地确定厂房或框架的结构形式。车间布置也为土建、采暖、通风、电气、自控、给排水、外管等专业的设计提供依据。

（4）管路设计　确定装置的全部管线、阀件、管件以及各种管架的位置，以满足工艺生产的要求。

（5）提供设计条件　在各项工艺设计的基础上，工艺专业设计人员必须向其他各类专业人员（土建、电气、采暖、通风、给排水等）提供设计条件，以满足全厂综合性指标的要求。

（6）编制概算书及设计文件　概算书是在初步设计阶段编制的工程投资的概略计算，作为投资者对基本建设进行投资核算的依据。其内容主要包括工厂建筑、设备及安装工程费用等。初步设计阶段与施工设计阶段完成之后，都要编制设计文件，它是设计成果的汇总，是工厂施工、生产的依据，内容主要包括设计说明书、附图（流程图、布置图、设备图、配管图等）和附表（设备一览表、材料汇总表等）。

（二）工艺流程设计的重要性

工艺流程设计是工程设计所有设计项目中最先进行的一项设计，是车间设计最重要、最基础的设计步骤，是车间工艺设计的核心，产品质量的优劣、经济效益的高低取决于工艺流程设计的可靠性、合理性及先进性。车间工艺设计的其他项目，如工艺设备设计、车间布置设计和管路布置设计等均受制于工艺流程。同时，工艺流程设计与车间布置设计一起决定了车间或装置的基本面貌。但随着车间布置设计及其他专业设计的进展，工艺流程设计还要不断地做一些修改和完善，结果几乎是最后完成。

（三）工艺流程设计的成果

在初步设计阶段，工艺流程设计的成果是初步设计阶段带控制点的工艺流程图和工艺操作说明；在施工图设计阶段，工艺流程设计的成果是施工图阶段的带控制点工艺流程图，即管道仪表流程图（piping and instrument diagram，PID）。两者的要求和深度不同，施工图阶段的带控制点流程图是根据初步设计的审查意见，并考虑到施工要求，对初步设计阶段的带控制点工艺流程图进行修改完善而成。两者都要作为正式设计成果编入设计文件中。

（四）生产方法和工艺流程选择

制药工业生产中，由于生产的药物类别和制剂品种不同，一个制药厂通常由若干个生产车间所组成，其中每一个（类）生产车间的生产工段及相应的加工工序不同，完成这些产品生产的设施与设备也有差异，所以其车间工艺流程是不同的。同时，一个工艺过程往往可以通过多种方法来实现。如片剂制备的固体间混合有搅拌混合、研磨混合与过筛混合等方法；湿法制粒有三步（混合、制粒、干燥）制粒法和一步制粒法；包衣方法有滚转包衣、流化包衣、压制包衣等。工艺设计人员只有根据药物的理化性质和加工要求，对上述各工艺过程进行全面的比较和分析，才能产生一个合理的工艺流程设计方案。药物、制剂工艺流程设计应以采用新技术、提高效率、减少设备、降低投资和设备运行费用等为原则，同时也应综合考虑工艺要求、工厂（车间）所在的地理、气候环境、设备条件和投资能力等因素。

对于新产品的工艺流程设计，应在中试放大有关数据的基础上，与研究、生产单位共同进行分析。对比后，研究确定符合生产与质量要求的工艺流程。而原有车间的技术改造，则应在依据原工艺技术的基础上，根据生产工艺技术的发展，装备技术的进步，选择先进的生产工艺与优良的设备，以实现经济效益与药品质量的同步提高。

（五）工艺流程的设计原则及应考虑的问题

当生产方法确定后，必须对工艺流程进行技术处理。在考虑工艺流程的技术问题时，应以工业化实施的可行性、可靠性和先进性为基点，综合权衡多种因素，使流程满足生产、经济和安全等诸多方面的要求。

1. 工艺流程的设计原则

① 尽可能采用先进设备、先进生产方法及成熟的科学技术成就，以保证产品质量。

②"就地取材"、充分利用当地原料，以便获得最佳的经济效益。

③ 所采用的设备效率高、降低原材料消耗及水电气消耗，以降低生产成本。

④ 按 GMP 要求对不同的药物剂型进行分类的工艺流程设计。如口服固体制剂、栓剂等按常规工艺路线进行设计；外洗液、口服液、注射剂（大输液、水针剂）等按灭菌工艺路线进行设计；粉针剂按无菌工艺路线进行设计等。

⑤ 内酰胺类药品（包括青霉素类、头孢菌素类）按单独分开的建筑厂房进行工艺流程设计。中药制剂和生化药物制剂涉及中药材的前处理、提取、浓缩（蒸发）以及动物脏器、组织的洗涤或处理等生产操作，按单独设立的前处理车间进行前处理工艺流程设计，不得与其制剂生产工艺流程设计混杂。

⑥ 其他如非生产用细胞、孕药、激素、抗肿瘤药、生产用毒菌种、非生产用毒菌种、生产用细胞与强毒、弱毒、死毒与活毒、脱毒前与脱毒后的制品的活疫苗与灭活疫苗、血液制品、预防制品的剂型及制剂生产按各自的特殊要求进行工艺流程设计。

⑦ 遵循"三协调"原则，即人流物流协调、工艺流程协调、洁净级别协调，正确划分生产工艺流程中生产区域的洁净级别，按工艺流程合理布置，避免生产流程的迂回、往返和

人物流交叉等。

⑧ 充分预计生产的故障，以便即时处理、保证生产的稳定性。

2. 设计工艺流程应考虑的问题

（1）从工艺和技术角度来看，应满足以下要求：

① 尽量采用能使物料和能量有高利用率的连续过程。

② 反应物在设备中的停留时间既要使之反应完全，又要尽可能短。

③ 维持各个反应在最适宜的工艺条件下进行。

④ 设备的设计要考虑到流动形态对过程的影响，也要考虑到某些因素可能变动，如原料成分的变动范围、操作温度的允许范围等。

⑤ 尽可能使设备的构造、反应系统的操作和控制简单、灵敏和有效。

⑥ 及时采用新技术和新工艺。有多种方案可以选择时，选直接法代替多步法，选原料易得路线代替原料复杂路线，选低能耗方案代替高能耗方案，选接近于常温常压的条件代替高温高压的条件，选污染或废料少的代替污染严重的等，但也要综合考虑。

⑦ 为宜于控制和保证产品质量一致，在技术水平和设备材质等允许下，大型单系列优于小型多系列，且便于实现微机控制。

（2）从经济核算、管理、环保和操作安全的角度来看，要求如下：

① 选用小而有效的设备和建筑，以降低投资费用，并便于管理和运输。与此同时，也要考虑到操作、安全和扩建的需要。

② 用各种方法减少不必要的辅助设备或辅助操作。例如利用地形或重力进料以减少输送机械等。

③ 工序和厂房的衔接安排要合理。

④ 创造有职业保护的安全工作环境，减轻体力劳动负担。

⑤ 重视环境保护，做好三废治理，污染处理装置应与生产同时建设。

（六）工艺流程设计程序

（1）对选定的生产方法进行工程分析和处理　对工厂实际生产工艺及操作控制数据进行工程分析，在确定产品方案（品种、规格、包装方式）、设计规模（年产量、年工作日、日工作班次、班生产量）及生产方法的情况下，将产品的生产工艺过程按制药类别和制剂品种要求，分解成若干个单元反应、单元操作或若干个工序，并确定每个步骤的基本操作参数（又称为原始信息，如温度、压力、时间、进料速度、浓度、生产环境、洁净级别、人净物净措施要求、制剂加工、包装、单位生产能力、运行温度与压力、能耗等）和载能介质的技术规格。

（2）绘制工艺流程框图　工艺流程框图是以方框或圆框、文字和带箭头线条的形式定性地表示出由原料变成产品的生产过程。

（3）进行方案比较　在保持原始信息不变的情况下，从成本、收率、能耗、环保、安全及关键设备使用等方面，对提出的几种方案进行比较，从中确定最优方案。

（4）绘制设备工艺流程图　确定最优方案后，就可进行物料衡算、能量衡算、设备的选型和设计，并绘制工艺流程图。工艺流程图是以设备的外形、设备的名称、设备间的相对位置、物料流线及文字的形式定性地表示出由原料变成产品的生产过程。

（5）绘制初步设计阶段的带控制点流程图　设备工艺流程图绘制后，就可进行车间布置和仪表自控设计。根据车间布置和仪表自控设计结果，绘制初步设计阶段的带控制点流程图。

（6）绘制施工图阶段的带控制点流程图　初步设计流程图经过审查批准后，按照初步设计的审查意见进行修改完善，并在此基础上绘制施工图阶段的带控制点流程图。可见流程设计几乎贯穿整个工艺设计过程，由定性到定量、由浅入深，逐步完善。这项工作由流程设计者和其他专业设计人员共同完成，最后经工艺流程设计者表述在流程设计成果中。

二、工艺流程图

工艺流程图是以图解的形式表示工艺流程。工艺流程设计的不同阶段，工艺流程图的深度有所不同。工艺流程图可分为工艺流程框图、设备工艺流程图、物料流程图、带控制点的工艺流程图等。

1. 工艺流程框图

生产路线确定以后，物料衡算工作开始之前，为了表示生产工艺过程，绘制工艺流程框图。其作用是定性表示出由原料到产品的工艺路线和顺序，便于方案比较和物料衡算，不编入设计文件中。

工艺流程框图以圆框表示单元反应，以方框表示单元操作，以箭头表示物料的流向，用文字说明单元反应、单元操作以及物料的名称。主要用于定性地表示出原料转变为产品的路线、顺序和生产全过程。以对硝基苯为原料的扑热息痛生产工艺流程框图如图 11-5 所示。

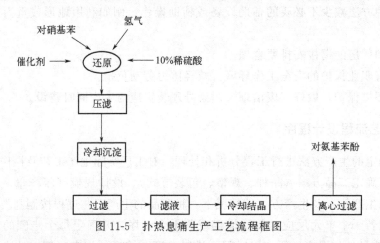

图 11-5　扑热息痛生产工艺流程框图

2. 设备工艺流程图

设备工艺流程图是以设备的几何图形（有关设备的图例在带控制点的流程图中叙述）表示单元反应和单元操作，以箭头表示物料和载能介质的流向，用文字表示设备、物料和载能介质的名称。混酸配制过程的生产工艺流程简图如图 11-6 所示。

3. 物料流程图

工艺流程图完成后，开始进行物料衡算，再将物料衡算结果注释在工艺流程中，即成为物料流程图。它说明车间内物料组成和物料量的变化，单位以批（日）计（对间歇式操作），或以小时计（对连续式操作）。从生产工艺流程图到物料流程图，工艺流程就由定性转为定量。物料流程图是初步设计的成果，需编入初步设计说明书中。

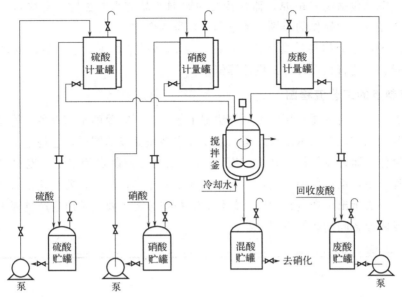

图 11-6 混酸配置过程的设备工艺流程图

物料流程图以方框流程表示单元操作及物料成分和数量。图 11-7 所示为固体制剂车间（部分）物料流程图。

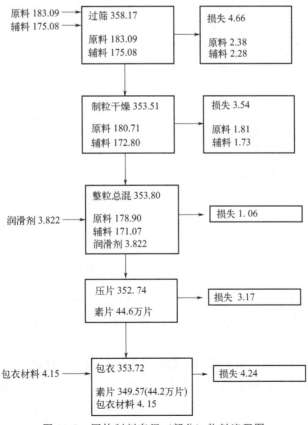

图 11-7 固体制剂车间（部分）物料流程图

物料流程图既包括物料由原、辅料转变为制剂产品的来龙去脉（路线），又包括原料、辅料及中间体在各单元操作的类别、数量和物料量的变化。

在物料流程图中，整个物料量是平衡的，因此又称物料平衡图，它为后期的设备计算与选型、车间布置、工艺管路设计等提供计算依据。

4. 带控制点的工艺流程图

带控制点的工艺流程图是用图示的方法把工艺流程所需要的全部设备、管道、阀门、管件、仪表及其控制方法等表示出来，是工艺设计中必须完成的图样，它是施工、安装和生产过程中设备操作、运行及检修的依据。图 11-8 所示为带控制点的某工艺流程图。在带控制点的工艺流程图中，用设备图形表示单元反应和单元操作，同时，要反映物料及载能介质的流向及连接；要表示出生产过程中的全部仪表和控制方案；要表示出生产过程中的所有阀门和管件；要反映设备间的相对空间关系。

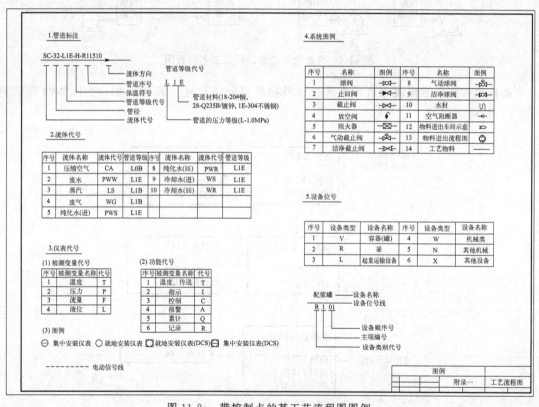

图 11-8a　带控制点的某工艺流程图图例

带控制点的工艺流程图的绘制步骤：①确定图幅；②画出设备；③画出连接管线及控制阀等各种管件；④画出仪表控制点；⑤标注设备、管道及楼层高度；⑥作出标题栏；⑦写出图例和符号说明；⑧作出设备一览表。

带控制点的工艺流程图的绘制时以《管道仪表流程图设计规定》HG 20559 参照准则。

（1）图幅与图框　工艺管道及仪表流程图采用一号（A1）图幅，横幅绘制，数量不限，流程简单的可用二号（A2）图幅，但一套图纸的图幅宜一样。流程图可按主项分别绘制，也可按生产过程分别绘制，原则上一个主项绘制一张图，若流程很复杂，可分成几部分绘

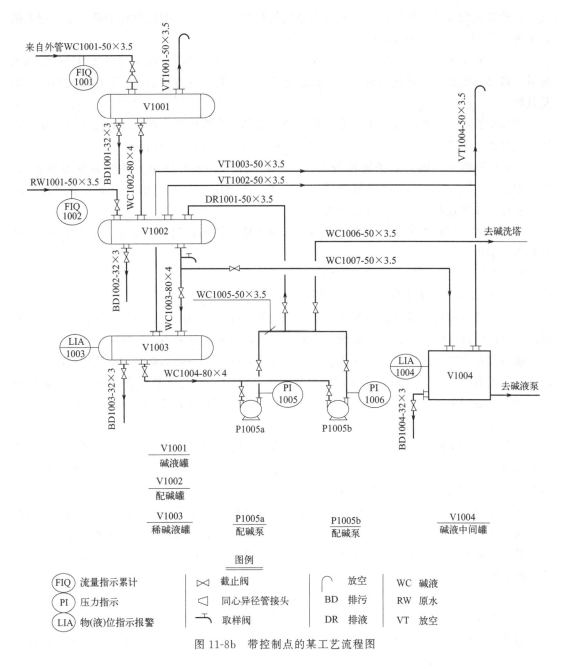

V1001
碱液罐

V1002
配碱罐

V1003
稀碱液罐

P1005a
配碱泵

P1005b
配碱泵

V1004
碱液中间罐

图例

FIQ	流量指示累计	⋈	截止阀	⋒	放空	WC	碱液
PI	压力指示	◁	同心异径管接头	BD	排污	RW	原水
LIA	物(液)位指示报警	⊤	取样阀	DR	排液	VT	放空

图 11-8b　带控制点的某工艺流程图

制。图框采用粗线条在图纸幅面内给整个图（文字说明和标题栏在内）的框界。

（2）比例　绘制 PID 图时，不按比例绘出，一般设备图形只取其相对比例，对于过大的设备其比例可以适当缩小，同样对于过小的设备其比例可以适当放大，但设备间的相对大小不能改变。并采用不同的标高示意出各设备位置的相对高低，整个图面要匀称、协调和美观。

（3）图例　将设计中所画出的有关管线、阀门、设备附件、计量-控制仪表等图形符号，用文字予以说明，以便了解流程图内容。

图例一般包括：设备名称代号；流体代号；管道等级号及管道材料等级表；隔热及隔声

代号；管件阀门及管道附件；检测和控制系统的符号、代号等。图例要位于第一张流程图的右上方。图例多时，给出首页图。如图 11-8a。

（4）相同系统的绘制方法　当一个流程图中包括有两个或两个以上的完全相同的局部系统时，可以只绘出一个系统的流程，其他系统用细双点划线的方框表示，框内注明系统名称及其编号。

当整个流程比较复杂时，可以绘一张单独的局部系统流程图，在总流程图中各系统均用细双点划线方框表示。框内注明系统名称、编号和局部系统流程图图号。

（5）图形线条　图形线条宽度分三种：①粗实线 0.9～1.2mm，主物料管道用粗线；②中粗线 0.5～0.7mm，辅助物料管道用中粗线；③细实线 0.15～0.3mm，设备外形、阀门、管件、仪表控制符号、引线等用细线。

（6）字体　图纸和表格中所有文字写成长仿宋体，详细情况见 GB/T 14691—1993《技术制图　字体》。

（7）图形绘制和标注

① 绘出设备一览表上所列的所有设备（装置）。

设备和装置按管道及仪表流程图上规定的设备、机器图例绘出；未规定的设备和机器的图形，可以根据实际外形和内部结构特征简化画出，只取相对大小，不按实物比例。

设备装置上所有接口（包括人孔、手孔、装卸料口等）一般都要画出，其中与配管有关以及与外界有关的管口（如直连阀门的排液口、排气口、放空口及仪表接口等）则必须画出。管口一般用单细实线表示，也可以与所连管道线宽度相同，个别管口用双细实线绘制。一般设备管口法兰可不绘制。

设备装置的支撑和底座可不表示。设备装置自身的附属部件与工艺流程有关者，如设备上的液位计、安全阀、列管换热器上的排气口等，它们不一定需要外部接管，但对生产操作和检测都是必须的，有时还需要调试，因此图上需要表示出来。

在流程图中，装置与设备的位置一般按工艺流程顺序从左至右排列，同一平面的设备可以移动，其相对位置一般考虑便于管道的连接和标注。设备间的相对高度根据实际高度进行标注其相对高度。地下或半地下设备、机器在图上要标注出其相对位置，可以相对于地面的负高度表示。

② 设备标注。

在流程图中需要标注设备位号、位号线、设备名称。设备位号在流程图、设备布置图和管道布置图上标注时，要在设备位号下方画一条位号线，线条为 0.9 或 1.0mm 宽的粗实线。位号线上方标注设备位号，下方是设备名称。

设备位号包括设备类别代号可以查阅表格得到，主项代号（常为设备所在车间、工段的代号）采用两位数字（01～99），如不满 10 项时，可采用一位数字。两位数字也可按车间（或装置）、工段（或工序）划分。设备顺序号可按同类设备各自编排序号，也可综合编排总顺序号，用两位数字表示（01～99）。相同设备的尾号是同一位号的相同设备的顺序号，用A、B、C……表示，也可用1、2、3……表示。

三、工艺流程设计的技术处理

在考虑工艺流程设计的技术问题时，应以工业化实施的可行性、可靠性和先进性为基点，使流程满足生产、经济和安全等诸多方面的要求，实现优质、高产、低消耗、低成本、安全等综合目标。

（一）确定生产线数目

根据生产规模、产品品种、换产次数、设备能力等决定采用一条还是几条生产线进行生产。

（二）确定操作方式

根据物料性质、反应特点、生产规模、工业化条件是否成熟等决定采用连续、间歇或联合的操作方式。

1. 连续操作

按一般规律，采用连续操作方式比较经济合理，这是由于连续操作具有下列优点。

① 由于工艺参数在设备任何一点不随时间变化，因而产品质量稳定。

② 由于操作稳定，易于自动控制，使操作易于机械化和自动化，从而降低了手工劳动，提高了生产能力。

③ 设备生产能力大，因而设备小，费用省，从而降低了基本建设投资、固定资产以及维修费用。

对于产量大的产品，只要技术上可行，应尽可能地采用连续化生产，例如：苯的硝化、安乃近生产中的苯胺的重氮化、氯霉素生产中的对硝基乙苯的氧化等。

2. 间歇操作

与连续操作过程相反，间歇过程不是连续输出产品而是分批输出，即过程中如温度、质量、热量、浓度及其他性质是随时间变化。间歇操作过程具有以下特点。

① 对小批量生产而言更经济，适于从实验室直接放大。

② 可灵活调整产品生产方案、生产速率。

③ 适于在同一工厂中使用标准的多用途设备生产不同的产品。

④ 最适于设备需要定期清洗和消毒的要求。

⑤ 保证产品的同一性，每批产品可按原料和操作条件加以区分。

由于医药产品品种更新快，有些产品是高价值低产量，有些是随市场需求产量波动很大，有些产品的生产工艺复杂、反应时间长、转化率低、后处理复杂，要实现连续化生产在技术条件上还达不到要求，因而在制药工业生产中，间歇操作是最常用的一种操作方式。

3. 联合操作

联合操作是连续操作和间歇操作的联合。此法比较灵活，在制药工业生产中，很多产品全流程是间歇的，而个别步骤是连续的。在连续和间歇过程之间采用中间贮槽缓冲和衔接。实际上大部分间歇过程由一系列的间歇过程和半连续过程组成。半连续过程是伴有经常性的开车与关闭的连续过程。

（三）提高设备利用率

设备的有效利用是间歇操作过程设计的目标之一。间歇生产过程中，时间最长的操作步骤控制着生产周期，不是控制步骤的生产设备则在每一个生产周期中都有一定的闲置时间。

例 11-1 由丁二烯和二氧化硫生产丁二烯砜，要经过反应、蒸发、汽提 3 个步骤，且蒸发和汽提的一部分物料回到反应器循环利用。各加工步骤操作时间如表 11-2。

表 11-2　各加工步骤操作时间

加工步骤	操作时间/h
反应	2.10
蒸发	0.45
汽提	0.65
装料	0.25
卸料	0.25

注：每步的装料、卸料时间之和为 0.5h。

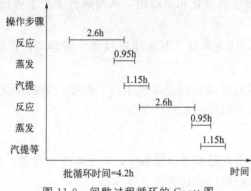

图 11-9　间歇过程循环的 Gantt 图

[方案一] 图 11-9 所示为间歇过程循环的 Gantt 图（时间-事件图），图中所示步骤之间的重叠很小，批循环时间为 4.2h。显然，Gantt 图表明各单项设备利用率很低，即只在整个时间周期内的一小部分时间内运行。

[方案二] 图 11-10 所示为间歇步骤重叠循环的 Gantt 图，批循环时间为 2.6h，为多批生产不同步骤同时进行，设备利用率显著提高。由于反应器进料与分离不能同时进行，因而不可能将物料直接从分离器循环回反应器，所以需要设置贮槽用以贮存循环物料，这些物料包括下一步生产的部分物料。该方案中反应器限制了批循环时间，即反应器没有"死"时间（不进行生产的时间），但蒸发器和汽提器都有大量"死"时间。

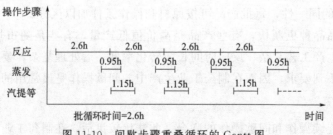

图 11-10　间歇步骤重叠循环的 Gantt 图

[方案三] 如图 11-11 所示为两台反应器平行操作时的 Gantt 图。采用这样的平行操作，化学反应能够覆盖，从而允许蒸发和汽提操作频繁地进行，因此提高了设备利用率。批循环时间为 1.3h，这也意味着在相同时间内能够加工更多批的物料。由此可见，如果使用两台具有原产量的反应器，那么生产过程的产量就增加了。但要增加一台反应器，这就意味着生产过程的产量增加是以投资费用增加为代价的。

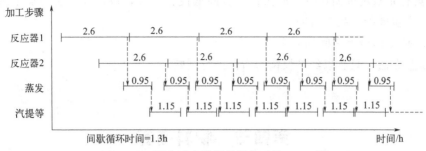

图 11-11　两台反应器平行操作时的 Gantt 图

如果不需要附加的产量，那么反应器、蒸发器和汽提塔的尺寸就可以减小。

[**方案四**]　如图 11-12 所示为在反应器和蒸发器之间以及蒸发器和汽提塔之间有中间贮槽的操作过程的 Gantt 图。这样蒸发器操作步骤不受反应步骤完成以后才能开始的限制，同样汽提操作步骤也不再受蒸发操作步骤完成以后才能开始的限制。这些独立的操作步骤被中间贮槽解耦，批循环时间虽然为 2.6h，但消除了蒸发器和汽提塔的"死"时间，所以能够完成更多的蒸发和汽提操作，从而可以降低蒸发器和汽提塔的尺寸。这时需要比较的是中间贮槽的投资费用和减小蒸发器和汽提塔尺寸的投资费，由图 11-12 可见，反应器和蒸发器之间的中间贮槽对设备利用率有很大的影响，但在蒸发器和汽提塔之间的中间贮槽则对设备的利用率的影响不太显著，并且在经济上也很难判断。

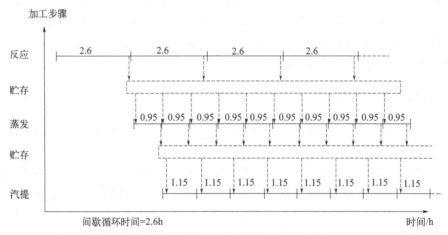

图 11-12　具有中间贮槽时的 Gantt 图

总之，提高设备利用率可以使用下列方法。

① 将一个以上的操作合并在一台设备中（如在同一个容器中进行原料预热和反空。但是这些操作不能限制循环时间。

② 覆盖操作，即在任何给定时间，工厂在不同的加工阶段有一批以上的物料。

③ 在限定批循环时间的加工步骤使用平行操作。

④ 在限定批循环时间的加工步骤使用串联操作。

⑤ 在限定批循环时间的加工步骤增加设备尺寸，以降低具有非限制批循环时间的操作步骤的"死"时间。

⑥ 在具有非限定批循环时间的操作步骤降低设备尺寸，以增加设备的加工时间，从而降低这些操作步骤的"死"时间。

⑦ 在间歇操作步骤之间加入中间贮槽。

采用哪些方法，只有以经济权衡为指标进行判断。

第四节 物料衡算

根据质量守恒定律，以生产过程或生产单元设备为研究对象，对其进、出口处进行定量计算，称为物料衡算。在生产工艺流程图确定以后，就可进行物料衡算了。

一、物料衡算概述

（一）物料衡算的重要性

物料衡算是制药工程工艺设计的基础，是车间工艺设计中最先完成的一个计算项目，从而使设计由定性转入定量。通过物料衡算，可以计算原料与产品间的定量转变关系，以及计算各种原料的消耗量，各种中间产品、副产品的产量、损耗量及组成等。在物料衡算的基础上，将工艺流程图进一步深化，可绘制出物料流程图。其计算结果是后续的能量衡算、设备工艺设计与选型、确定设备的容积、台数和主要工艺尺寸、确定原辅材料消耗定额、进行车间布置设计、管路设计和工艺公用工程消耗量等各种设计项目的依据，物料衡算结果的正确与否将直接关系到工艺设计的可靠程度。

（二）物料衡算的依据

为使物料衡算能客观地反映出生产实际状况，除对实际生产过程要作全面而深入的了解外，还必须要有一套系统而严密的分析、求解方法。

在进行物料衡算前，首先要确定生产工艺流程图，这种图限定了车间的物料衡算范围，指导工艺计算既不遗漏，也不重复；其次要收集必需的数据、资料，如各种物料的名称、组成及其含量，各种物料之间的配比等。具备了以上这些条件，就可以着手进行物料衡算。物料衡算主要依据设计任务书和相关设计手册，以及物质的物理化学常数。物料衡算可计算原料与产品间的定量转变关系，以及计算各种原料的消耗量，各种中间体、副产品的产量、损耗量及组成。物料衡算的理论基础是物质的质量守恒定律和化学计量关系，即输入一个系统的全部物料量必等于输出系统的全部物料量，再加上过程中的损失量和在系统中的积累量。各量之间的关系可用式（11-1）表示。

$$\sum G_1 = \sum G_2 + \sum G_3 + \sum G_4 \tag{11-1}$$

式中 $\sum G_1$——输入物料量总和；

$\quad\quad \sum G_2$——输出物料量总和；

$\quad\quad \sum G_3$——物料损失量总和；

$\quad\quad \sum G_4$——物料累计量总和。

当系统内物料积累量为零时，上式可以写成式（11-2）：

$$\sum G_1 = \sum G_2 + \sum G_3 \qquad (11\text{-}2)$$

物料衡算的基准是：

① 对于间歇式操作的过程，常采用一批原料为基准进行计算；

② 对于连续式操作的过程，可以采用单位时间产品数量或原料量为基准进行计算。消耗定额是指每吨产品或以一定量的产品（如每千克针剂、每万片药片等）所消耗的原材料量，而消耗量是指以每年或每日等单位时间所消耗的原材料量。制剂车间的消耗定额及消耗量计算时应把原料、辅料及主要包装材料一起算入。物料衡算的结果应列成原材料消耗定额及消耗量表。

二、物料衡算的基本理论

物料衡算的类型按物质变化分为物理过程的物料衡算、化学过程的物料衡算；按操作方式分为连续过程的物料衡算、间歇过程的物料衡算。

（一）衡算基准

在进行物料衡算或热量衡算时，均须选择相应的衡算基准。合理地选择衡算基准，不仅可以简化计算过程，而且可以缩小计算误差。

（1）时间基准 对连续稳定流动体系，以单位时间作基准。该基准可与生产规模直接联系；对间歇过程，以处理一批物料的生产周期作基准。

（2）质量基准 对于液、固系统，因其多为复杂混合物，选择一定质量的原料或产品作为计算基准。若原料产品为单一化合物或组成已知，则取物质的量作基准更方便。

（3）体积基准 对气体选用体积作基准，通常取标准状况下的体积。

基准选取的策略：

① 上面几种基准具体选哪种（有时几种共用）视具体条件而定，难以硬性规定。

② 通常选择已知变量数最多的物料流股作基准较方便。

③ 取一定物料量作基准，相当于增加了一个已知条件。

④ 选取相对量较大的物流作基准，可减少计算误差。

（二）衡算范围

体系：为讨论一个过程，人为地圈定这个过程的全部或一部分作为一个完整的研究对象，这个圈定的部分叫体系。衡算范围可以是一台设备、一套装置、一个工段、一个车间、一个工厂等。

环境：体系以外的部分叫环境。

边界：体系与环境的分界线。衡算中只涉及进出边界的物料流股。其余可不考虑。

（三）物料衡算的方法和步骤

（1）明确衡算目的 如通过物料衡算确定生产能力、纯度、收率等数据。

（2）绘出物料流程图，划定衡算范围 画流程简图步骤及要点如下：①用方框表示流程简图中的设备；②用线条和箭头表示物料流股的途径和流向；③标出流股的已知变量（流量、组成等）；④未知量用符号表示。

根据已知量和未知量划定体系，应特别注意尽量利用已知条件，要求的未知量要通过体系边界，且应使通过边界的物料流股的未知项尽量少。

（3）写出所有化学反应方程式　包括所有配平后的主副反应，将各反应的选择性、收率注明。

（4）收集与物料衡算有关的计算数据　规模和年生产日；原辅材料、中间体及产品的规格；有关的定额和消耗指标；有关的物理化学常数，如密度、蒸汽压、相平衡常数等。

（5）选定衡算基准　计算中要将基准交代清楚，过程中基准变换时，要加以说明。

（6）列出物料平衡方程式，进行物料衡算　要求所列独立方程式的数目＝未知数的数目。

（7）编制物料平衡表　由计算结果查核计算正确性，必要时说明误差范围。

（8）必要时画出物料衡算图　过程复杂时。

三、物料衡算实例

（一）物理过程的物料衡算

1. 简单物理过程的物料衡算

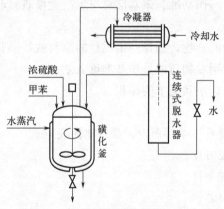

图 11-13　浓硫酸磺化甲苯生产对
甲苯磺酸工艺流程图

例 11-2　在间歇釜式反应器中用浓硫酸磺化甲苯生产对甲苯磺酸，其工艺流程如图 11-13 所示，试对过程进行物料衡算。已知每批操作的投料量为：甲苯 1000kg，纯度 99.9%（质量分数，以下同）；硫酸 1100kg，纯度 98%；甲苯的转化率为 98%，生成对甲苯磺酸的选择性为 82%，生成邻甲苯磺酸选择性约为 9.2%，生成间甲苯磺酸的选择性为 8.8%；物料中的水约 90% 经连续脱水器排出。此外，为简化计算，假设原料中除纯品外都是水，且在磺化过程中无物料损失。

解：以间歇釜式反应器为衡算范围，给出物料衡算示意图（图 11-14）。

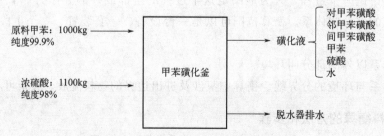

图 11-14　甲苯磺化过程物料衡算示意图

图中共有 4 股物料，物料衡算的目的就是确定各股物料的数量和组成，并据此编制物料平衡表（表 11-13）。

对于间歇操作过程，常以一个操作周期内的投料量为基准进行物料衡算。

进料：

原料甲苯中的甲苯量为

$$1000\times0.999=999(kg)$$

原料甲苯中的水量为

$$1000-999=1(kg)$$

浓硫酸中的硫酸量为

$$1100\times0.98=1078(kg)$$

浓硫酸中的水量为

$$1100-1078=22(kg)$$

进料总量为

$$1000+1100=2100(kg)$$

其中含甲苯999kg，硫酸1078kg，水23kg.

出料：

反应消耗的甲苯量为

$$999\times98\%=979(kg)$$

未反应的甲苯量为

$$999-979=20(kg)$$

生成目标产物对甲苯磺酸的反应式为

$$分子量\quad 92\qquad 98\qquad 172\qquad 18$$

生成副产物邻甲苯磺酸的反应式为

$$分子量\quad 92\qquad 98\qquad 172\qquad 18$$

反应生成的对甲苯磺酸量为

$$979\times\frac{172}{92}\times82\%=1500.8(kg)$$

反应生成的邻甲苯磺酸量为

$$979\times\frac{172}{92}\times9.2\%=168.4(kg)$$

反应生成的间甲苯磺酸量为

$$979\times\frac{172}{92}\times8.8\%=161.1(kg)$$

反应生成的水量为

$$979 \times \frac{18}{92} = 191.5 (\text{kg})$$

经脱水器排出的水量为

$$(23 + 191.5) \times 90\% = 193.1 (\text{kg})$$

磺化液中剩余的水量为

$$(23 + 191.5) - 193.1 = 21.4 (\text{kg})$$

反应消耗的硫酸量为

$$979 \times \frac{98}{92} = 1042.8 (\text{kg})$$

未反应的硫酸量为

$$1078 - 1042.8 = 35.2 (\text{kg})$$

磺化液总量为

$$1500.8 + 168.4 + 161.1 + 20 + 35.2 + 21.4 = 1906.9 (\text{kg})$$

表 11-3　甲苯磺化过程物料平衡表

	物料名称	质量/kg	质量组成/%		纯品量/kg
输入	原料甲苯	1000	甲苯	99.9	999
			水	0.1	1
	浓硫酸	1100	硫酸	98.0	1078
			水	2.0	22
	总计	2100			2100
输出	磺化液	1906.9	对甲苯磺酸	78.70	1500.8
			邻甲苯磺酸	8.83	168.4
			间甲苯磺酸	8.45	161.1
			甲苯	1.05	20.0
			硫酸	1.85	35.2
			水	1.12	21.4
	脱水器排水	193.1	水	100	193.1
	总计	2100			2100

例 11-3　一种废酸，组成为 HNO_3 23%（质量分数，下同）、H_2SO_4 57% 和 H_2O 20%，加入 93% 的 H_2SO_4 及 90% 的 HNO_3，要求混合成 HNO_3 27%、H_2SO_4 60% 的混合酸，计算所需废酸及加入浓酸的量。

解：（1）混酸配制过程可在搅拌釜中进行。以搅拌釜为衡算范围，绘出混酸配制过程的物料衡算示意图，如图 11-15 所示。x 为废酸用量，y 为浓硫酸用量，z 为浓硝酸用量。（2）选择计算基准 4 个物流均可选，选取 100kg 混酸为基准。

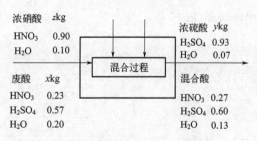

图 11-15　混酸配制过程的物料衡算示意

（3）列物料衡算式

总物料衡算式　　　　　　　　　　　$x+y+z=100$

H_2SO_4 的衡算式　　　　　　$0.57x+0.93y=100\times0.6=60$

HNO_3 的衡算式　　　　　　$0.23x+0.90z=100\times0.27=27$

解得　　　　　　　　　　$x=41.8\text{kg}$，$y=39\text{kg}$，$z=19.2\text{kg}$

注意几个问题：

（1）无化学反应的体系，可列出独立的物料衡算式数目至多等于体系中输入和输出的化学组分数目。如未知数的数目大于组分数目，需找另外关系列方程，否则无法求解。

（2）首先列出含未知量最少的衡算方程，以便求解。

（3）若进出体系的物料流股很多，则将流股编号，列表表示已知量和组成。

例 11-4　拟用连续精馏塔分离甲醇和水混合液。已知混合液的进料流量 100kmol/h，其中含甲醇 0.4（摩尔分数，下同），其余为甲苯。若规定塔底釜液苯的含量不高于 0.04，塔顶馏出液中苯的回收率不低于 94%，试通过物料衡算确定塔顶馏出液、塔釜釜液的流量及组成，以摩尔流量和摩尔分数表示。

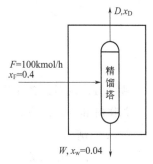

图 11-16　甲醇和水混合液精馏过程物料衡算示意

解：以连续精馏塔为衡算范围，绘出物料衡算示意图。

如图 11-16 所示，F 为混合液的进料流量，D 为塔顶馏出液的流量，W 为塔底釜液的流量，x_D 为甲醇在塔顶馏出液的摩尔分数，x_F 为甲醇在混合液的摩尔分数，x_W 为甲醇在塔底塔液的摩尔分数。图中共有 3 股物料，3 个未知数，需列出 3 个独立方程。

对全塔进行总物料衡算，得

$$F=D+W=100\text{kmol/h} \tag{a}$$

对甲醇进行物料衡算得

$$Fx_F=Dx_D+Wx_W \tag{b}$$

由塔顶馏出液中甲醇的回收率得

$$(Dx_D)/(Fx_F)=0.94 \tag{c}$$

联解式（a）、（b）和（c），得

$$W=60\text{kmol/h}$$

$$D=40\text{kmol/h}$$

$$x_D=0.94$$

2. 有多个设备过程的物料衡算

多个设备过程的物料衡算，可以分成多个衡算体系。在体系中应注意要想法利用已知条件，尽量减少所定体系的未知数的数目。做到由简到繁，由易到难。要注意：

（1）对多个设备过程，并非每个体系写出的所有方程式都是独立的；

（2）对各个体系独立物料衡算式数目之和＞对总过程独立的物料衡算式数目。

过程独立方程式数目最多＝组分数×设备数。

过程由 M 个设备组成，有 C 个组分时则最多可能列出的独立物料衡算式的数目＝MC 个。

例 11-5 图 11-17 具有两个设备的连续稳定过程，图中虚线表示能建立平衡关系的系统边界，试求出图中的全部未知量及组成。

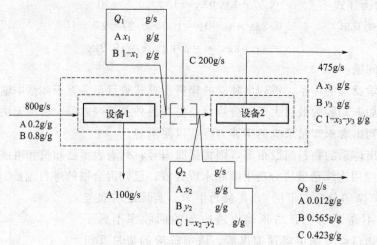

图 11-17 两个设备的连续稳定过程

解：（1）现对设备 1 作衡算，取 1s 作计算基准

总物料 $800 = Q_1 + 100$，得 $\qquad Q_1 = 700 \text{g/s}$

对 A 作衡算 $\qquad\qquad 800 \times 0.2 = 100 + Q_1 x_1$

（2）对节点作衡算

总物料 $Q_2 = Q_1 + 200$，得 $\qquad Q_2 = 900 \text{g/s}$

对 A 作衡算 $Q_1 x_1 = Q_2 x_2$

（3）现对设备 2 作衡算

总物料 $Q_2 = Q_3 + 475$，得 $\qquad Q_3 = 425 \text{g/s}$

对 A 作衡算 $\qquad\qquad Q_2 x_2 = 475 x_3 + 0.012 Q_3$

对 B 作衡算 $\qquad\qquad Q_2 y_2 = 475 y_3 + 0.565 Q_3$

联立求解得 $\qquad x_3 = 0.1156,\ y_3 = 0.8418,\ 1 - x_3 - y_3 = 0.0426$

（二）化学过程的物料衡算

1. 反应转化率、选择性及收率

（1）限制反应物 化学反应原料不按化学计量比配料时，以最小化学计量数存在的反应物。

（2）过量反应物 反应物的量超过限制反应物完全反应所需的理论量的反应物叫过量反应物。

注意：

① 按化学计量数最小而非绝对量最小。

② 当体系有几个反应时，按主反应计量关系考虑。

③ 计算过量反应物的理论量时，限制反应物必须完全反应（无论实际情况如何，按转化率 100% 计）。

（3）过量百分数 过量反应物超过限制反应物完全反应所需理论量 N_t 的部分占所需理论量的百分数。

$$过量百分数 = \frac{N_e - N_t}{N_t} \times 100\%$$

N_e 为过量反应物的量，N_t 为反应物完全反应所需理论量。

（4）转化率 X 某反应物反应掉的量占其输入量的百分数。

反应：$a\mathrm{A} + b\mathrm{B} \rightarrow c\mathrm{C} + d\mathrm{D}$

$$\xrightarrow{N_{A_1}} \boxed{反应体系} \xrightarrow{N_{A_2}}$$

$$x_A = \frac{N_{A_1} - N_{A_2}}{N_{A_1}} \times 100\%$$

注意：

① 要注明是指哪种反应物的转化率；

② 反应掉的量应包括主副反应消耗的原料之和；

③ 若未指明是哪种反应物的转化率，则常指限制反应物的转化率。限制反应物的转化率也叫反应完全程度。

$$反应完全程度 = \frac{限制反应物的反应量}{限制反应物的输入量}$$

（5）选择性 φ 生成目的产物所消耗的某原料量占该原料反应量的百分数。

$$\xrightarrow{N_{A_1}} \boxed{反应体系} \xrightarrow{N_{A_2}}$$

若有反应：$a\mathrm{A} \longrightarrow d\mathrm{D}$

$$\varphi = \frac{生成目的产物所消耗原料量}{该原料的反应量} = \frac{N_D \times \dfrac{a}{d}}{N_{A_1} - N_{A_2}} \times 100\%$$

（6）收率 Y 生成目的产物所消耗的某原料量占该原料通入量的百分数。

$$Y = \frac{生成目的产物所消耗的某原料量}{该原料的通入量} \times 100\%$$

$$= \frac{N \times \dfrac{a}{d}}{N} \times 100\%$$

质量收率

$$Y_W = \frac{目的产物的质量}{通入某原料的质量} \times 100\%$$

转化率选择性和收率的关系

$$Y = X_\varphi$$

（7）总收率 产品生产有多个工序完成时，总收率等于各工序收率之积。

$$y_T = \prod_{i=1}^{n} y_i$$

注意：不能有遗漏及重复考虑。

（8）单程转化率和总转化率

循环过程的物料衡算：如下循环物料加到进料中循环使用的部分物料（产物）。过程流程示意图如图 11-18 所示：

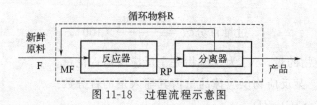

图 11-18　过程流程示意图

以反应器为体系得单程转化率 $x_单$。

以整个过程为体系得总转化率 $x_总$。

当体系中仅有一个反应器，则系统内反应掉的 A 的量与反应器内反应掉的 A 的量相同。

$$x_单 N_A^{MF} = x_总 N_A^F$$

N_A^{MF} 为进入反应器的总原料量；N_A^F 为进入系统的新鲜原料量。

$$x_单 = \frac{N_A^{MF} \times N_A^{RP}}{N_A^{MF}} \times 100\%$$

其中 N_A^{MF} 为进入反应器的总原料量，N_A^{RP} 为反应器出料中未反应的原料量。

$$x_总 = \frac{N_A^F \times N_A^S}{N_A^F} \times 100\%$$

其中 N_A^F 为进入系统的新鲜原料量，N_A^S 为系统出料中未反应的原料量。

此关系在物料衡算中可利用。采用循环提高原料总转化率。

例 11-6　苯与丙烯反应生产异丙苯，丙烯转化率为 84%，温度为 523K、压力 1.722MPa、苯与丙烯的摩尔比为 5。原料苯中含有 5% 的甲苯，假定不考虑甲苯的反应，计算产物的组成。

解：画出流程简图，如图 11-19 所示。物料 F_1 为丙烯（气体），物料 F_2 包含苯和甲苯（液体），物料 F_3 为丙烯（气体），物料 F_4 包含苯、甲苯、异丙苯（液体）。

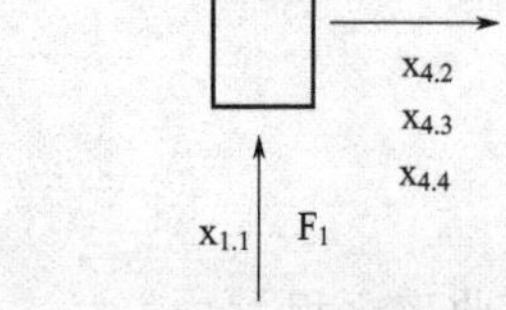

组分中下标第 1 位数字表示物料，第 2 位数字 1、2、3、4 分别表示丙烯、苯、甲苯和异丙苯。其中 $x_{1,1} = 100\%$，$x_{3,1} = 100\%$。

选定体系如图，基准为原料苯 $F_2 = 100$kmol/h，由题意知：

原料丙烯 $F_1 = 20$kmol/h，过程中化学反应式为：

$$C_6H_6 + C_3H_6 \longrightarrow C_6H_5C_3H_7$$

衡算式：输入的物料＋生成的物料＝输出的物料＋反应消耗的物料

对丙烯列衡算式：$F_1 = F_3 +$ 反应的丙烯

$$F_3 = F_1(1-84\%) = 20 \times 0.16 = 3.2(\text{kmol/h})$$

对苯列衡算式　　　　$F_2 x_{2,2} = F_4 x_{4,2} +$ 反应的苯

图 11-19　苯与丙烯反应生产异丙苯物料衡算示意

$$F_4 x_{4,2} = F_2 x_{2,2} - 84\% F_1 = 100 \times 95\% - 84\% \times 20 = 78.2 (\text{kmol/h})$$

对异丙苯列衡算式　　　　$F_2 x_{2,4} + 生成的异丙苯 = F_4 x_{4,4}$

$$F_4 x_{4,4} = F_2 x_{2,4} + 84\% F_1 = 0 + 16.8 = 16.8 (\text{kmol/h})$$

对甲苯列衡算式　　　　$F_4 x_{4,3} = F_2 x_{2,3} = 100 \times 5\% = 5 (\text{kmol/h})$

2. 一般反应过程的物料衡算

（1）直接求算法（由化学计量关系计算物流组成）

直接由初始反应物组成计算反应产物组成，或由产物组成去反算所要求的原料组成，从而完成物料衡算。

（2）元素衡算

反应过程物料衡算，如知化学计量式，使用物流中各个组分衡算比较方便，但反应前后的摩尔衡算和总摩尔衡算一般不满足守恒关系。总质量衡算在反应前后虽可保持守恒，但不同组分的质量在反应前后又是变化的。进行元素衡算时，由于元素在反应过程中具有不变性，用元素的物质的量或质量进行衡算都能保持守恒关系，且计算形式比较简单，校核较方便，尤其对反应过程比较复杂，组分间计量关系难以确定的情况，多用此法。输入某元素的量＝输出同元素的量。

（3）利用联系物作衡算

生产过程中常有不参加反应的物料，即惰性物料。由于这种惰性物料数量在反应器中不变化，因此可利用它与其他物料在组分中的比例关系求取其他物料的数量，此惰性物料为衡算联系物。

采用惰性组分为联系物作物料衡算是常常使用的一种办法，可以使计算简化。在同一系统中有数个惰性组分时，可联合采用以减少误差。当惰性物数量很少，且此组分分析的相对误差又很大时，则不宜选用此惰性组分作为联系物。

第五节　能量衡算

能量存在的形式有多种，如动能、势能、电能、热能、光能、化学能等，各种形式的能量在一定条件下可以互相转化，但一个体系的总能量是守恒的。在药品生产过程中，由于物料经物理或化学变化时，其动能、势能或对外界所做的功等对于总能量的变化影响很小，常常可以忽略，即热能是最常用的能量表现形式，因此能量衡算常可简化为热量衡算。

一、能量衡算概述

（一）能量衡算的重要性

能量衡算是设备选型与设计计算的依据。在设计过程中进行能量衡算，可以计算出生产过程的能耗指标，确定设备的热负荷，根据设备热负荷的大小、所处理物料的性质及工艺要求，再选择传热面的型式、计算传热面积、确定设备的主要工艺尺寸，从而确定生产过程所需要的能量，也便于对多种工艺设计方案进行比较，从而选定先进的生产工艺。

热量衡算经常和设备选型与计算同时进行。物料衡算完毕，先粗算设备的大小和台数，粗定设备的基本型式和传热型式，如与热量衡算的结果相矛盾，则要重新确定设备的大小和型式或在设备中加上适当的附件部分，使设备既能满足物料衡算的要求又能满足热量衡算的要求。因此，热量衡算也是设备选型与计算的主要依据之一。

能量衡算也是生产组织、运营管理、经济核算的基础。在生产过程中，利用能量衡算可以说明能量利用的形式及节能的可能性，有助于查找生产过程中存在的问题，改进生产设备和工艺流程以及制定合理的用能措施，从而达到节约能源、降低生产成本的目的。

（二）能量衡算的依据

能量衡算的主要依据是能量守恒定律，能量守恒定律的一般方程式可写为

$$输出能量＝输入能量＋生成能量－消耗能量－积累的能量$$

进行能量衡算工作必须知道物料衡算的数据以及所涉及物料的热力学物性数据，如反应热、溶解热、比热容、相变热等。热量衡算可分为单元设备的热量衡算和系统热量衡算。

二、热量衡算的基本理论

（一）设备的热量平衡方程式

当内能、动能、势能的变化量可以忽略且无做功时，输入系统的热量与离开系统的热量应平衡，根据能量守恒方程式可得出传热设备的热量平衡方程式为

$$Q_1＋Q_2＋Q_3＝Q_4＋Q_5＋Q_6$$

式中　Q_1——物料带入设备的热量，kJ；

　　　Q_2——加热剂或冷却剂传给设备或所处理物料的热量或冷量，kJ；

　　　Q_3——过程热效应（放热为正，吸热为负），kJ；

　　　Q_4——物料离开设备所带走的热量，kJ；

　　　Q_5——加热或冷却设备所消耗的热量或冷量，kJ；

　　　Q_6——设备向环境散失的热量，kJ。

在上式时，应注意除 Q_1 和 Q_4 外，其他 Q 值都有正负两种情况。例如，当反应放热时，Q_3 取"＋"号；反之，当反应吸热时，Q_3 取"－"号，这与热力学中的规定正好相反。

热量衡算的目的是计算出 Q_2，从而确定加热剂或冷却剂的量。$Q_2＞0$ 表示需要加热，$Q_2＜0$ 表示需要冷却。间歇过程，各段时间操作情况不同，应分段进行衡算，求出不同阶段的 Q_2。为了求出 Q_2，计算情况具体如下：

（1）计算基准　确定计算的基准，有相变时必须确定相态基准，不要忽略相变热。

一般情况下，可以 0℃和 $1.013×10^5$ Pa 为计算基准。

有反应的过程，也常以 25℃和 $1.013×10^5$ Pa 为计算基准。

（2）Q_1 或 Q_4 的计算　无相变时物料的恒压热容与温度的函数关系常用下式来表示：

$$Q_1 \text{ 或 } Q_4 = \sum G \int_{t_0}^{t_1} C_p \mathrm{d}t$$

式中，G 表示输入或输出设备的物料质量，kg 或 kg/h 或 kmol/h；t_0 表示基准温度，℃；t_1 表示物料的实际温度，℃；C_p 表示物料的定压热容，kJ/(kg·℃) 或 kJ/(kmol·℃)。物料的定压比热与温度之间的函数关系常用下式表示，即 $C_p = \mathrm{a} + \mathrm{b}t + \mathrm{c}t^2 + \mathrm{d}t^3$，式中，a、b、c、d 是物质的特性参数，可从有关手册查得。

若知物料在所涉及温度范围内的平均恒压热容，则：Q_1 或 $Q_4 = \sum G C_p (t_2 - t_0)$

式中，G 表示设备的物料质量，kg 或 kg/h 或 kmol/h；C_p 表示物料的平均恒压热容，kJ/(kg·℃)；t_0 表示基准温度，℃；t_2 表示物料的最终温度，℃。

（3）Q_3 的计算　过程的热效应由物理变化热 Q_P 和化学变化热 Q_C 两部分组成。物理变化热是指物料的浓度或状态发生改变时所产生的热效应，若过程为纯物理过程，无化学反应发生，如固体的溶解、硝化混酸的配制、液体混合物的精馏等，则 $Q_C = 0$；化学变化热是指组分之间发生化学反应时所产生的热效应，可根据物质的反应量和化学反应热计算。

（4）Q_5 的计算

稳态操作过程 $Q_5 = 0$；非稳态操作过程由式 $Q_5 = \sum G C_p (t_2 - t_1)$ 确定。

式中，G 表示设备各部件的质量，kg；C_p 表示设备各部件材料的平均恒压热容，kJ/(kg·℃)；t_1 表示设备各部件的初始温度，℃；t_2 表示设备各部件的最终温度，℃。与其他各项热量相比，Q_5 的数值一般较小，因此，Q_5 常可忽略不计。

（5）Q_6 的计算

设备向环境散失的热量 Q_6 可用下式计算

$$Q_6 = \sum a_T S_w (t_w - t) \tau \times 10^{-3}$$

式中，a_T——对流-辐射联合传热系数，W/(m²·℃)；S_w——与周围介质直接接触的设备外表面积，m²；t_w——与周围介质直接接触的设备外表面积温度，℃；τ——散热过程持续的时间，s；t——周围介质温度。

对有保温层的设备或管道，a_T 可用下列公式估算。

① 空气在保温层外作自然对流，且 $t_w < 150℃$

在平壁保温层外，$a_T = 9.8 + 0.07(t_w - t)$

在圆筒壁保温层外，$a_T = 9.4 + 0.052(t_w - t)$

② 空气沿粗糙壁面作强制对流

当空气流速 u 不大于 5m/s 时，a_T 可按下式估算：$a_T = 6.2 + 4.2u$。

当空气速度大于 5m/s 时，a_T 可按下式估算：$a_T = 7.8u^{0.78}$。

③ 对于室内操作的釜式反应器，a_T 的数值可近似取为 10W/(m²·℃)。

（二）热量衡算的方法和步骤

① 明确衡算目的。通过热量衡算确定某设备或装置的热负荷、加热剂或冷却剂的消耗量等数据。

② 明确衡算对象，划定衡算范围，并绘出热量衡算示意图。

③ 搜集有关数据。由手册、书籍、数据库查取；由工厂实际生产数据获取；通过估算或实验获得。计算时，尤其由手册查得数据时，要使数据正负号与公式规定一致；有时须将物料能量衡算联合进行方可求解。

④ 选定衡算基准。同一计算要选取同一基准，且使计算尽量简单方便。

⑤ 列出热量平衡方程式，计算各种形式的热量。

⑥ 编制热量平衡表。

（三）衡算中注意的问题

① 确定系统所涉及的所有热量和可能转化成热量的其他能量，不得遗漏。

② 确定计算的基准，有相变时必须确定相态基准，不要忽略相变热。

③ $Q_2 > 0$ 表示需要加热，$Q_2 < 0$ 表示需要冷却。间歇过程，各段时间操作情况不同，应分段进行衡算，求出不同阶段的 Q_2。

④ 计算时，尤其由手册查得数据时，要使数据正负号与公式规定一致。

三、过程热效应

（一）物理变化热

1. 相变热

物质从一相转变至另一相的过程，称为相变过程。如熔融、结晶、蒸发、冷凝、升华、凝华都是常见的相变过程。相变过程所产生的热效应称为相变热。由于该过程常在等温等压下进行，故相变热常称为潜热。蒸发、熔融、升华过程要克服液体或固体分子间的相互吸引力，因此，这些过程均为吸热过程，其相变热为负值；冷凝、结晶、凝华过程的相变热为正值。

2. 浓度变化热

等温等压下，因溶液浓度发生改变而产生的热效应，称为浓度变化热。在药品生产中，以物质在水溶液中的浓度变化热最为常见。但除了某些酸、碱水溶液的浓度变化热较大外，大多数物质在水溶液的浓度变化热并不大，不会影响整个过程的热效应，因此一般可不予考虑。某些物质在水溶液中的浓度变化热可直接从有关手册或资料中查得，也可根据溶解热或稀释热的数据来计算。

（1）积分溶解热　等温等压下，将 1mol 溶质溶解于 n mol 溶剂中，该过程所产生的热效应称为积分溶解热，简称溶解热，用符号 ΔH_s 表示。常见物质在水中的积分溶解热可从有关手册或资料查得。表 11-4 是 H_2SO_4 水溶液的积分溶解热。对于一些常用的酸、碱水溶液，也可将溶液的积分溶解热数据回归成相应的经验公式，以便于应用。例如：硫酸的积分溶解热可按 SO_3 溶于水的热效应，可用下式估算：

$$\Delta H_s = \frac{2111}{\dfrac{1-m}{m} + 0.2013} + \frac{2.989(t-15)}{\dfrac{1-m}{m} + 0.062}$$

式中，ΔH_s——SO_3 溶于水形成硫酸的积分溶解热，$kJ/(kg\ H_2O)$；m——以 SO_3 计，硫酸的质量分数；t——操作温度，℃。

表 11-4　25℃时，H_2SO_4 水溶液的积分溶解热

H_2O 物质的量(n)/mol	积分溶解热(ΔH_s)/(kJ/mol)	H_2O 物质的量(n)/mol	积分溶解热(ΔH_s)/(kJ/mol)
0.5	15.74	50	73.39
1.0	28.09	100	74.02
2	41.95	200	74.99
3	49.03	500	76.79
4	54.09	1000	78.63
5	58.07	5000	84.49
6	60.79	10000	87.13
8	64.64	100000	93.70
10	67.07	500000	95.38
25	72.35	∞	96.25

（2）积分稀释热　等温等压下，将一定量的溶剂加入到含 1mol 溶质的溶液中，形成较稀溶液时所产生的热效应称为积分稀释热，简称稀释热。积分稀释热＝不同浓度积分溶解热之差。

例如：向由 1mol H_2SO_4 和 1mol H_2O 组成的溶液中加入 5mol 水进行稀释的过程可表示为：

$$H_2SO_4(1\text{mol } H_2O)+5H_2O \longrightarrow H_2SO_4(6\text{mol } H_2O)$$

由表可知，1mol H_2SO_4 和 6mol H_2O 组成的 H_2SO_4 水溶液的积分溶解热为 60.79kJ/mol，1mol H_2SO_4 和 1mol H_2O 组成的 H_2SO_4 水溶液的积分溶解热为 28.09kJ/mol，则上述稀释过程的浓度变化热或积分稀释热为：

$$Q_p=60.79-28.09=32.70\text{kJ}$$

（二）化学变化热

化学变化热可根据反应进度和化学反应热来计算，即

$$Q_c=\xi\Delta H_r^t$$

式中　ξ——反应进度，mol；

ΔH_r^t——化学反应热（放热为正，吸热为负），kJ/mol。

以反应物 A 表示的反应进度为

$$\xi=\frac{n_{A_0}-n_A}{\delta_A}$$

式中　n_{A_0}——反应开始时反应物 A 的物质的量，mol；

n_A——某时刻反应物 A 的物质的量，mol；

δ_A——反应物 A 在反应方程式中的系数。

显然，对于同一化学反应而言，参与反应的任一组分计算的反应进度都相同。反应进度与反应方程式的写法有关，但过程的化学变化热不变。化学反应热与反应物和产物的温度有关。热力学中规定化学反应热是反应产物恢复到反应物的温度时，反应过程放出或吸收的热量。若反应在标准状态（25℃和 1.013×10^5 Pa）下进行，则化学反应热又称为标准化学反应热，用符号 $\Delta H_r^{\ominus}$ 表示。

第六节　工艺设备设计与选型

工艺设备设计与选型是工艺设计的重要内容，所有的生产工艺都需有相应的生产设备，同时所有的生产设备都是根据生产工艺要求而设计选定的。所以设备的设计与选型是在生产工艺确定以后，在物料衡算、热量衡算的基础上进行。

一、工艺设备设计与选型概述

（一）工艺设备设计的目的和意义

工艺流程设计是核心，而设备选型及其工艺设计则是工艺流程设计的主体。先进工艺流程能否实现，往往取决于提供的设备是否与之相适应，工艺设备的选型是否成功决定车间的安全性、环保性和经济性。因为基本原料经过一系列单元反应和单元操作制得原料药，原料药再通过加工得到各种剂型，这一系列化学变化和物理操作都需要在设备中进行。而设备不同，提供的条件不一样，对工程项目的生产能力、作业的可靠性、产品的成本和质量等都有重大的影响。

因此选择适当型号的、符合设计要求的设备是完成生产任务、获得良好效益的重要前提。

（二）工艺设备设计与选型的任务

工艺设备设计与选型的任务主要有以下几项：

① 根据工艺要求确定单元操作所用设备的类型。例如：制药生产中遇到固液分离过程就需要确定是采用过滤机还是采用离心机的设备类型问题。

② 根据工艺要求决定工艺设备的材料。

③ 确定标准设备型号或牌号以及台数。

④ 对于已有标准图纸的设备，确定标准图图号和型号。

⑤ 对于非定型设备，通过设计与计算，确定设备主要结构和工艺尺寸，提出设备设计条件单。

⑥ 将结果按定型设备和非定型设备编制工艺设备一览表。

（三）设备选型与设计的原则

在选择设备时要遵循先进可靠、经济合理、系统最优等原则，优先选用运行可靠、高效、节能、操作维修方便、符合 GMP 要求的设备。

（1）满足工艺要求设备的选择和设计必须充分考虑生产工艺的要求

① 选用的设备能与生产规模相适应，并应获得最大的单位产量。

② 能适应产品品种变化的要求，并确保产品质量。

③ 有合理的温度、压强、流量、液位的检测、控制系统。

④ 操作可靠，能降低劳动强度，提高劳动生产率。

⑤ 能改善环境保护。

（2）设备选型和材质应该符合 GMP 中有关标准和相关环保标准　能有效减少生产污染，防止差错和交叉污染。

（3）设备要成熟可靠　设备性能参数符合国家、行业或企业标准，与国际先进制药设备相比具有可比性，与国内同类产品相比具有明显的技术优势。作为工业生产，不允许选用不成熟或未经生产考验的设备。对生产中需使用的关键设备，一定要到设备生产厂家去考察，在调查研究和对比的基础上，作出科学的选定。

（4）要满足设备结构上的要求

① 具有合理的强度。设备的主体部分和其他零件，都要有足够的强度，以保证生产和人身安全。一般在设计时常将各零件做成等强度，这样最节省材料，但有时也有意识地将某一零件的承载能力设计得低一些，当过载时，这个零件首先破坏而使整个设备不受损坏，这种零件称为保安零件，如反应釜上的防爆片。

② 具有足够的刚度。设备及其构件在外压作用下能保持原状的能力称为刚度。例如，塔设备中的塔板、受外压容器的壳体、端盖等都要满足刚度要求。

③ 具有良好的耐腐蚀性。制药生产过程中所用的原料、中间体和产品等大多都有腐蚀性，因此所选用的设备应具有一定的耐腐蚀能力，使设备具有一定的使用寿命。

④ 具有足够的密封性。由于药品生产过程中需处理的物料很多是易燃、易爆、有毒的，因此设备应有足够的密封性，以免泄漏造成事故。

⑤ 易于操作与维修。如人孔、手孔结构的设计。

⑥ 易于运输。容器的尺寸、形状及重量等应考虑到水陆运输的可能性。对于大型的、特重的容器可分段制造、分段运输、现场安装。

（5）要考虑技术经济指标

① 生产强度。生产强度是指设备的单位体积或单位面积在单位时间内所能完成的任务。通常，生产强度越高，设备的体积就越小，但是有时会影响效率、增加能耗，因而应综合起来合理选择。

② 消耗系数。设备的消耗系数，是指生产单位质量或单位体积的产品所消耗的原料和能量。显然，消耗系数越小越好。

③ 设备价格。尽可能选择结构简单、容易制造的设备；尽可能选用材料用量少，材料价格低廉的或贵重材料用量少的设备；尽可能选用国产设备。

④ 管理费用。设备结构简单，易于操作、维修，以便减少操作人员、维修等费用。

（6）系统上要最优　设备选型应满足机械化、自动化等能力，设备选型体现良好的人性化和人机工程设计，不可只为某一个设备的合理而造成总体问题，要考虑它对前后设备的影响，对全局的影响。

（四）工艺设备选型与设计的阶段

设备选型与设计工作一般可分为两个阶段进行。第一阶段的设备设计可在生产工艺流程草图设计前进行，内容包括：

① 计量和储存设备的容积计算和选定。

② 某些标准设备的选定，多属容积型设备。

③ 某些属容积型的非定型设备的型式、台数和主要尺寸的计算和确定。

第二阶段的设备设计可在流程草图设计中交错进行。着重解决生产过程上的技术问题。例如：过滤面积、传热面积、干燥面积、塔板数以及各种设备的主要尺寸等。至此，所有工艺设备的形式、主要尺寸和台数均已确定。

（五）定型设备选择步骤

工艺设备种类繁多、形状各异，不同设备的具体计算方法和技术在各种有关制药设备的书籍、文献和手册中均有叙述。对于定型设备可以从产品目录、相关手册、网上查到其型号和规格，其选择一般可分为以下四步进行。

① 通过工艺选择设备类型和设备材料。

② 通过物料计算数据确定设备大小、台数。

③ 所选设备的检验计算，如过滤面积、传热面积、干燥面积等的校核。

④ 考虑特殊事项。

（六）非定型设备设计内容

工艺设备应尽量在已有的定型设备中选择，这些设备来源于各设备生产厂家。只有在特殊要求下，才按工艺提出的条件去设计制造设备，并且在设计非定型设备时，尽量使用已有标准图纸的设备，减少设计成本。非定型设备的工艺设计是由工艺专业人员负责，提出具体的工艺设计要求即设备设计条件单，然后提交给机械设计人员进行施工图设计。设计图纸完成后，返回给工艺人员核实条件并会签。

工艺专业人员提出的设备设计条件单，应包括以下内容：

（1）设备示意图　设备示意图中应表示出设备的主要结构形式、外形尺寸、重要零件的外形尺寸及相对位置、管口方位和安装条件等。

（2）技术特性指标

① 设备操作时的条件，如：压力、温度、流量、酸碱度、真空度等。

② 流体的组成、黏度和相对密度等。

③ 工作介质的性质，如：是否有腐蚀、易燃、易爆、毒性等。

④ 设备的容积，包括全容积和有效容积。

⑤ 设备所需传热面积，包括蛇管和夹套等。

⑥ 搅拌器的形式、转速、功率等。

⑦ 建议采用的材料。

（3）管口表　设备示意图中应注明管口的符号、名称和公称直径。

（4）设备的名称、作用和使用场所。

（5）其他特殊要求。

二、制剂专用设备设计与选型

（一）制剂设备设计与选型概述

药物制剂生产以机械设备为主，大部分为专用设备，每生产一种剂型都需要一套专用生产设备。制剂专用设备又有两种形式：一是单机生产，由操作者衔接和运送物料，使整个生产完成，如片剂、冲剂等基本上是这种生产形式，其生产规模可大可小，比较灵活，容易掌握，但受人的影响因素较大，效率较低。另一种是联动生产线（或自动化生产线），基本上是将原料和包装材料加入，通过机械加工、传送和控制，完成生产，如输液、粉针等，其生产规模较大，效率高，但操作、维修技术要求较高，对原材料、包装材料质量要求高。

制剂设备设计与选型中应注意如下方面：

① 用于制剂生产的配料、混合、灭菌等主要设备和用于原料药精制、干燥、包装的设备，其容量应与生产批量相适应。

② 对生产中发尘量大的设备如粉碎、过筛、混合、制粒、干燥、压片、包衣等设备应附带防尘围帘和捕尘、吸粉装置，经除尘后排入大气的尾气应符合国家有关规定。

③ 干燥设备进风口应有过滤装置，出风口有防止空气倒流装置。

④ 洁净室（区）内应尽量避免使用敞口设备，若无法避免时，应有避免污染措施。

⑤ 设备的自动化或程控设备的性能及准确度应符合生产要求，并有安全报警装置。

⑥ 应设计或选用轻便、灵巧的物料传送工具，如传送带、小车等。

⑦ 不同洁净级别区域传递工具不得混用，高级别洁净区使用的传输设备不得穿越其他较低级别区域。

⑧ 不得选用可能释出纤维的药液过滤装置，否则须另加非纤维释出性过滤装置，禁止使用含石棉的过滤装置。

⑨ 设备外表不得采用易脱落的涂层。

⑩ 生产、加工、包装青霉素等强致敏性、某些甾体药物、高活性、有毒害药物的生产设备必须专用等。

（二）制剂设备设计与选型的步骤

首先，考虑设备的适用性，了解所需设备的大致情况，使用厂家的使用情况，生产厂家的技术水平等，使之能达到药品生产质量的预期要求，能保证所加工的药品具有最佳的纯度和一致性。

其次，根据上述调查研究的情况和物料衡算结果，搜集所需资料，全面比较，确定所需设备的名称、型号、规格、生产能力、生产厂家等。

最后，核实与使用要求是否一致。

此外还要考虑工厂的经济能力和技术素质。一般先确定设备的类型，然后确定其规格。每台新设备正式用于生产以前，必须要做适用性分析（论证）和设备的验证工作。

第七节　车间布置与管道设计

车间布置设计与管道设计是复杂而细致的工作，是以工艺专业为主导，在大量的非工艺专业的密切配合下，由工艺人员完成的。

原料药车间和制剂车间虽然与一般化工车间具有许多共同点，但又因药品生产的特殊而具有自己的特点。

一、制药车间布置设计概述

车间布置设计是在产品方案确定以后，确定生产车间的占地面积、位置、建筑形式、车间内部各功能区的划分、生产所需的各种工艺设备、各种设备的排列顺序等，以能互用或通用的设备为优先考虑的设计，是设计和筹建制药企业首先要完成的任务，也是项目能否顺利完成、企业能否获得较大经济效益的关键所在。

（一）制药车间布置设计的目的与意义

车间布置设计是车间设计的重要环节之一，车间布置设计的目的是对厂房的配置和工艺设备的排列做出较为合理的安排。有效合理的车间布置将会使车间内的人、设备和物料在空间上实现最合理的组合，从而实现工艺流程及设备的先进性，并且可以有效地降低生产成本，减少事故的发生，增加地面可用空间，提高设备利用率，创造良好的生产环境。

（二）制药车间布置设计的特点

制药工业包括原料药工业和制剂工业。药品是精细化学品的一种，所以制药工业也属于化学工业的范畴，在车间设计上制药车间应与一般的化工车间具有相同点。但药品属于特殊商品，其质量好坏会直接影响人们的健康，所以原料药生产车间与制剂生产车间的新建、改建必须符合 GMP 的要求，这也是药品生产区别与一般化工产品生产的特殊性；同时，药品生产还要严格遵循国家或行业在 EHS 方面（环境 Environment、健康 Health、安全 Safety）等一系列的法律法规和技术标准。所以原料药生产的"精烘包"等工序及制剂生产的灌封、制粒、干燥、压片等工序均需要根据 GMP 要求进行专门的车间布置设计。

（三）制药车间的组成

制药车间一般由生产部分、辅助生产部分和行政、生活部分组成。

其中生产部分可以分为一般生产区和洁净生产区；对于制剂车间，辅助生产部分一般包括人员净化用室、物料净化用室、原辅料外包清洁室、包装材料清洁存放室、灭菌室、称量室、配料室、设备容器具清洗存放室、清洁工具清洁存放室、洁净工作服洗涤干燥室、动力室（真空泵和压缩机室）、配电室、通风空调室、维修保养室、分析化验室、冷冻机室、原辅料和成品仓库等；行政、生活部分由办公室、会议室、餐厅、厕所、淋浴室与休息室、保健室、健身室等部分组成。

（四）制药车间布置设计的内容

① 按《药品生产质量管理规范》确定车间各工序的洁净等级，确定车间的火灾危险类别、爆炸与火灾危险性场所等级及卫生标准。

② 生产工序、生产辅助设施、生活行政辅助设施的平面、立面布置。

③ 车间场地和建筑物、构筑物的位置和尺寸。

④ 设备的平面、立面布置。

⑤ 通道、物流运输系统设计。

⑥ 安装、操作、维修的平面和空间设计。

二、制药车间总体布置

车间总体布置要综合考虑，根据生产规模、生产特点、厂区面积、厂区地形和地质等条件进行整体布局，车间生产厂房和室外设施要预留扩建余地，厂区公用系统如供电、供热、供水以及外管和下水道的走向要规范合理等，厂区设施和车间设备要严格遵照 GMP 及国家相关规范，在保证厂房内人员及设施安全的前提下，将各车间合理排布，既要考虑车间内部的生产、辅助生产、管理和生活的协调，又要考虑车间与厂区供水、供电、供热和管理部门的呼应，尽可能提升空间利用率、降低建造成本，使之成为一个有机整体。

（一）厂房形式

厂房组成形式有集中式和单体式。"集中式"指把组成车间的生产、辅助生产和生活、行政部分集中安排在一栋厂房中；"单体式"组成车间的一部分或几部分相互分离并分散布置在几栋厂房中。车间各工段联系紧密，生产特点相似，生产规模较小，厂区地势平坦，在符合《建筑设计防火规范》和《工业企业设计卫生标准》的前提下，可采用集中式布置；生产规模较大，或各工段生产差异较大，可采用单体式布置。

厂房的层数主要根据工艺流程的需要综合考虑占地面积和工程造价来决定，常用的工业厂房有单层、双层、多层或相互结合的形式。厂房在满足建筑安全要求的前提下，其高度主要取决于工艺设备布置、安装和检修的要求，同时考虑通风、采光的要求。

车间底层的室内标高，不论是多层或单层，应高出室外地坪 0.5～1.5m。如有地下室，可充分利用，可将动力设备、热交换设备、恒温库房等优先布置在地下室。新建厂房的层高一般为 2.8～3.5m，技术夹层净高 1.2～2.2m，仓库层高 4.5～6.0m，办公室、值班室高度为 2.6～3.2m。

厂房的平面形状和长宽尺寸，既要满足生产工艺的要求，又要考虑土建施工的可能性与合理性。同时，车间外形常常会使工艺设备的布置有很多可变性和灵活性，简单的外形容易满足工艺要求和建筑设计要求。通常采用的有长方形、L 形、T 形、U 形等，其中以长方形厂房最为常见，这些形状的车间，从工艺要求上看有利于设备布置，能缩短管道距离，便于安装，采光充分；从建筑来看占地节省，有利于建筑构件的定型和机械化施工。

目前，原料药车间以钢筋混凝土框架结构居多。合成车间、有爆炸危险的车间宜采用单层建筑，内部可以设置多层操作平台，以满足工艺设备位差的要求。如必须设在多层厂房内，则应布置在厂房的顶层，并有相应的防爆墙和合理的泄爆方向。单层或多层厂房内有多个局部防爆区时，每个防爆区内的泄爆面积、疏散距离、安全门均应满足规范要求，防爆区与非防爆区要设置防爆墙分隔。

制剂洁净车间以建造钢结构单层大跨度、大面积的厂房为主，同时可设计成固定玻璃无开窗的厂房。其优点：施工工期短，成本投资少，可干式施工，节约用水，施工占地少，产生的噪声小、粉尘少；车间跨度大，柱子减少，有利于按区域概念分割厂房，分隔房间灵活、紧凑、节省面积，有利于后期工艺变更、更新设备或进一步扩大产能；外墙面积小，能减少能耗，受外界污染的机会也小；车间可按照工艺流程布置得合理紧凑，人净、物净通道易于分开，避免生产过程中产生污染和交叉污染的机会；钢结构搬移方便，内部设备安装方便；物料、半成品及成品的输送有利于机械化、自动化操作，防火性能好，便于疏散。不足之处是占地面积大，容积率低。

多层厂房虽然存在一些不足，例如有效面积少（因楼梯、电梯、人员净化设施占去不少面积）、技术夹层复杂、建筑载荷高、造价相对高，但是常常也有片剂车间设计成二至三层的例子，这主要考虑利用位差解决物料的输送问题，从而可节省运输能耗，并减少粉尘。

（二）厂房的总平面布置

厂房进行总平面布置时，必须严格依据国家的各项方针政策，结合厂区的具体条件和药品生产特点及生产工艺要求，做到工艺流程合理，总体布置紧凑，厂区环境整洁，能满足制药生产的要求，厂房总平面布置的基本原则是：

① 生产性质或生产联系紧密的功能间、洁净等级相近的区域要相互靠近布置或集中布置，以利于物料的运输和降低输送成本。

② 辅助生产区离主要生产区不能太远，以方便使用和管理。

③ 动力设施应接近负荷中心或负荷量大的车间；对环境有污染的车间应布置在整个厂房的下风侧。

④ 原料药生产区域应布置在下风侧，同时合成区域布置在"精烘包"车间的下风侧。合成区域设置相对独立的原辅料存放区、反应中间体的干燥存放区等，避免交叉污染。

⑤ 运输量较大的车间、库房应布置在邻近主干道或货运出入口附近，避免人流、物流交叉。

⑥ 行政、生活区域应处于主要风向的上风侧，并与生产区保持一定距离。

⑦ 质量标准中有热原如细菌内毒素等检验项目，厂房的布置应注意有防止微生物污染的措施。

⑧ 质控室通常应与生产区分开，当生产操作对检验结果的准确性无不利影响且检验操作对生产也无不利影响时，质控室也可设在生产区域。

⑨ 厂房应有防止昆虫和其他动物进入的设施，如可以设置纱门纱窗（与外界大气直接接触的门窗），门口、草坪周围设置灭虫灯，门口设置挡鼠板，仓库等建筑物内可设置"电猫"及其他防鼠措施，厂房建筑外设置隔离带，入门处外侧设置空气幕等。

（三）车间公用工程辅助设施布置

车间内公用工程包括真空系统间、空气压缩系统间、冷冻站、热交换站、配电间、控制间、纯化水和注射用水制备间等公用设施，也要布置合理。对于公用系统主要考虑靠近主生产车间以满足工艺要求，减少输送距离；如果有防爆要求的，如真空泵房等采用集中布置，有利于采用防爆措施，方便管理。

车间辅助设施包括与生产相配套的更衣系统、生产管理系统、生产维修、车间清洁等。更衣间面积的大小要考虑生产人员的数量，并且有与之相匹配的柜子，洁净更衣系统的布置要满足 GMP 的要求。休息室的设置不应对生产区、仓储区和质量控制区造成不良影响。更衣室和盥洗室应方便人员出入，并与使用人数相适应。盥洗室不得与生产区和仓储区直接相通。维修间应尽可能远离生产区。存放在洁净区内的维修用备件和工具，应放置在专门的房间或工具柜中。

根据《建筑设计防火规范》，在甲乙丙类生产厂房内布置辅助房间及生活设施时要注意以下几点：甲乙类生产厂房（仓库）不应布置在地下或半地下，厂房内不应设置办公室、休息室等。当办公室、休息室等需要与该厂房相邻建造时，其耐火等级不应低于二级，并采用耐火等级不低于 3h 的不燃体防爆墙隔开，设置独立的安全出口；甲乙类仓库内严禁设置办公室、休息室等，并且不应毗邻建造。在丙类厂房内设置的办公室、休息室等，应采用耐火等级不低于 2.5h 的不燃体隔墙和不低于 1h 的楼板与厂房隔开，并至少设置 1 个独立的安全出口。如隔墙上需要开设互通式门时，应采用乙级防火门。

三、车间设备布置的基本要求

（一）GMP 对设备布置的基本要求

① 设备的设计、选型、安装、改造和维护必须符合预定用途，应尽可能降低发生污染、交叉污染、混淆和差错，便于操作、清洁、维护，以及必要时进行的消毒或灭菌。

② 生产设备不得对药品有任何危害，与药品直接接触的生产设备表面应光洁、平整、易清洗或消毒、耐腐蚀，不得与药品发生化学反应或吸附药品，或向药品中释放物质而影响产品质量并造成危害。

③ 水处理设备及其输送系统的设计、安装和维护应能确保制药用水达到设定的质量标准。水处理设备的运行不得超出其设计能力，管道的设计和安装应避免死角、盲管。

④ 应建立设备使用、清洁、维护和维修的操作规程，并严格按照操作规程进行操作，并保存相应的操作记录。

⑤ 生产 β-内酰胺结构类、性激素类避孕药品，必须使用专用设施（如独立的空气净化系统）和设备，并与其他药品生产区严格分开。

⑥ 设备的维护和维修不得影响产品质量，应制定设备的预防性维护计划和操作规程，设备的维护和维修应有相应的记录，经改造或重大维修的设备应进行重新确认或验证，符合要求后方可用于生产。

⑦ 设备布置时需要考虑设备的安装位置、维修路线、载荷以及对洁净区的影响。

（二）生产工艺对设备布置的基本要求

① 设备的布置需要满足生产工艺的要求，尽量按照工艺流程的顺序依次布置，尽可能利用工艺过程使物料自动流送，避免中间体和产品有交叉往返流动的现象。原料药生产合成车间一般采用三层布置，将计量设备布置在最上层，主要反应设备布置在中间层，储槽及分离设备布置在最下层。

② 操作中相互有联系的设备应彼此靠近集中布置，保持必要的安全距离，留出合理的操作通道和运输通道，并在设备周围留出一定原料、半成品、成品的堆存空间；对于经常需要检修更换配件的设备，还要留出足够的搬运配件的空间和通道，注意满足设备配件的最大尺寸。

③ 设备的布置尽可能采用对称布置，相似或相同设备集中布置。这样便于应急调换设备的可能性和方便性，充分发挥设备的潜力；便于其他管道的安装和管理，并且车间整齐美观。

④ 设备布置时还要留出足够的安全和检修距离，设备与设备之间、设备与墙之间的距离、运送设备的通道和人行道的标准都有一定的规范，设计时应予以遵守。设计时可参考表 11-5 所列的安全距离。

表 11-5 设备与设备之间、设备与建筑物之间的距离

项目		安全距离/m
往复运动的机械,运动部件离墙的距离	≥	1.5
回转运动的机械与墙之间的距离		0.8~1.0
回转机械相互之间的距离		0.8~1.2
泵的间距	≥	1.0
泵列与泵列间的距离	≥	1.5
被吊车吊动的物品与设备最高点的间距	≥	0.4
储槽与储槽之间的距离		0.4~0.6
计量槽与计量槽之间的距离		0.4~0.6
反应设备盖上传动装置离天花板的距离	≥	0.8
通廊、操作台通行部分最小净空	≥	2.0
不常通行的位置最小净高	≥	1.9
设备与墙之间有一人操作	≥	1.0
设备与墙之间无人操作	≥	0.5
两设备之间有两人背对背操作,有小车通过	≥	3.1
两设备之间有一人操作,有小车通过	≥	1.9
两设备之间有两人背对背操作,偶尔有人通过	≥	1.8
两设备之间有两人背对背操作,且经常有人通过	≥	2.4
两设备之间有一人操作,且偶尔有人通过	≥	1.2
操作台楼梯坡度	≤	45°

⑤ 对于生产工艺无特殊要求且无需经常看管的设备，储存或处理的物料不会因气温变化而发生冻结和沸腾的设备，如：吸收塔、储槽、气柜、真空缓冲罐、压缩空气储罐等可以露天布置；对于工艺要求需要大气来调节温度、湿度的设备，如：凉水塔、空气冷却器、喷淋冷却塔等也采用露天布置；而对于工艺要求不允许显著温度变化的设备一般不采用露天布置。

（三）满足建筑与安装检修要求

① 在可能情况下，将那些在操作上可以露天化的设备尽量布置在厂房外面，尽可能节约建筑物的面积和体积，减少设计和施工工作量，这对安全和节约投资有很大意义。设备的露天化布置还要考虑该地区的自然条件和工艺对操作可能性的要求。

② 在不影响工艺流程的前提下，可以将较高设备集中布置，可以简化厂房的立体布置，

避免由于设备的高低不齐造成空间的浪费和建筑物建造的难度。

③ 体积较大或笨重设备，生产中容易产生较大震动的设备，如离心机、空压机、板框压滤机等尽可能布置在厂房的一层，并用与建筑物基础脱开的设备基座固定设备来减少厂房的荷载和震动，震动较大的设备尽量避免布置在钢架平台上，如必须布置时设备的基座可单独设置。

④ 需要穿墙或穿越楼层布置的设备（如反应釜、提取罐、塔设备等）应避开主梁布置。

⑤ 厂房内操作平台必须统一考虑，以免平台支柱零乱重复，便于下层布置设备节约车间面积。

⑥ 设备安装、检修时要考虑留出足够的通道，厂房大门宽度要比所要运输通过的设备宽 0.2m 左右。当设备运入后很少需要整体搬出的，可以采用外墙或楼板设置预留孔道、安装孔，待设备安装完成后，再将其封闭。

（四）设备布置的安全、卫生要求

① 设备布置应尽量做到工人背光操作，创造良好采光条件。高大设备避免靠近窗户布置，以免影响门窗的开启、通风与采光，如图 11-20 所示。

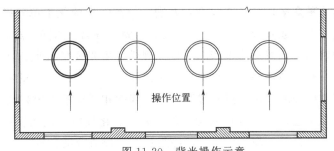

图 11-20　背光操作示意

② 有爆炸危险的设备应露天或半露天布置，室内布置时要加强通风，防止爆炸性气体或粉尘的聚集；危险等级相同的设备或厂房应集中在一个区域；将有爆炸危险的设备布置在单层厂房或多层厂房的顶层或厂房的边沿。建筑物的泄爆面积大小、泄爆方向必须根据生产物质类别按规范要求设计。

③ 加热炉、明火设备与产生易燃易爆气体的设备应保持一定的距离（一般不小于19m），易燃易爆车间要采取防止引起静电现象和着火的措施。

④ 处理酸碱等腐蚀性介质的设备，除设备本身的基础加以防护外，对于设备附近的建筑物也必须采取防护措施。如泵、池、罐等分别集中布置在底层有耐蚀铺砌的围堤中，不宜放在地下室或楼上。

⑤ 产生高温及有毒气体的设备应布置在下风向，有毒、有粉尘和有气体腐蚀的设备要集中布置并做通风、排毒或防腐处理，通风措施应根据生产过程中有害物质、易燃易爆气体的浓度和爆炸极限、厂房的温度而定。对特别有毒的岗位，应设置隔离单独排风措施，储有毒物料的设备不能放在厂房的死角处。

四、原料药多功能车间设计

随着医药工业的发展，目前医药工业产品品种多，且产品需求量范围宽，年需求量可能从几十公斤到上百吨；品种的发展和淘汰随市场变化频繁。而传统的原料药生产方式产量较大，产品单一，且生产操作有固定的工艺流程。传统的生产方式无法满足企业小产量、多品种、应对市场快速变化的要求，原料药多功能车间应运而生。

原料药多功能车间又称为综合车间，该类型车间可以同时或分期实现多品种原料药生产，生产线可以方便地变换生产品种，切换时间短，且同时生产多种产品不会交叉污染。原料药生产主要以间歇式生产为主，常用的化学反应条件类似，生产工艺接近，设备通用性强；原料多且易燃易爆，产品多为固体。这些特点决定了多功能车间可以满足小批量、多品种的生产要求；同时多功能车间也可以用于新药的试生产和中试生产的需要，进一步完善工艺数据，为大生产提供基础。

1. 车间设计思路

传统的原料药合成车间以单一产品的生产工艺流程为基础进行设计，但一旦更换产品，设备、管道的通用性差，灵活性不足，需要重新建生产线。而多功能车间以化工单元操作为基础，合成工序模块单元化布置。每个生产模块原则上针对一步或者两步化学反应，以产出一个稳定的中间体为终止，每个产品的生产通过几个不同模块之间的组合完成。

化学原料药虽然品种众多，工艺路线千差万别，但是常规的化工单元操作都是通用的，包括化学反应、蒸馏（常压或者减压）、萃取、结晶、固液分离（压滤、离心等）、干燥，因此在设计多功能车间时不必拘泥具体生产的品种和规模，主要按照制药工业中常用的化学反应和单元操作，选择一些不同规格和材料的反应罐以及与之相匹配的冷却装置和储罐、计量罐，选择一些不同工作原理的固液分离装置和与生产规模相匹配的干燥装置，加以合理的布置安装。同时考虑产品工艺特点，若有危险工艺，如：氢化反应、硝化反应、氧化反应等，以及特殊反应条件，如：高温、高压反应、深冷反应、有剧毒介质的反应，则需要单独设置模块，不作他用。这样设计出来的多功能车间，设备相对固定，而以不同的工艺流程去适应它；缺点就是设备数量较多，利用率低。

2. 工艺设备选择

为了提高多功能车间设备的通用性和互换性，可以先选择一个工艺流程较长，涉及的化学反应类型较多，单元操作种类最多的一个产品方案作为设计和选择设备的基础，并根据生产量和生产周期来设计和选出工艺设备。对于个别有特殊要求的工艺可以适当增加设备。并注意车间的公用系统如真空、压缩氮气、蒸汽、冷冻、冷却水等全部配齐，以适用不同工艺要求，并在相应的管路增加阀门以便于切换和改装。

为使选定的工艺设备能最大量地满足不同品种的生产，提高设备的通用性和互换性，选择设备时需要注以下几点：

① 主要工艺设备（如反应釜）的材料以钢、搪玻璃和不锈钢为主，并配以一定数量的碳钢设备。反应釜配转速可调的搅拌器，在线清洗装置，加热、冷却、回流、蒸馏装置，以及相匹配的安全装置和指示装置。离心机、干燥设备以不锈钢为主，尽量选用性能稳定、先进的设备，如自动卸料离心机、双锥真空干燥器。对于无菌原料药的生产，尽量采用密闭转料设备，可以将离心机和干燥设备通过管路连接，实现密闭转料；或者选择结晶、过滤、洗涤、干燥工序"四合一"的设备，配以在线清洗和在线灭菌，避免更换产品时产生污染和交

又污染。

② 设备的大小规格的匹配尽可能采用排列组合的方式，减少同种设备的规格品种，如：同一工艺中不同的反应所需要反应器的体积不同，可以用几个相对小的反应釜来匹配大反应釜，以易于操作和节约成本。

③ 主要工艺设备的接口尽量标准化，更换品种需要改换设备时易于连接。

④ 主要工艺设备内部结构尽量简单，避免复杂构件，以便于清洗，如内部结构较难清洗，更换产品时造成清洗困难，给产品带来污染的风险。

⑤ 为了提高主要设备的适应性，提高设备的利用率，可以配置必要的中间储槽和计量罐，调节和缓冲工艺过程。计量罐配有液位计或电子称重模块，便于物料计量。

3. 原料药多功能车间布置

车间布置的一般原则和设计方法适用于传统车间也适用于多功能车间的布置，但多功能车间有时需要根据更换生产品种后做出适当的调整，其布置设计时需要考虑以下几点：

① 原料药多功能车间的总体布局形式必须满足 GMP 的要求。一般采用单层或整体单层局部多层混合结构。房间内可根据工艺流程和设备位差需要，设置多层平台操作，车间高度视工艺设备在垂直方向的布置要求和吊运设备吊装要求而定，面积一般不超过 $2000m^2$。

② 小型反应设备可以不设操作平台，直接在地面支撑，易于操作和移位；大型反应设备可单设或整体设置操作台，以方便操作。操作台可以预留孔，方便随时安装设备。

③ 反应设备通常布置在一条线上，各主设备间联系较密切的工艺可考虑"回"形布置，相邻反应釜之间留出足够的距离（供其后面的计量罐或冷凝器安装用）。

④ 为密切配合反应设备，计量罐、回流冷凝器、尾料系统等一般布置在反应罐的上方或后方上部，它们的位置应随反应釜位置而变化。可以在反应釜的后方与反应釜组平行设置钢架，计量罐、回流冷凝器可设置或吊装在钢架上形成二层操作台的形式，小批量装置可推荐引入一体化模块反应装置。

⑤ 精馏、蒸馏、再生等较高的塔、柱等设备应适当集中布置，以利于操作和节省厂房空间。

⑥ 原料药多功能车间工艺设备、物料管道等拆装比较频繁，设备之间有时不能完全按工艺流程顺序布置，原料中间体转运频繁。车间应设置满足要求的水平/垂直运输通道体系，厂房空间受限时可采用灵活的临时软管输送。

⑦ 对于只有一般防毒、防火、防爆要求的单元操作可以布置在一个或几个大房间内。对于大量使用有毒有害介质的房间，需要设置隔离与单独排风。特别是加氢合成区（或其他产生 H_2 区域）应设置天窗，以有利于 H_2 排放和自然通风、采光。高压反应必须设防爆墙和泄压屋顶。

⑧ 多功能车间应设置备品备件库和工具间，以便暂存不用的工艺设备和调整设备时所需的管道、阀门、工具等设备。

⑨ 适当预留扩建余地，一般每隔 3~4 个操作单元预留一个空位，以便后期更换产品时增加相应的设备。

⑩ 多功能车间生产品种较多，涉及的反应也较多，反应条件要求也不一样，可以对于

不同的主要工艺设备设置不同的功能，如：可以加热回流又可以蒸馏的反应釜与可以冷冻结晶的反应釜分别设置几个，通过管道连接，以适应不同产品的生产要求。

五、车间管道设计

制药车间的物料、水、蒸汽一般都要通过管道输送，在制药车间生产中起着重要作用，是制药生产中必不可少的部分。药厂管道规格多，数量大，在整个工程投资中占有重要比例。管道设计布置是否合理，不仅影响基本建设投资，还决定车间能否正常安全生产，因此管道设计在制药工程设计中占有重要地位。

（一）管道设计概述

1. 管道设计的任务与内容

进行管道设计时，除建构筑物平、立面图外，还应具有如下基础资料：施工阶段带控制点的工艺流程图，设备一览表，设备的平面布置图和立面布置图，定型设备样本或安装图，非定型设备设计简图和安装图，物料衡算和能量衡算资料，水、蒸汽等总管路的走向、压力等情况，建（构）筑物的平面布置图和立面布置图，与管路设计有关的其他资料，如厂址所在地区的地质、水文资料等。

（1）管道设计的任务　在初步设计阶段，设计带控制点流程图时，需要选择和确定管路、管件及阀件的规格和材料，并估算管路设计的投资；在施工图设计阶段，不但需要设计管路仪表流程图，还需确定管沟的断面尺寸和位置，管路的支承间距和方式，管路的热补偿与保温，管路的平、立面位置及施工、安装、验收的基本要求。施工图阶段管道设计的成果是管道平、立面布置图，管道轴测图及其索引，管架图，管道施工说明，管段表，管道综合材料表及管道设计预算。

（2）管道设计的内容

① 选择管材：根据物料性质和使用工况，选择各种介质管道的材料，管材应具有良好的耐腐蚀性能，且能满足制药行业 GMP 要求。尽量使用市场上已有的品种和规格以降低采购成本，降低安装及检验成本，减少备品备件的数量，方便使用过程中的维护和改造。

② 管道计算：管径的选择是管道设计中的一项重要内容，根据物料衡算结果以及物料在管内的流动要求，通过计算，合理、经济地确定管径。对于给定的生产任务，流体流量一般是已知的，选择适宜的流速后即可根据下式计算出管径。

$$d = 1.128 \sqrt{\frac{V_s}{u}}$$

式中，d 为管道直径，m；V_s 为管道内介质的体积流量，m^3/s；u 为流体的流速，m/s。

在管路设计中，选择适宜的流速是十分重要，选取时应综合考虑各种因素，一般说来，对于密度大的流体，流速值应取得小些；对于黏度较小的液体，可选用较大的流速；对含有固体杂质的流体，流速不宜太低，否则固体杂质在输送时，容易沉积在管内。同时，流速选得越大，管径就越小，购买管子所需的费用就越小，但输送流体所需的动力消耗和操作费用将增大。制药行业流体流速还受相关规范的限制，如：易燃易爆流体为防止静电影响，流速不宜取得过高；再如：纯化水、注射水等的循环管路，相关规范对其流速有要求。因此，在保证安全和工艺要求的前提下，还要经济性，常用介质的流速通过查阅相关表格确定。

一般情况下，低压管路的壁厚可根据经验选取，压力较高的管道可以根据管径、流体的特性、压力、温度、材质等因素计算所需要的壁厚，根据计算结果确定管道的壁厚。还可以根据管径和各种公称压力范围，查阅相关手册可得管壁厚度。

③ 管道布置设计：根据施工阶段带控制点的工艺流程图以及车间设备布置图，对管路进行合理布置，并绘出相应的管路布置图是管路设计的又一重要内容。

④ 管道隔热设计：制药车间一般需要加热或者冷却介质，为了减少高低温介质输送过程中热量或冷量的损失，节约能源，避免烫伤或冻伤。对于输送高低温介质的管道都需要做隔热处理。管道隔热设计就是为了确定保温层或保冷层的结构、材料和厚度，以减少输送过程中的热量或冷量损失，确保安全生产。

⑤ 管道支承设计：为保证工艺装置安全运行，应根据管路的竖向荷载及横向荷载（动荷载）等情况，确定适宜的管架位置和类型，并编制出管架数据表、材料表和设计说明书。

⑥ 管道的柔性设计：管道的柔性设计是为了保证管道有适当的柔性，当管道工作温度过高或过低时，管道材料的热胀冷缩会在管道中以及管道与管端设备的连接处产生热应力，容易造成管端法兰泄漏或者焊接处破裂。柔性设计就是为了保证管道有适当的柔性，采取有效的补偿来降低热胀冷缩产生的热应力对管道的损害。

管道的补偿可以通过自然补偿和补偿器来补偿，管道布置应尽可能利用管路自然弯曲时的弹性来实现热补偿，即采用自然补偿，如将管道设计成 L 形、Z 形，如图 11-21 所示。

当自然补偿不能满足要求时，应考虑采用补偿器补偿。补偿器的种类很多，图 11-22 为常用的 U 形和波形膨胀节补偿器。

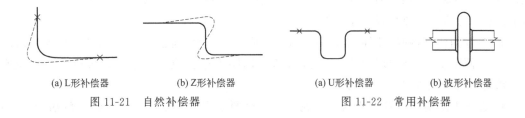

(a) L形补偿器　　　　(b) Z形补偿器　　　　(a) U形补偿器　　　　(b) 波形补偿器

图 11-21　自然补偿器　　　　　　　　图 11-22　常用补偿器

⑦ 编写管道施工设计说明：在施工设计说明中应列出各种管子、管件及阀门的材料、规格和数量，并说明各种管路的安装要求和注意事项；如焊接要求、热处理要求、试压要求、静电接地、安装坡度、保温刷漆要求等。

可见，管路计算和管路布置设计均为设计的重要内容。

2. 管道布置的一般原则

在管道布置设计时，首先要统一协调工艺和非工艺管的布置，然后按工艺管道及仪表流程图并结合设备布置、土建情况等进行管道布置。管道布置要统筹规划，做到安全可靠，经济合理，满足施工、操作、检修等方面的要求，并力求整齐美观。车间管道布置难以做出统一规定，有时根据生产还会有所调整，管道布置设计可以根据下面的一般原则进行。

管道布置设计的一般原则：

① 管道布置时，首先对车间所有的管道，包括工艺管道和非工艺管道，电缆管道、控

制仪表管道，采暖通风管道统筹规划，合理安排。

② 根据建筑物、构筑物结构和设备的结构，合理布置管道的位置，在适当位置设计支架，管道布置不应妨碍设备、机泵及其内部构件的安装、检修和消防车辆的通行。

③ 管道应成列或平行敷设，尽量走直线，少拐弯，少交叉。明线敷设管道尽量贴墙或柱子安装，避开门、窗、梁和设备，并且应避免通过、电机、仪表盘、配电盘上方。

④ 厂区内的全厂性管道的敷设，应与厂区内的装置、道路、建筑物、构筑物等协调，避免管道包围装置，减少管道与铁路、道路的交叉。对于跨越、穿越厂区内铁路和道路的管道，在其跨越段或穿越段上，不得装设阀门、金属波纹管补偿器和法兰、螺纹接头等管道组成件。

⑤ 输送介质对距离、角度、高差等有特殊要求的管道以及大直径管道的布置，应符合设备布置设计的要求。输送易燃、易爆介质的管路，一般应设有防火安全装置和防爆安全装置如安全阀、防爆膜、阻火器、水封等。此类管路不得敷设在生活间，楼梯间和走廊等处。易燃易爆和有毒介质的放空管应引至高出邻近建筑物处。

⑥ 管道布置应使管道系统具有必要的柔性，同时考虑其支承点设置，利用管道的自然形状达到自行补偿；在保证管道柔性及管道对设备、机泵管口作用力和力矩不超出允许值的情况下，应使管道最短，组成件最少。

⑦ 管道除与阀门、仪表、设备等需要用法兰或螺纹连接者外，应采用焊接连接。需要经常拆卸时应考虑法兰、螺纹或其他可拆卸连接。

⑧ 输送有毒介质管道应采用焊接连接，除有特殊需要外不得采用法兰或螺纹连接。有毒介质管道应有明显标志以区别于其他管道，有毒介质管道不应埋地敷设。

布置腐蚀性介质、有毒介质和高压管道时，不得在人行通道上方设置阀件、法兰等，避免由法兰、螺纹和填料密封等泄漏而造成对人身和设备的危害，易泄漏部位应避免位于人行通道或机泵上方，否则应设安全防护。

⑨ 布置固体物料或含固体物料的管道时，应使管道尽可能短，少拐弯和不出现死角。

⑩ 为便于安装、检修及操作，一般管道多用明线架空或地上敷设，价格较暗线便宜，确有需要，可埋地敷设在管沟内。

⑪ 管道上应适当配置一些活接头或法兰，以便于安装、检修。管道成直角拐弯时，可用一端堵塞的三通代替，以便清洗或添设支管，地上的管道应架设在管架或管墩上。

⑫ 管道应集中布置，同时根据所输送物料性质进行排列，冷热管要隔开。

水平排列时：热介质管在上，冷介质管在下；无腐蚀性介质管在上，有腐蚀性介质管在下；气体管在上，液体管在下；不经常检修管在上，检修频繁管在下；保温管在上，不保温管在下；金属管在上，非金属管在下。垂直排列时：粗管靠墙，细管在外；低温管靠墙，热管在外；无支管的管在内，支管多的管在外；不经常检修的管在内，用检修的管在外；高压管在内，低压管在外。输送易燃、易爆和剧毒介质的管道，不得敷设在生活间、楼梯间和走廊等处。管道通过防爆区时，墙壁应采取措施封固，蒸汽或气体管道应从主管上部引出支管。

⑬ 管道应有一定坡度，根据物料性质的不同，其坡度方向一般为顺介质流动方向（蒸汽管相反），坡度大小为：气体或易流动的液体为 0.003～0.005，含固体结晶或黏度较大的物料，坡度取大于或等于 0.01。

⑭ 管道通过人行道时，离地面高度不少于 2m；通过公路时不小于 4.5m；通过工厂主要交通干道时一般不小于 5m。

⑮ 长距离输送蒸汽的管道，在一定距离处应安装冷凝水排除装置。长距离输送液化气体的管道，在一定距离处应安装垂直向上的膨胀器。输送易燃液体或气体时，应有接地装置，防止产生静电。

⑯ 管道尽可能沿厂房墙壁安装，管与管之间及管与墙之间的距离以能容纳活接头或法兰、便于检修为宜。

⑰ 管道穿越建筑物的楼板、屋顶或墙面时，应加套管，套管与管道的空隙应密封。管道穿过防爆区时，管子与隔板或套筒间的缝隙应用水泥或沥青封闭，套管的直径应大于管道隔热层的外径，并不得影响管道的热位移。管道穿过屋顶时应设防雨罩。管道不应穿过防火墙或防爆墙。

（二）洁净厂房内的管道布置设计

洁净厂房内的工艺管道有物料管道和纯化水管道，另外还有公用工程管道，包括：空调、电气、压缩空气、上下水等管道，洁净厂房内的管道布置除应遵守一般化工车间管路布置的有关规定外，为了避免污染洁净环境还应遵守如下原则：

① 洁净室内工艺管道主管与公用系统管道应敷设在技术夹层、技术夹道或技术竖井中，但主管上的阀门、法兰和螺纹接头以及吹扫口、放净口和取样口则不宜设在技术夹层、技术夹道或技术竖井内。需要拆洗、消毒的管道宜明敷。易燃、易爆、有毒物料管道也宜明敷，如敷设在技术夹层、技术夹道内，应采取相应的通风措施。

② 洁净厂房的管路应布置整齐。在满足工艺要求的前提下，应尽量缩短洁净室内的管路长度，并减少阀门、管件及支架数量。

③ 洁净室内应少敷设管道，与本洁净室无关的管道不宜穿越本洁净室。

④ 从洁净室的墙、硬吊顶穿过的管道，应敷设在预埋的不锈钢套管中，套管内的管路不得有焊缝、螺纹或法兰。管道与套管之间的密封应可靠。

⑤ 洁净室内的高低温管道应根据输送的流体性质采取保温、保冷措施，冷管道保冷后的外壁温度不能低于环境的露点温度，洁净室内管路的保温层应加金属保护外壳，避免保温层对洁净区产生污染。

⑥ 有洁净度要求的房间应尽量少设地漏，B级无菌区室内不应设地漏。有洁净要求的房间所设置的地漏，应有密封措施，以防室外窨井污气倒灌至洁净区。

⑦ 管道、阀门及管件的材质既要满足生产工艺要求，又要便于施工和检修，采用不易积存污垢、易于清扫的阀门管件；管路的连接方式常采用安装、检修和拆卸均较为方便的卡箍连接，同时尽量减少管道的连接点。

⑧ 法兰或螺纹连接所用密封垫片或垫圈的材料以聚四氟乙烯为宜，也可采用聚四氟乙烯包覆垫或食品橡胶密封圈。

⑨ 纯化水、注射用水及各种药液的输送常采用不锈钢管，工艺物料的主管不宜采用软性管道和铸铁、陶瓷、玻璃等脆性材料的管道。

⑩ 输送无菌介质的管路应有可靠的灭菌措施，且不能出现无法灭菌的"盲区"，输送纯水、注射用水的主管宜布置成环形，以避免出现"盲管"等死角。

第八节　洁净车间布置设计

医药工业的洁净车间不同于其他的工业车间，其区别在于洁净车间内的药品生产工艺对空气的洁净度等级有特别要求，这是医药工业与其他工业洁净车间（比如电子工业）的根本区别。

GMP把制药生产车间区域划分为一般生产区和洁净区，洁净区划分A、B、C、D级，医药洁净车间的空气洁净度等级标准中，不仅要控制悬浮粒子的浓度，还要控制微生物浓度，同时还应对其环境温湿度、压差、照度、噪声等做出规定，特别是无菌药品对生产环境的微生物量控制更为严格。

一、洁净车间设计总体要求

含有洁净车间的医药企业工厂新建、迁建或改建时，将厂址选在大气含尘浓度、含菌浓度和有害气体浓度低、自然环境好的区域，是建设医药洁净车间的必要前提，因此，厂址不宜选择在有严重空气污染的城市工业区，而应远离铁路、码头、机场、交通要道，远离严重空气污染、水质污染、震动和噪声干扰的区域，以及散发大量粉尘和有害气体的工厂、仓储、堆场。当不能远离上述区域时，则应选择位于严重空气污染的最大频率风向的上风侧。不同区域环境的大气含尘、含菌浓度有很大差异，具体见表11-6。

表 11-6　国内室外大气含尘、含菌浓度

区域	含尘浓度≥$0.5\mu m$/（个/m^3）	含菌浓度微生物/（cfu/m^3）
工业区	（15～35）×10^7	（2.5～5）×10^4
市郊	（8～20）×10^7	（0.1～0.7）×10^4
农村	（4～8）×10^7	＜10^4

医药工业洁净厂房新风口与市政交通主干道近地侧道路红线之间的距离宜大于50m。当医药工业洁净厂房处于交通干道全年最大频率风向上风侧，或交通主干道之间设有城市绿化带等阻尘措施时，可适当减小此项间距。

（一）　GMP对洁净车间设计要求

GMP中指出为降低污染和交叉污染，厂房、生产设施和设备应根据所生产药品的特性、工艺流程及相应洁净度级别要求合理设计、布局和使用。因此，医药洁净厂房的设计必须围绕产品性质、工艺流程的规定建造符合GMP规定的生产车间。

洁净度系指空气环境中空气所含尘埃量多少的程度。在一般的情况下，是指单位体积的空气中所含大于等于某一粒径粒子的数量。空气洁净是实现GMP的一个重要因素。车间生产品种不同，对生产环境的洁净度有不同的要求。对于洁净度的控制主要是控制生产环境的温度、湿度、压差，检测洁净生产环境中的微生物数量和尘埃粒子数，确保生产环境满足产品生产洁净度并且要求达到"静态"和"动态"的检测标准。

1. 对悬浮粒子的要求

依据 GMP 规定，洁净室（区）空气洁净度级别所允许的悬浮粒子数有明确的要求，具体见表 11-7。

表 11-7　洁净区空气洁净度对悬浮粒子的要求　　　　单位：个

洁净度级别	悬浮粒子最大允许数/m³			
	静态		动态	
	≥0.5μm	≥5.0μm	≥0.5μm	≥5.0μm
A 级	3520	20	3520	20
B 级	3520	29	352000	2900
C 级	352000	2900	3520000	29000
D 级	3520000	29000	不作规定	不作规定

根据 GMP 规定，应当按以下要求对洁净区的悬浮粒子进行动态监测：

① 根据洁净度级别和空气净化系统确认的结果及风险评估，确定取样点的位置并进行日常动态监控。

② 在关键操作的全过程中，包括设备组装操作，应当对 A 级洁净区进行悬浮粒子监测。生产过程中的污染（如活生物、放射危害）可能损坏尘埃粒子计数器时，应当在设备调试操作和模拟操作期间进行测试。A 级洁净区监测的频率及取样量，应能及时发现所有人为干预、偶发事件及任何系统的损坏。灌装或分装时，由于产品本身产生粒子或液滴，允许灌装点≥5.0μm 的悬浮粒子出现不符合标准的情况。

③ 在 B 级洁净区可采用与 A 级洁净区相似的监测系统。可根据 B 级洁净区对相邻 A 级洁净区的影响程度，调整采样频率和采样量。

④ 悬浮粒子的监测系统应当考虑采样管的长度和弯管的半径对测试结果的影响。

⑤ 日常监测的采样量可与洁净度级别和空气净化系统确认时的空气采样量不同。

⑥ 在 A 级洁净区和 B 级洁净区，连续或有规律地出现少量≥5.0μm 的悬浮粒子时，应当进行调查。

⑦ 生产操作全部结束、操作人员撤出生产现场并经 15～20min（指导值）自净后，洁净区的悬浮粒子应当达到表中的"静态"标准。

⑧ 应当按照质量风险管理的原则对 C 级洁净区和 D 级洁净区（必要时）进行动态监测。监控要求以及警戒限度和纠偏限度可根据操作的性质确定，但自净时间应当达到规定要求。

⑨ 应当根据产品及操作的性质制定温度、相对湿度等参数，这些参数不应对规定的洁净度造成不良影响。

2. 对微生物的要求

根据 GMP 规定，应当对微生物进行动态监测，评估无菌生产的微生物状况。监测方法有沉降菌法、定量空气浮游菌采样法和表面取样法（如棉签擦拭法和接触碟法）等。动态取样应当避免对洁净区造成不良影响。应当制定适当的悬浮粒子和微生物监测警戒限度和纠偏限度，操作规程中应当详细说明结果超标时需采取的纠偏措施。同时成品批记录的审核应当包括环境监测的结果。

对表面和操作人员的监测，应当在关键操作完成后进行。在正常的生产操作监测外，可在系统验证、清洁或消毒等操作完成后增加微生物监测。洁净区微生物监测的动态标准如表 11-8。

表 11-8 洁净区微生物监测点动态标准

洁净度级别	浮游菌/(cfu/m³)	沉降菌(φ90mm)/(cfu/4h)	表面微生物	
			接触(φ55mm)/(cfu/碟)	5指手套/(cfu/手套)
A级	<1	<1	<1	<1
B级	10	5	5	5
C级	100	50	25	—
D级	200	100	50	—

注：a. 表中各数值均为平均值。b. 单个沉降碟的暴露时间可以少于4h，同一位置可使用多个沉降碟连续进行监测并累积计数。

（二）洁净车间总平面布置设计要求

洁净车间总平面布置除遵循国家有关工业企业总体设计原则外，还应符合有利于环境净化，避免交叉污染等要求。

① 车间按行政、生产、辅助和生活等划区布局。

② 洁净车间应布置在厂区内环境清洁，人流货流不穿越或少穿越的地方，并应考虑产品工艺特点和防止生产时的交叉污染，合理布局，间距恰当。

③ 三废处理，锅炉房等有严重污染的区域应置于厂的最大频率下风侧。兼有原料药和制剂的药厂，原料药生产区应位于制剂生产区的下风侧。青霉素类生产厂房的设置应考虑防止与其他产品的交叉污染。

④ 危险品库房应布置于厂区安全位置，并有防冻、降温、消防措施。麻醉药品和剧毒药品应设专用仓库，并有防盗措施。

⑤ 动物房的设置应符合国家医药管理局《实验动物管理办法》有关规定，并有专用的排污和空调设施。

⑥ 厂区主要道路应贯彻人流与货流分流的原则，洁净厂房周围道路面层应选用整体性好，不易产尘的材料。

⑦ 医药工业洁净厂房周围宜设置环形消防通道（可利用交通道路），如有困难时，可沿厂房的两个长边设置消防通道。

⑧ 医药工业洁净厂房周围应绿化，可种植草坪或种植对大气含尘、含菌浓度不产生有害影响的树木，但不宜种花，尽量减少厂区内露土面积。

⑨ 医药工业洁净厂房周围不宜设置排水明沟。

（三）洁净车间工艺布局要求

（1）工艺布局应按生产流程要求，做到布置合理、紧凑，有利生产操作，并能保证对生产过程进行有效的管理。

（2）工艺布局要防止人流、物流之间的混杂和交叉污染，并符合下列基本要求：

① 分别设置人员和物料进出生产区域的通道，极易造成污染的物料（如部分原辅料、生产中废弃物等）必要时可设置专用出入口（如传递窗）。

② 洁净车间内的物料传递路线尽量要短。

③ 人员和物料进入洁净生产区应有各自的净化用室，净化用室的设置要求与生产区的空气洁净度等级相适应。

④ 生产操作区内应只设置必要的工艺设备。

⑤ 用于生产、贮存的区域不得用作非本区域内工作人员的通道。

⑥ 输送人和物料的电梯宜分开，电梯不宜设在洁净区内，必需设置时，电梯前应设气闸室或其他确保洁净区空气洁净度的措施。

（3）在满足工艺条件的前提下，为提高净化效果，节约能源，有空气洁度要求的房间按下列要求布置：

① 空气洁净度高的房间或区域宜布置在人员最少到达的地方，并宜靠近空调机房。

② 不同空气洁净度等级的区域宜按空气洁净度等级的高低由里向外布置。

③ 空气洁净度相同的房间或区域宜相对集中布置。

④ 不同空气洁净度房间之间相互联系时应有防止污染措施，如：气闸室或传递窗（柜）等。

（4）医药工业洁净厂房内应设置与生产规模相适应的原辅材料、半成品、成品存放区域，且尽可能靠近与其相联系的生产区域，减少运输过程中的混杂与污染。存放区域内应安排待验区、合格品区和不合格品区。

二、原料药"精烘包"工序布置设计

"精烘包"是原料药生产的最后工序，也是直接影响成品质量的关键步骤。原料药可分为非无菌原料药和无菌原料药。非无菌原料药精制、烘干、粉碎、包装等生产操作的暴露环境应当按照D级洁净区的要求设置。质量标准中有热原或细菌内毒素等检验项目的，厂房的设计应当特别注意防止微生物污染，根据产品的预定用途、工艺要求采取相应的控制措施。质量控制实验室通常应当与生产区分开。当生产操作不影响检验结果的准确性，且检验操作对生产也无不利影响时，中间控制实验室可设在生产区内。

无菌原料药属于无菌药品的范畴。所谓无菌药品是指法定药品标准中列有无菌检查项目的制剂和原料药，包括无菌制剂和无菌原料药。无菌药品要求不能含有活微生物，必须符合内毒素的限度要求，即无菌、无热原、无不溶性微粒/可见物。无菌药品按生产工艺可分为最终灭菌产品、非最终灭菌产品两类，其中，采用最终灭菌工艺的为最终灭菌产品，而部分或全部工序采用无菌生产工艺的为非最终灭菌产品。无菌药品的生产必须严格按照精心设计并经验证的方法及规程进行，产品的无菌或其他质量特性绝不能只依赖于任何形式的最终处理或成品检验（包括无菌检查）。

无菌原料药生产中的"精烘包"工艺过程通常从最后一步溶解脱色反应开始（通常工艺是加入活性炭脱色精制），把精制过程和无菌过程结合在一起，然后除菌过滤、结晶、过滤、干燥、混合（可选项）、称量包装、贴签入库。将无菌过程作为生产工艺的一个单元操作来完成，目前生产上常用的是无菌过滤法，即将非无菌中间体或原材料配置成溶液，再分别通

过 $0.45\mu m$ 与 $0.22\mu m$ 孔径的除菌过滤器，达到除去细菌的目的，在以后的操作中一直保持无菌状态，最后生产出符合无菌要求的原料药。在灭菌生产工艺中，除了除菌过滤外，还包括设备灭菌、包装材料灭菌、无菌衣物灭菌等，这些灭菌过程经验证能保证从非无菌状态转成无菌状态。

无菌原料药的生产环境等级主要有：

（1）B级背景下的A级　无菌原料药暴露环境，如出箱、分装、取样、压盖、加晶种、多组分混合等，接触无菌原料药的内包材或其他物品灭菌后暴露的环境，无菌原料药生产设备灭菌后组装时必须在A级层流保护下进行。无菌产品或灭菌后的物品的转运、储存环境，除非在完全密封的条件，不能保存在B级环境下，加盖的桶、盒子等不能视为完全密封保存。一般采用层流操作台（罩）来维持该区域的环境状态。层流系统在其工作区域必须均匀送风，应有数据证明层流的状态并须验证。最好使用隔离罩或隔离器来实现这些操作。

（2）B级区　指为高风险操作A级区提供的背景区域。

（3）C级下的局部层流　接触无菌原料的物品灭菌前精洗以及精洗后的暴露环境；除菌过滤器安装时的暴露环境；B级区下使用的无菌服清洗后的净化与整理环境；待灭菌的设备最终清洗时的暴露环境。

（4）C级　无菌原料药配料环境；无菌原料药内包材或其他灭菌后进入无菌室的物品的粗洗环境；从D级到B级区的缓冲。

（5）D级　从一般区到C级区的缓冲区。

无菌原料药的易暴露过程（粉碎、过筛、混合、分装）的车间布置设计必须在B级背景下的A级进行。无菌原料药生产工艺流程图与洁净等级划分如图11-23。

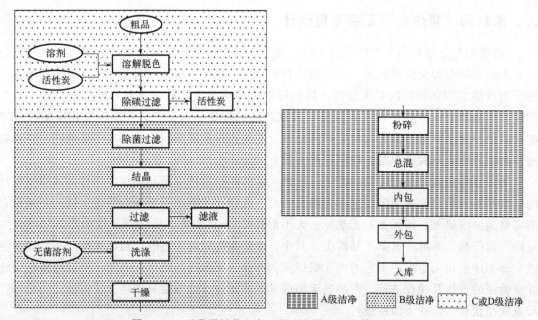

图11-23　无菌原料药生产工艺流程图与洁净等级划分

（一）工艺布局及土建要求

制药车间一般由生产部分、辅助生产部分和行政、生活部分组成。其中生产部分可以分为一般生产区和洁净生产区；对于制剂车间，辅助生产部分一般包括人员净化用室、物料净化用室、原辅料外包清洁室、包装材料清洁存放室、灭菌室、称量室、配料室、设备容器具清洗存放室、清洁工具清洁存放室、洁净工作服洗涤干燥室、动力室（真空泵和压缩机室）、配电室、通风空调室、维修保养室、分析化验室、冷冻机室、原辅料和成品仓库等；行政、生活部分由办公室、会议室、餐厅、厕所、淋浴室与休息室、保健室、健身室等部分组成。

① "精烘包"工序应与原料药生产区分开成独立区域，避免原料药、中间体、半成品等与成品的交叉污染。同时"精烘包"工序与上一步工序的联系要方便，各种产品、原料、中间体的转运路线避免交叉，避免产品通过严重污染区。洁净车间布置在原料药生产车间的上风侧。

② "精烘包"工序车间各功能间按工艺流程分开布置，洁净级别相同的房间尽量布置在一起，洁净级别高的功能间布置到人员最少到达的地方。车间要配置与生产规模相匹配的人员、物料净化用室。在设计中可将生产工艺分为下列模块着重设计：反应及纯化区，重结晶、过滤干燥区，分装区，其他区域。

③ 在满足工艺要求的前提下，洁净间面积尽量小。

④ 车间地坪的室内标高应高出室外地坪 0.5～1.5m，生产车间普通洁净区吊顶高度 2.8～3.5m，技术夹层净高 2.0～2.5m，根据实际需要可以采用局部加高。

⑤ 洁净级别不同的房间相互连通时要有防止污染的措施。如气闸室、风淋室、缓冲间及传递窗等。

⑥ 结晶工段多使用有机溶剂，因此原料药精制车间布置通常分防爆生产区和非防爆生产区，区域间按规范作严格分隔。在无菌原料药精制属甲类生产区，需集中布置在车间外侧，易于泄爆，并设置合理的疏散通道及出口，以满足国家防火防爆安全规范的要求。

⑦ 车间设计中贯彻模块化设计理念，实现物料密闭流程系统，以达到无菌原料药无菌生产的要求，综合应用无菌原料药与制剂车间生产工艺流程和布置的特点。

⑧ 无菌物料的输送和生产环境的无菌保证。设计中物料全部在密闭的系统中进行输送，尽量减少在环境中暴露，设备的选择尽量考虑能实现在线的 CIP 和 SIP，对于可能需要离线清洗的过滤器、呼吸器、真空上料系统、取样系统等必须要求在严格的无菌环境中进行安装。对于可能出现的如尾料出料、晶种添加等人工操作也必须设置严格的无菌环境。总的来说，要通过严格的工程设计来确保产品的无菌环境。

（二）人员、物料净化

1. 人员净化

人员净化出入口与物料净化出入口应分开独立设置，人员净化用室：包括雨具存放室、换鞋室、存外衣室、盥洗室、更换洁净工作服室、气闸室或空气吹淋室等。生活用室包括：厕所、淋浴室、休息室等，可根据需要设置。对于要求严格分隔的洁净区，人员净化用室和生活用室应布置在同一层。人员净化用室按照气锁方式设计更衣室，使更衣的不同阶段分开，尽可能避免工作服被微生物和微粒污染。更衣室应该有足够的换气次数，更衣室后段的静态级别应当与其相应洁净区的级别相同。进入和离开 B 级洁净区的更衣室最好分开设置，一般洗手设施只能安装在更衣的第一阶段。

车间布置时按照不同的更衣程序设计对应的功能间，从一般区进入非无菌洁净区级（C

级或 D 级）洁净区的人员（包括操作人员、机修人员、后勤人员）均需要经过以下程序：换鞋—脱外衣、洗手—穿洁净工作服、洗手—进入。更衣流程如图 11-24 所示，更衣流程平面示意图如图 11-25 所示。

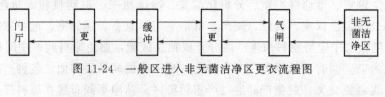

图 11-24　一般区进入非无菌洁净区更衣流程图

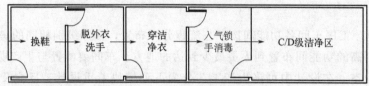

图 11-25　更衣流程平面示意

进入 B 级洁净区的人流通道要按照 D 到 C 到 B 的流程设计，所有人员均需经过以下程序：换鞋—脱外衣—洗手、消毒—穿无菌内衣—穿无菌外衣—手消毒—气锁—进入，进入 B 级洁净区前半段更衣通道可以与进入 C 级或 D 级洁净区共用，也可以单独设置从一般区进入 B 级洁净区的更衣通道。更衣流程如图 11-26 所示，更衣流程平面示意图如图 11-27 所示。

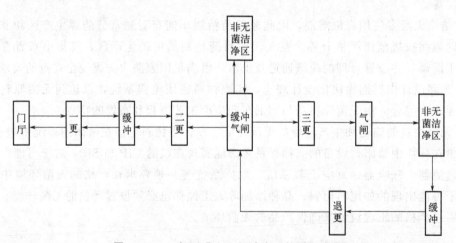

图 11-26　一般区进入 B 级洁净区的更衣流程

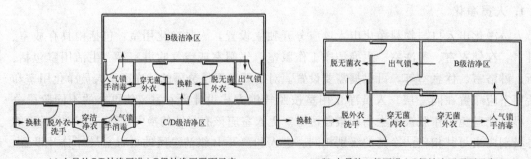

(a) 人员从C/D洁净区进入B级洁净区平面示意　　(b) 人员从一般区进入B级洁净区平面示意

图 11-27　人员进入 B 级无菌洁净区平面示意

2. 物料净化

进入有空气洁净度要求区域的物料（包括原辅料、包装材料、容器工具）等应有清洁措施，在进入洁净区前均需要在物料净化室内进行物净处理，如车间设置原辅料外包装清洁室、包装材料清洁室等。物料净化室的设置要求与生产区的空气洁净度等级相适应，清除物料外包装表面上的灰尘污染及脱除外包，再用消毒水擦洗消毒，然后在设有紫外线消毒等的传递窗内消毒后，传入洁净区。物料也可以通过经过验证的其他方式进入洁净区，对在生产过程中易造成污染的物料应设置专用的出入口，并且进入车间的物料净化间不能用于车间废料的出入口，除非经过验证废料不会造成污染。

进入不可灭菌产品生产区的原辅料、包装材料和其他物品除满足进入有空气洁净度要求区域的物料应具有的清洁措施要求外，还应设置灭菌室和灭菌设施。物料净化室或灭菌室与洁净室之间应设置气闸室或传递窗（柜），用于传递原辅料、包装材料和其他物品。生产过程中产生的废弃物出口不宜与物料进口合用一个气闸或传递窗（柜），宜单独设置专用传递设施。大宗无菌原料药从无菌区传出时，可通过传递窗（B/C 或 B/D）进行，也可以有单独的物料传出通道。如果需要无菌操作人员从 B 级洁净区开门将无菌原料药送出，非无菌操作人员从另一侧进入该房间取出时，该房间应有消毒功能，并且不允许无菌人员跨越隔离装置。消毒后该房间应达到 B 级洁净区。最好房间具有互锁功能。物料从一般区进出 C/D级洁净区流程如图 11-28 所示，物料从一般区进出 B 级洁净区流程如图 11-29 所示。

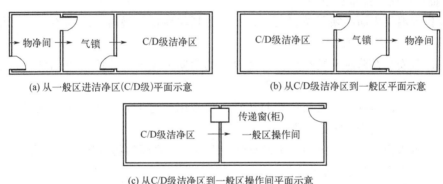

(a) 从一般区进洁净区(C/D级)平面示意　　　　(b) 从C/D级洁净区到一般区平面示意

(c) 从C/D级洁净区到一般区操作间平面示意

图 11-28　物料从一般区进出 C/D 级洁净区

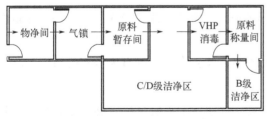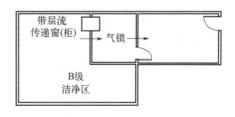

(a) 从一般区进B级洁净区平面示意　　　　(b) 从B级洁净区到一般区平面示意

图 11-29　物料从一般区进出 B 级洁净区平面示意

（三）设备、管道

1. 设备、设施

洁净室内只布置洁净区内必须设备，采用具有防尘、防微生物污染的设备和设施，设计和选用时应满足下列要求：

① 结构简单，需要清洗和灭菌的零部件要易于拆装，不便拆装的设备要设清洗口。设备表面应光洁，易清洁。与物料直接接触的设备内壁应光滑，平整、避免死角，耐腐蚀。

② 凡与物料直接接触的设备内表层应用不与物料反应，不释出微粒及不吸附物料的材料。

③ 设备的传动部件要密封良好，防止润滑油、冷却剂等泄漏时对原料、半成品、成品、包装容器和材料的污染。

④ 无菌室内的设备，除符合以上要求外，还应满足能灭菌的需要。

⑤ 过滤器应当尽可能不脱落纤维，严禁使用含石棉的过滤器，过滤器不得因与产品发生反应、释放物质或吸附作用而对产品质量造成不利影响。

⑥ 对生产中发尘量大的设备，如粉碎、过筛、混合、制粒、干燥、压片、包衣等设备宜局部加设防尘围帘和捕尘、吸粉装置。

⑦ 与药物直接接触的干燥用空气、压缩空气、惰性气体等均应设置净化装置。经净化处理后，气体所含微粒和微生物应符合规定的洁净度要求。

⑧ 洁净区内的设备，除特殊要求外，一般不宜设地脚螺栓。

⑨ 用于制剂生产的配料、混合、灭菌等主要设备和用于原料药精制、干燥、包装的设备，其容量尽可能与批量相适应。

⑩ 设备保温层表面必须平整、光洁，不得有颗粒性物质脱落，表面不得用石棉水泥抹面，宜采用金属外壳保护。

⑪ 当设备安装在跨越不同空气洁净度等级的房间或墙面时，除考虑固定外，还应采用可靠的密封隔断装置，以保证达到不同等级的洁净要求。

⑫ 不同空气洁净度区域之间的物料传递，如采用传送带时，为防止交叉污染，传送带不宜穿越隔墙，宜在隔墙两侧分段传送。

⑬ 对不可灭菌产品生产区中，不同空气洁净度区域之间的物料传递，则必须分段传送，除非传递装置采用连续消毒方式。

⑭ 青霉素等强致敏性药物、某些甾体药物、高活性及有毒害药物的生产设备，必须专用。

⑮ 对产生噪声、振动的设备，应分别采用消声、隔振装置改善操作环境，动态测试时，室内噪声不得超过 80dB。

⑯ 设备的设计或选用应能满足产品验证的有关要求，合理设置有关参数的测试点。

2. 管道

有空气洁净度要求的区域，工艺主管道的敷设宜在技术夹层、技术夹道中，技术夹层、技术夹道中的干管连接宜采用焊接；需要拆洗、消毒的管道宜明敷；易燃、易爆、有毒物料管道也宜明敷，如敷设在技术夹层、技术夹道内，应采取相应的通风措施。在设计安装管道时需要注意下列要求：

① 在满足工艺要求的前提下，工艺管道应尽量缩短；洁净室内应少敷设管道，引入洁净室的支管宜暗敷；洁净室内的各类管道均应设指明内容物及流向的标志。

② 穿越洁净室墙、楼板、顶棚的管道应敷设套管，套管内的管段不应有焊缝、螺纹和

法兰；管道与套管之间应有可靠的密封措施；干管系统应设置必要的吹扫口、放净口和取样口；引入洁净室的明管，材料宜采用不锈钢。

③ 输送纯水的干管应满足相关要求，输送纯水、无菌介质和成品的管道材料宜采用低碳优质不锈钢或其他不污染物料的材料。

④ 与本洁净室无关的管道不宜穿越本洁净室。

⑤ 输送有毒、易燃、有腐蚀性介质的管道应根据介质的理化性质，严格控制物产的流速；管道保温层表面必须平整、光洁，不得有颗粒性物质脱落，并宜用金属外壳保护。

⑥ 人净气体装置应根据气源和生产工艺对气体纯度的要求进行选择，气体终端净化装置应设在靠近用气点处。

（四）建筑、安全

洁净厂房建筑平面和空间布局应具有适当的灵活性。洁净区的主体结构不宜采用内墙承重。洁净厂房主体结构的耐久性应与室内装备、装修水平相协调，并应具有防火、控制温度变形和不均匀沉陷性能。厂房伸缩缝不应穿过洁净区。洁净区应设置技术夹层或技术夹道，用以布置空调的送、回风管和其他管线。洁净区内通道应有适当宽度，以利于物料运输、设备安装、检修。

医药工业洁净厂房的耐火等级不应低于二级，吊顶材料应为非燃烧体，其耐火极限不宜小于0.25h。医药工业洁净厂房内的甲、乙类（按国家现行《建筑设计防火规范》火灾危险性特征分类），生产区域应采用防爆墙和防爆门斗与其他区域分隔，并应设置足够的泄压面积，有防爆要求的洁净室宜靠外墙布置。

厂房的安全出口应分散布置，安全疏散门应向疏散方向开启，且不得采用吊门、转门、推拉门及电控自动门。每个防火分区、一个防火分区内的每个楼层，其相邻2个安全出口最近边缘之间的水平距离不应小于5m。厂房的每个防火分区、一个防火分区内的每个楼层，其安全出口的数量应经计算确定，且不应少于2个；符合下列条件时，可设置1个安全出口：

① 甲类厂房，每层建筑面积小于等于$100m^2$，且同一时间的生产人数不超过5人。

② 乙类厂房，每层建筑面积小于等于$150m^2$，且同一时间的生产人数不超过10人。

③ 丙类厂房，每层建筑面积小于等于$250m^2$，且同一时间的生产人数不超过20人。

④ 丁、戊类厂房，每层建筑面积小于等于$400m^2$，且同一时间的生产人数不超过30人。

（五）室内装修

① 洁净室内墙壁和顶棚的表面，应平整、光洁、不起尘、避免眩光、耐腐蚀，阴阳角均宜做成圆角。当采用轻质材料隔断时，应采用防碰撞措施。

② 洁净室的地面应整体性好、平整、耐磨、耐撞击，不易积聚静电，易除尘清洗。洁净区地面目前多采用环氧自流坪、PVC塑料等。

③ 医药工业洁净厂房技术夹层的墙面、顶棚均宜抹灰。如需在技术夹层内更换高效过滤器的，墙面和顶棚宜增刷涂料饰面。

④ 洁净室内的门、窗造型要简单、平整、不易积尘、易于清洗。门窗要密封，与墙体

连接处要平整，防止污染物渗入。门框不应设门槛，门常采用彩钢或不锈钢制成，窗采用铝合金制造，洁净区域的门、窗不应采用木质材料，以免生霉生菌或变形。

⑤ 洁净室的门应朝空气洁净度较高的房间开启，并应有足够的大小，以满足一般设备安装、修理、更换的需要。

⑥ 洁净室的窗与内墙宜平整，不留窗台。如有窗台时宜呈斜角，以防积灰并便于清洗。洁净区与非洁净区采用双层窗，且一层是固定不能开启的。

⑦ 传递窗（柜）两边的门应联锁，密闭性好并易于清洁。无菌生产的 A/B 级洁净区内禁止设置水池和地漏。在其它洁净区内，水池或地漏应当有适当的设计、布局和维护，并安装易于清洁且带有空气阻断功能的装置以防倒灌，同外部排水系统的连接方式应当能够防止微生物的侵入。

⑧ 洁净室内的色彩宜淡雅柔和，室内各表面材料的光反射系数，顶棚和墙面宜为 0.6～0.80，地面宜为 0.15～0.35。

（六）空调系统

洁净区的空气除要求洁净外，房间内还要保持一定的压差，并控制一定的温度、湿度。因此送入洁净区的空气需要加热、冷却或加湿、干燥等处理。

① 非无菌原料药的"精烘包"工序，洁净级别为 D 级，采用初效、中效、高效或亚高效空气过滤器系统可以达到，高效或亚高效空气过滤器应设置在净化空气调节系统的末端。防爆区洁净空调系统不设回风，避免易爆物质聚积，洁净区与非洁净区之间压差保持在 10～15Pa 压差。

② 无菌原料药的结晶、干燥、包装等高风险生产区，洁净级别为 A/B 级，采用初效、中效、高效三级过滤及局部层流可以达到。不同级别洁净区压差控制在 5～10Pa 压差。

③ 青霉素等强致敏性药物、某些甾体药物、高活性及有毒害药物的精制、干燥室和分装室室内要保持正压，与相邻房间或区域之间要保持相对负压。空调系统要单独设置，空调系统应与其他药物的净化空调完全分开，防止交叉污染。其排风口与其他药物净化空调系统的新风口之间应相隔一定的距离。送风口和排风口均应安装高效空气过滤器，使这些药物引起的污染危险降低到最低限度。

④ 无菌原料药暴露的工序采用局部层流保护，同时应有除尘措施。一般采用顶部或侧面送风单向流，下侧回风避免粉尘飞扬。

⑤ 生产工艺对温度和湿度无特殊要求时，空气洁净度 A 级、B 级的医药洁净室（区）温度应为 20～24℃，相对湿度应为 45%～60%；空气洁净度 D 级医药洁净室（区）温度应为 19～26℃，相对湿度应为 45%～65%。人员净化用室、办公室的温度，冬季应为 16～20℃，夏季应为 26～30℃。

生产工艺对温度、湿度有特殊要求时，根据工艺要求来确定具体的温度、湿度。对于吸湿性较强的无菌原料药的生产，其暴露环境可以采用局部低湿工作台代替整个房间的低湿处理。洁净房间换气次数应根据室内发尘量、湿热负荷计算、室内操作人员所需新鲜空气量等因素计算最大量来确定。一般洁净度情况下，B 级洁净区取 35～70 次/h；C 级洁净区取 20～30 次/h；D 级洁净区取 15～25 次/h，A 级层流气气流流速 0.45m/s±20%。

（七）电气设计

医药洁净室的照明应根据生产要求设置，并符合下列要求：

① 主要工作室一般照明的照度值宜为300lx。

② 辅助工作室、走廊、气闸室、人员净化和物料净化用室照度宜为200lx。

③ 对照度有特殊要求的生产部位可设置局部照明。

药品生产区内的照明光源宜采用高效荧光灯，当生产工艺有特殊要求时，可以改用其他光源。灯具选用造型简单、密封性好，易于清洁消毒的灯具，安装时采用吸顶明装或嵌入顶棚式安装，灯具与顶棚之间密封可靠，密封材料可耐清洗消毒灭菌。需要灭菌的洁净室，如无防爆要求，可采用紫外灯，但其控制开关需设置在房间外。洁净厂房内须设置消防应急照明，在消防救援窗处设置红色应急照明灯。

（八）原料药"精烘包"工序车间布置设计图例

见图 11-30 和图 11-31。

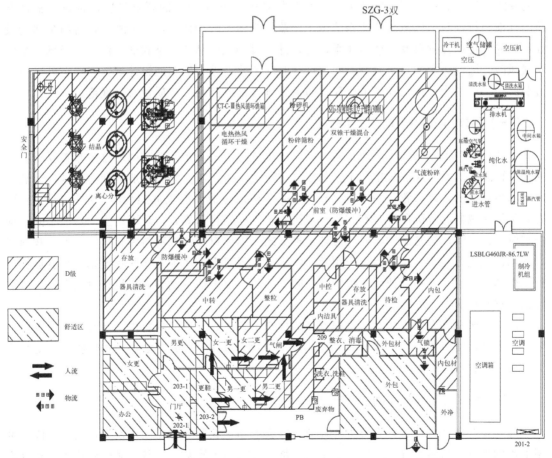

图 11-30　某厂非无菌原料药的"精烘包"车间平面布置示意图

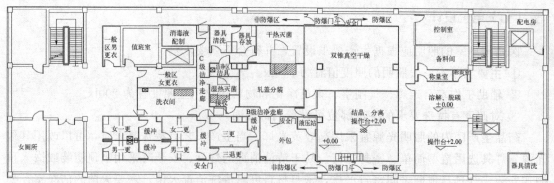

图 11-31　某厂无菌原料药的"精烘包"车间平面布置图

三、固体口服制剂车间布置设计

固体口服制剂生产的显著特点是：D 级洁净区生产、产尘操作较多、物料周转运输量大、物料暂存空间较大等。根据 GMP 要求：液体口服和固体制剂、腔道用药（含直肠用药）、表皮外用药品等非无菌制剂生产的暴露工序区域及其直接接触药品的包装材料最终处理的暴露工序区域，应当参照"无菌药品"附录中 D 级洁净区的要求设置，企业可根据产品的标准和特性对该区域采取适当的微生物监控措施。合理的 GMP 固体口服制剂车间的设计与布局、生产控制以及空调净化系统的设计，可避免产品的污染和交叉污染，降低产品的质量风险。因此，固体口服制剂车间在设计时除了要遵循一般车间设计规范和规定外，也要遵照医药工业洁净厂房设计规范、建筑防火管理规范、药品生产质量管理规范。

（一）固体口服制剂车间总体布置

固体口服制剂车间属于洁净车间，在总图布置时需要满足洁净车间的总图布置要求。车间总平面和空间设计应满足生产工艺和空气洁净度等级要求，划分一般区和洁净区，注意生产区和生活区的合理布置。固体口服制剂车间厂房以建造单层大框架大面积厂房较为划算，有利于按区域概念分隔厂房，有利于车间按工艺流程进行布置，实现联动生产，但车间占地面积较大；多层厂房是制剂车间的另外一种形式，固体口服制剂物料周转运输量大，物料可以利用位差进行输送，车间运行费用低，但平面布置时需要增加水平联系走廊及垂直运输电梯、楼梯等，层间运输不便，在疏散、消防及工艺调整方面受到约束。设计时应根据厂区实际情况选择厂房形式。

固体口服制剂车间设计时应根据产品的生产工艺流程、产品的特性、空气洁净度等级的要求，并考虑设备在安装、操作和维修等方面的便利，以及防止人流、物流之间的交叉污染，设计符合 GMP 要求的工艺布局。

（二）固体口服制剂车间的工艺布局

固体口服制剂生产车间主要生产片剂、胶囊剂和颗粒剂等常见固体剂型，这三种固体剂型前段的称量、粉碎、混合、制粒、干燥、整粒等生产工序基本一致，制药企业为了提高设备利用率，减少新建生产线的资金投入，通常在同一洁净区布置这三种固体制剂的生产线，其相同的工序可以通过严格的控制、与清场前提下共用相同的设备，从而达到节约生产成本的目的，其工艺流程图如图 11-32 所示。

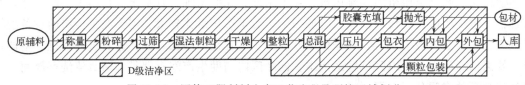

图 11-32　固体口服制剂生产工艺流程及环境区域划分

1. 洁净区人流和物流

对于从生产车间进出的人流和物流应当进行合理设计布局，为防止交叉污染，将人员进出口与物料进出口分开设置，同时，还应将人员与物料的净化室分开设置。需要注意：若是在同一个方向上设置人流入口和物流入口时，应当使二者之间有足够的距离，以免造成相互影响和妨碍的情况。

（1）洁净区人流具体设计　车间人员主要包括：一般区生产人员、洁净区生产人员、参观人员等。通过合理的人流规划，可以降低人员对产品污染的风险。进入车间的人员通过总更后，一般区生产人员进入一般区工作岗位，洁净区人员通过洁净更衣后进入洁净区工作岗位。新版 GMP 中，对固体口服制剂车间人员进入洁净室给出了相应的参考程序，即进入前需要换鞋，然后脱掉外套，洗手并消毒，穿好工作服，进入气锁间，最后进入到洁净室。其中换鞋、脱外衣、洗手区的活动为非洁净操作，可在同一房间内分区依次进行。穿洁净工作服/手消毒、气锁间可合并在一起也可单独布置。在穿洁净工作服与进入洁净生产区的入口处设置气锁间，可避免更衣室的气流对洁净生产区的影响，保证洁净生产区的正压。

（2）洁净区物流具体设计　在固体口服制剂生产车间中，物流包括以下几个方面：药剂的生产加工、产品质量检测、转运及存储等。在对物流进行规划时，应当遵循科学合理、切实可行的原则，可以将生产工艺流程作为主要的规划依据。在对物料入口进行设计时，应当使其与成品制剂的出口分开，防止原料与成品之间交叉污染。废弃物外运出口必须进行单独设置，不得与其他出入口合并。当物料进入洁净生产区前，需要进行清洁处理，当物料在外面的清洁间完成外包装拆除，再经气锁室进入洁净生产区后，可使物料上携带的污染物减少，由此能有效避免污染问题的发生。

2. 平面布置

按照生产工艺流程，称量、配料是固体口服制剂生产的第一个步骤，称量间的位置易靠近厂房的物流进口，配料区与生产区直接相连，便于配好的物料通过洁净走廊直接到达生产区。固体物料在粉碎后，得到混合粉末，通过加入添加剂用于湿法制粒或直接将干燥固体进行干法制粒，添加剂配制间易靠近制粒间。湿颗粒经烘干后得到干颗粒，干颗粒经整粒后加入相应的辅料进行混合。混合颗粒经压片制成片剂（部分片剂经包衣后制成包衣片，包衣液通常在包衣间进行配制）。经胶囊灌装成胶囊剂，经装袋机制成颗粒剂，最后再经内包装、外包装得到成品，外包装区一般靠近运输仓库。

固体口服制剂生产车间生产的固体剂成分各不相同，中间体、成品物料繁多。很多中间体需要检测合格后方能进行下步工序，等待时间较长。生产车间在管理这些物料时，为了避免物料混淆，需要设置各种物料存放室、中间产品中间站、待包装产品中间站等，对物料进行分类管理，并配备专人负责物料管理，中间站最好设置与各主要操作间毗邻，这样利于物料的转运。设计时按照中间站在中间，各主要操作间围绕中间站进行布置。

辅助功能间（空压机组、排风机、除尘系统、除湿系统、真空泵等）与生产区毗邻，并布置在一般生产区，避免对洁净区造成污染。对于产热量比较大、需要经常检修的设备的辅机最好也布置在一般生产区，而操作的开放位置布置在洁净区，如：包衣机的辅机。空调系统不要离洁净区太远，以降低输送成本。洁净区内辅助生产间有器具、洁具清洗存放间，建议清洗与存放房间分开布置。

洁净区洁净走廊应能直接到达每一个生产单元，不能把生产和储存的区域用作非本区域工作人员和物料的通道，从而可有效避免因人员流动和物料运输引起的不同品种药品的交叉污染。生产区外设参观走廊，供参观人员参观。洁净区按照建筑设计防火规范，设置相应的安全出口和逃生通道。

固体口服制剂车间布置时可采用同心圆的方式，把核心生产区布置在中心，其他辅助功能间布置在四周。在核心洁净生产区，可采用中间站在中心，其他洁净生产间围绕中间站布置，中间站分区管理，各功能间可以通过洁净走廊直接进入中间站，缩短物料运输路线。如果厂区还有其他剂型生产车间时，在进行固体口服制剂车间的布置设计时，也要对其进行综合考虑、合理布局。

（三）固体口服制剂车间设备选择

固体口服制剂生产车间设备选型首先要满足 GMP 对洁净车间设备选择的要求，还要根据工艺要求选择满足生产所需的设备。为了提高设备利用率，固体口服制剂生产车间要根据药品生产特点、生产周期，结合物料衡算的结果选择前段工序可以通用的设备，满足不同品种的生产要求。同时要选择易于清洗的设备，最好选择在线清洗（CIP）设备。这样在更换品种时易于清洗，避免交叉污染。通常情况下，生产车间还要能够适应小批量、多品种产品的生产，选择设备时需要合理搭配不同型号的设备。

固体口服制剂物料周转运输量大，易产尘操作岗位较多，对洁净区洁净度影响较大，因此选择设备时最好选择能密闭转料的设备，如真空转料设备、周转 IBC 料斗等，或者利用位差通过管道输送物料。洁净室内生产粉尘和有害气体的工艺设备，应选择设有单独局部除尘和排风的装置，防止粉尘外泄。需要消毒灭菌的洁净室，应选择设有排风设施的设备。

（四）固体口服制剂车间空调系统

固体口服制剂车间空调净化系统是维持车间洁净度的主要设备，可以为车间提供具有一定温湿度的洁净空气，还可以通过调节风量控制室内的压差来控制粉尘的扩散，不仅有助于保证产品的质量，提高产品的可靠性，还为工作人员提供舒适的工作环境，同时减少在生产过程中药品对人产生的不利影响。

洁净室温度与相对湿度的设置应与药品要求的生产环境相适应，并确保操作人员的舒适感。当产品和工艺无特殊要求时，D 级洁净区的温度可控制在 $18 \sim 26 ℃$，相对湿度可控制在 $45\% \sim 65\%$。对于工业有特殊要求的产品，根据要求设置洁净室的温湿度，确保产品生产和储存过程不变质。

洁净室从使用状态到静止状态的恢复过程与换气次数直接相关，换气次数高，恢复过程快。换气次数的确定，应根据热平衡和风量平衡计算加以验证。每一台空调机组终端和末端都带有相应的风量调节阀，保证车间内每一个房间的风量和压差稳定。生产过程产尘量大的操作间还应设计缓冲间，通过对产尘间、缓冲间及共用通道设置梯度压差，可防止粉尘扩散，避免由于粉尘扩散对相邻房间和共用通道产生的交叉污染。换鞋室、更衣室、盥洗室、厕所、淋浴室应设通风装置，室内静压值应低于有空气洁净度要求的生产区。下列情况的空气净化系统，如经处理仍不能避免交叉污染时，则不应利用回风。

① 固体物料的粉碎、称量、配料、混合、制粒、压片、包衣、灌装等工序。

② 固体口服制剂的颗粒、成品干燥设备所使用的净化空气。

③ 用有机溶剂精制的原料药精制、干燥工序。

④ 凡工艺过程中产生大量有害物质，挥发性气体的生产工序。送风、回风和排风的启闭应联锁。系统的开启程序为先开送风机，再开回风机和排风机；系统关闭时联锁程序反之。含有易燃、易爆物质局部排风系统应有防火、防爆措施。

四、小容量注射剂车间布置设计

（一）小容量注射剂的生产工序及区域划分

小容量注射剂多数是通过最终灭菌生产工艺进行生产，生产环境暴露环境在 A/C 级下进行。最终灭菌小容量注射剂的生产工序包括：称量、配制（浓配）、粗滤、配制（稀配）、精滤、安瓿瓶洗涤干燥灭菌、灌封、灭菌、灯检、印字（贴签）及包装。但对于一些光、热敏感的原料药，该性质决定了这些药品的制剂不能采用最终灭菌工艺生产，既为非最终灭菌的小容量注射剂生产，非最终灭菌的小容量注射剂生产暴露环境需要在 A/B 级下进行。小容量注射剂工艺流程示意图及各工序环境空气洁净度要求见图 11-33 所示。

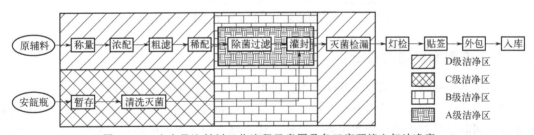

图 11-33　小容量注射剂工艺流程示意图及各工序环境空气洁净度

（二）小容量注射剂车间的布置形式

小容量注射剂生产工序多采用平面布置，可以采用单层框架结构，也可以采用多层厂房中的其中一层进行布置，从洗瓶开始至外包等工序均在同一层平面完成，设备按照工艺流程布置在同一层，不同洁净度要求的房间可以采用穿墙布置，设备联动操作，自动化程度高，药液采用管道输送，可以减少物料输送距离，节约成本。布置时按照洁净车间的布置要求进行。

（三）小容量注射剂车间的布置图例

见图 11-34。

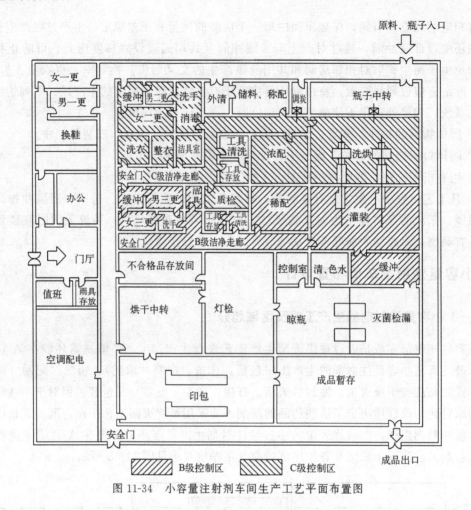

图 11-34　小容量注射剂车间生产工艺平面布置图

五、中药提取车间布置设计

中药制剂一般以中药提取为基础，中药提取车间是中药生产的关键部分，现代化的提取车间在满足安全、健康、环保要求的前提下，尽量做到自动化、智能化设计，减少工人的劳动强度，同时也是对产品质量的保障。设计工作要结合中药提取的特点，充分了解当地的政策、发展规划、资源分布情况，严格遵守各种政策法规。

（一）中药提取车间的特点

1. 中药材物料运输量大

一些大的中药生产企业中药材年处理量万吨至十几万吨，大规模的物料输送需要合理规划物料的流向。首先需要将中药材运输至仓库，然后进行前处理，处理干净药材后进行提取，这几个工序要按物料流向合理布置。物料输送可以采用物料连廊、传输带、IBC 料斗等手段，还可以利用管道中物料的重力输送代替货梯垂直提升输送等，使物料输送路线便捷，无折返，自动化减少工人劳动强度。

2. 中药材前处理工序产尘量大

从产地到仓库的大量中药材一般都需要前处理工序，如：挑选、净制、清洗、水浸、湿润、切制、炮制、干燥、粉碎过筛等，均为产尘操作，生产过程中需要采取有效的除尘措施，同时还应根据药材的特点和工艺流程的性质，将产尘工序进行自动化和密闭化生产，这也是今后中药现代化生产努力的方向。

3. 中药提取工序散热、散湿量大

中药的提取、出渣、浓缩、喷雾干燥等工序多为高温过程，对环境的散热量和散湿量较大，除需要考虑合理的通排风措施外，更要做好设备和管道的保温工作，采用合理的降温措施以及采用密闭化和管道化的工艺流程设计，达到节能、降低热污染的目的。

4. 提取后药渣容易造成环境污染

传统的中药提取车间药渣满地、污水横流、环境恶劣，严重阻碍中药现代化的发展，因此自动化的药渣清洁排放系统是提取车间设计的重点，也是保证良好生产环境的关键。药渣自动收集装置系统是目前提取车间使用较多的一种方式，将提取罐下方铺设出渣车轨道，通过自动化控制可以完成自动化出渣，挤渣，药渣储槽收集，外运汽车将药渣在相对密闭的环境下送至指定地方进行回收利用，变废为宝。

5. 中药提取车间大量有机溶剂，生产火灾危险性类别高

中药提取车间的醇提、渗滤、醇沉工序以及萃取、浓缩等精制工序大量使用有机溶剂，车间的火灾危险类别为甲类防爆生产区，应严格按照国家的相关规范做好防火防爆措施。设计中，尽量减小防爆区的面积，非防爆生产性质的工序设置在甲类区以外。如一般水提醇沉工艺，宜将水提工艺和醇沉工序分开布置在非防爆区和防爆区，将危险物质限定在最小范围内，降低对环境的危害。

6. 中药提取车间流程复杂、品种多

传统的中药提取车间生产品种多，流程复杂，管线多，车间的跑冒滴漏现象严重，生产环境差，自动化程度不高，工人劳动强度大。为顺应中药现代化建设要求，选用自动化程度高、节能环保设备，并且加强生产过程管理是改善目前现状的有效手段。目前多数企业已经实现了从提取到精制全过程自动化控制，基本实现无人操作。

（二）中药提取车间布置

1. 中药提取的生产工序及区域划分

中药提取生产工序一般包括药材前处理，提取、精制、浓缩、收膏、喷雾干燥、内包、外包制得成品，或收膏、配液、灌封、包装制得口服液。其中，收膏、收粉、内包、配液、灌封是在 D 级洁净区，其他生产工序在一般生产区。中药提取生产工艺流程及区域划分如图 11-35 所示。

2. 中药提取车间的布局

典型的中药提取车间的布局模式一般采用四层的布局，四层为投料层和净药材库；三层为提取层，提取罐挂在三层地板上；二层为出渣、精制层，设轨道车出渣；一层设计大的药渣储槽，并悬空挂在二层楼面，储槽下方可容纳接渣汽车将药渣直接运出车间，一层其他区域设置洁净区，四周作为公用工程功能间。中药提取车间立面分区图如图 11-36 所示。

收膏
浸膏
冷库备用
洁净药材
提取
精制
浓缩
配液
除菌过滤
灌封
灭菌
灯检
产品
整粒
总混
内包
外包
D级洁净区

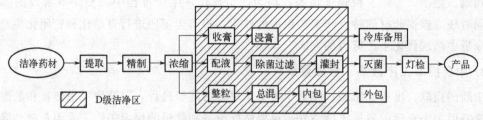

图 11-35　中药提取生产工艺流程及区域划分

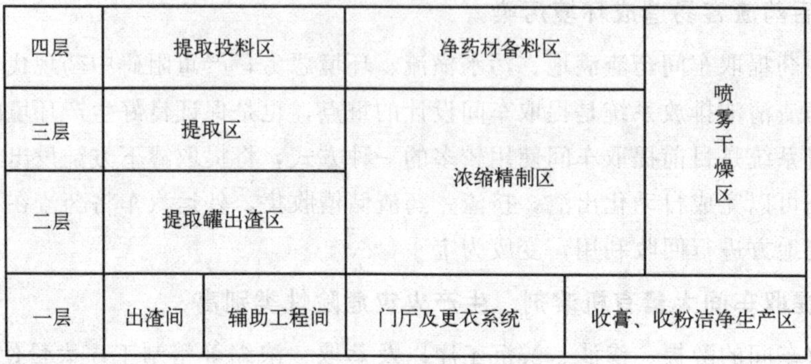

四层
提取投料区
净药材备料区
三层
提取区
喷雾干燥区
浓缩精制区
二层
提取罐出渣区
一层
出渣间
辅助工程间
门厅及更衣系统
收膏、收粉洁净生产区

图 11-36　中药提取车间立面分区图

3. 中药提取车间的布局设计注意事项

① 投料。投料是指将净药材投入到提取罐中，规模较小的提取车间可以从人孔进行投料，不单独设置投料层，车间可以采用三层设计，但投料时有时会产生粉尘，造成污染，需要加负压除尘设备。

对于规模较大的提取车间，一般设置四层为投料层，四层还可以设置投料备料区，备料区功能还包括净药材暂存库、净药材称量备料、称量后暂存。可分区管理，也可以将备料功能设置在相应的前处理车间，该区域仅设置投料前暂存即可。

目前对于投料量不是特别大的车间一般采用人工投料方式，直接将药材倒入四层的投料口，投料口上方设置负压通风柜，防止粉尘扩散。对于药材处理量较大的车间可以采用自动化控制的（automated guided vehicle，AGV）小车投料；在前处理工段按批将药材装入AGV小车，AGV小车通过轨道送至需要投料的提取罐对应的投料口，将小车料斗翻倒扣于投料口，投料结束再恢复原状即可，这样避免了粉尘飞扬。四层投料可通过投料管与提取罐进料口连接，通过蝶阀控制其开启，也可以直接采用伸缩的管道将四层的投料口与提取罐进行连接，投料结束收起投料管，关闭提取罐上的进料口盖子。

对于相对单一、规模较大的茎、根类中药材生产使用传送带进行投料尤为适用。用一条主输送带和各个支输送带将各个投料孔连接起来，药材分批从主输送带面上进行输送，利用每个分支输送带的挡板将药材送入行营的支输送带，然后落入对应的投料口内，每条主输送带每次只能投一罐药材，根据投料的总耗时确定需要的主输送带的条数。

② 提取。提取是中药生产过程中重要的单元操作。常规提取是指用溶剂将中药材的有效成分从药材组织内溶解出来的方法，常用的溶剂有水和乙醇既水提和醇提。GMP要求提取物用于生产注射剂的提取过程需要用纯化水进行提取，其他产品采用饮用水即可。

　　目前，较常用的提取罐为直筒形或倒锥形的提取罐，易起泡的品种可以采用蘑菇型的提取罐，一般无搅拌，采用静态提取，可以配置双联过滤和离心泵，间隔用泵循环，提高提取效率。选型一般以 $3m^3$ 和 $6m^3$ 型号较为成熟。由于出闸门密封技术的限制，一般不推荐使用过大的提取罐。

　　水提取过程的提取罐温度平原地区一般为 $95\sim97℃$ ，95% 乙醇一般 $75℃$ ，保持微沸状态，加热装置可以采用分段加热提取罐，加热速度快，加热均匀。对于需要分离挥发油的提取物，设置冷凝器和油水分离器，对于需要回收药材中有机溶剂的需要加冷却器和溶剂储罐。

　　③ 出渣。出渣流程设计是提取车间设计成败的关键之一，是中药现代化的基本要求。传统的中药提取出渣方式工人劳动强度高，污水横流，环境恶劣，现已升级改造。目前，常用的出渣方式是带有挤渣功能的有轨出渣小车结合出渣储槽的方式。

 目标检测

　　1. 制药企业对厂址选择和厂区布置有哪些要求？

　　2. 制药工程设计的基本内容有哪些？

　　3. 简述工艺流程框图、设备工艺流程图、物料流程图和带控制点工艺流程图的区别。

　　4. 如何提高设备利用率？

　　5. 简述物料衡算的步骤。

　　6. 简述能量衡算的步骤。

　　7. 工艺设计选型的原则是什么？

　　8. 简述工艺设计选型的步骤。

　　9. 简述洁净区空气洁净度级别适用范围。

　　10. 简述进入无菌洁净区的生产人员净化程序。

　　11. 固体制剂生产的特点是什么？如何通过合理设计避免粉尘对洁净区的影响？

　　12. 典型中药提取车间的布局模式是什么？

　　13. 简述无菌原料药生产工艺流程。

参考文献

1.《药品生产质量管理规范（2010年修订）》.

2. 国家药品GMP指南. 北京：中国医药科技出版社，2023.

3.《中华人民共和国药典》 2020版. 国家药监局、国家卫生健康委.

4. 郭永学. 制药设备与车间设计. 3版. 北京：中国医药科技出版社，2019.

5. 刘永忠. 制药设备与车间设计. 北京：中国医药科技出版社，2021.

6. 闫凤美. 制药设备与车间设计. 北京：化学工业出版社，2022.

7. 李正. 中药制药设备与车间设计. 北京：中国中医药出版社，2022.

8. 张珩，王存文. 制药设备与工艺设计. 北京：高等教育出版社，2018.

9. 王沛. 中药制药工程原理与设备. 北京：中国中医药出版社，2016.

10. 韩永萍. 药物制剂生产设备及车间工艺设计. 北京：化学工业出版社，2015.

11. 周丽莉. 制药设备与车间设计. 2版. 北京：中国医药科技出版社，2011.

12. 朱宏吉，张明贤. 制药设备与工程设计. 2版. 北京：化学工业出版社，2011.

13. 任晓文. 药物制剂工艺及设备选型. 北京：化学工业出版社，2010.

14. 康燕辉. 药物制剂生产设备及车间工艺设计. 2版. 北京：化学工业出版社，2006.

15. 朱国民. 药物制剂设备. 3版. 北京：化学工业出版社，2023.

16. 王泽. 药物制剂设备. 3版. 北京：人民卫生出版社，2018.

17. 魏增余. 中药制药设备. 北京：人民卫生出版社，2018.

18. 刘精婵. 中药制药设备. 北京：人民卫生出版社，2009.

19. 谢淑俊. 药物制剂设备. 北京：化学工业出版社，2005.

20. 张绪峤. 药物制剂设备与车间工艺设计. 北京：中国医药科技出版社，2000.

21. 王韵珊. 中药制药工程原理与设备. 上海：上海科学技术出版社，1999.

22. 董天梅. 制药设备实训教程. 北京：中国医药科技出版社，2008.

23. 罗合春. 生物制药设备. 北京：人民卫生出版社，2009.

24. 张宏丽. 制药过程原理及设备. 北京：化学工业出版社，2005.

25. 印建和. 制药过程原理及设备. 北京：人民卫生出版社，2009.

26. 孙传瑜. 药物制剂设备. 山东：山东大学出版社，2010.

附录

相关标准规范

1. 《医药工业洁净厂房设计标准》GB 50457—2019。

2. 《洁净厂房设计规范》GB 50073—2013。

3. 《建筑设计防火规范》GB 50016—2014。

4. 《医药工业总图运输设计规范》GB 51047—2014。

5. 《爆炸危险环境电力装置设计规范》GB 50058—2014。

6. 《污水综合排放标准》GB 8978—1996。

7. 《工业企业厂界环境噪声排放标准》GB 12348—2008。

8. 《压力容器》GB/T 150.1～GB 150.4—2011。

9. 《建筑采光设计标准》GB 50033—2013。

10. 《建筑照明设计标准》GB 50034。

11. 《工业建筑防腐蚀设计标准》GB/T 50046—2018。

12. 《建设项目环境保护管理条例》(中华人民共和国国务院〔1998〕年第 253 号令)。

13. 《工业企业噪声控制设计规范》GB/T 50087—2013。

14. 《环境空气质量标准》GB 3095—2012。

15. 《锅炉大气污染物排放标准》GB 13271—2014。

16. 《大气污染物综合排放标准》GB 16297—1996。

17. 《建筑灭火器配置设计规范》GB 50140—2005。

18. 《建筑物防雷设计规范》GB 50057—2010。

19. 《火灾自动报警系统设计规范》GB 50116—2013。

20. 《建筑内部装修设计防火规范》GB 50222—2017。

21. 《自动喷水灭火系统设计规范》GB 50084—2017。

22. 《建筑结构荷载规范》GB 50009—2012。

23. 《民用建筑设计统一标准》GB 50352—2019。

24. 《建筑结构可靠性设计统一标准》GB 50068—2018。

25. 《建筑给水排水设计标准》GB 50015—2019。

26. 《建筑结构制图标准》GB/T 50105—2010。

27. 《建筑地面设计规范》GB 50037—2013。

28. 《通风与空调工程施工质量验收规范》GB 50243—2016。

29. 《自动化仪表选型设计规范》HG/T 20507—2014。